高等学校"十二五"规划教材
市政与环境工程系列丛书

U0211922

可持续发展导论

主编 饶品华 李永峰 那冬晨 王文斗

主审 刘瑞娜

哈尔滨工业大学出版社

内 容 简 介

　　本书以可持续发展研究为中心,介绍了可持续发展的相关概念及主要内容,包括可持续发展经济学理论、可持续发展社会学理论、可持续发展系统学构建、可持续发展生态学概念以及有关可持续发展环境哲学思考,为我国的可持续发展提供借鉴。

　　本书可作为高等学校环境工程、环境科学、市政工程以及其他相关专业本科生的教学用书,也可作为博士研究生的参考资料,还可供从事环境事业的科技、管理人员参考使用。

图书在版编目(CIP)数据

可持续发展导论/饶品华等主编. —哈尔滨:哈
尔滨工业大学出版社,2015.7
ISBN 978 - 7 - 5603 - 5537 - 5

Ⅰ.①可…　Ⅱ.①饶…　Ⅲ.①可持续性发展
Ⅳ.①X22

中国版本图书馆 CIP 数据核字(2015)第 179285 号

策划编辑　贾学斌
责任编辑　郭　然
出版发行　哈尔滨工业大学出版社
社　　址　哈尔滨市南岗区复华四道街 10 号　邮编 150006
传　　真　0451 - 86414749
网　　址　http://hitpress.hit.edu.cn
印　　刷　黑龙江省地质测绘印制中心
开　　本　787mm×1092mm　1/16　印张 16.5　字数 385 千字
版　　次　2015 年 7 月第 1 版　2015 年 7 月第 1 次印刷
书　　号　ISBN 978 - 7 - 5603 - 5537 - 5
定　　价　38.00 元

(如因印装质量问题影响阅读,我社负责调换)

《可持续发展导论》编写人员与分工

主　　编　饶品华　李永峰　那冬晨　王文斗

主　　审　刘瑞娜

编写人员　饶品华:第1~6章

王煜婷、那冬晨:第7~9章

梁乾伟、李永峰:第10,11章

周芷若、王文斗:第12章

张楠、殷天明、郭意:第13,14章

文字整理与图表制作:张宝艺、张抒义、潘宁源

前　　言

由于环境污染、粮食危机以及自然灾害现象的不断发生,可持续发展已成为世界很多国家的发展战略。可持续发展的研究是环境保护工作的重要组成部分,其研究正由最初的定性探讨阶段逐步进入定量评估阶段。可持续发展的研究需要从社会、经济、生态、系统学构建以及哲学思考来开展,而这一切和环境保护与资源利用密不可分。环境保护需要每一个人的参与,更需要人们环境保护意识的提高与深入,进而建立可持续发展观。

本书主要介绍了可持续发展的相关概念,如可持续发展的内涵、可持续发展的原理等,并从经济、社会、系统学构建、生态和可持续发展哲学方面进行全方位的介绍,可以让读者更全面地了解可持续发展。从传统的生态可持续发展到现今人类所需的经济可持续发展,不但需要可持续发展的定量化、指标化研究,更需要人们进行深入可持续发展的社会学、哲学等人文理论的挖掘和探索。通过本书所涉猎的可持续发展的多学科介绍,能够使得更多读者参与到环境保护行动中来,为地球的可持续发展尽自己的一份力量。

本书共4编14章,主要内容如下:第1章为可持续发展的形成与发展,第2章为可持续经济发展的内部运动,第3章为可持续发展的主要内容,第4章为可持续经济发展的基本原理,第5章为人口战略与可持续发展,第6章为城市化与可持续发展,第7章为可持续发展的系统构建与应用,第8章为可持续发展的测度方法,第9章为可持续发展的评估体系与方法,第10章为自然资源与可持续发展,第11章为环境保护与可持续发展,第12章为生物多样性与可持续发展,第13章为生态自然观,第14章为西方环境伦理学主要观点。

谨以此书献给李兆孟先生(1929 年 7 月 11 日—1982 年 5 月 2 日)。

本书的出版得到黑龙江省自然科学基金(E201354)项目成果与资金的支持。

使用本书作为教材的学校可免费获取电子课件(PPT)。需要课件的老师,请与李永峰教授联系(dr_lyf@ 163. com)。

由于时间紧迫,编者的水平与学识有限,书中疏漏和不妥之处在所难免,敬请读者批评指正。

编　者
2015 年 5 月

目　　录

第 1 编　可持续发展的形成

第 2 编　可持续发展的社会学方面

第 3 编　可持续发展的生态学方面

第 4 编　可持续发展的伦理学方面

第1编 可持续发展的形成

第1章 可持续发展的形成与发展

【本章提要】

本章从可持续发展的形成、发展、生态经济模式等几方面介绍了可持续发展的形成与发展过程，从不同角度来解释与论证可持续经济的发展。

可持续发展是人类共同的理想与目标。人类社会的发展经历了渔猎文明、农业文明、工业文明，正在向新的文明阶段——绿色文明迈进，可持续发展正是人类在漫长的发展历程中对走过的道路不断反思的结果，是人类为克服一系列社会－经济－环境失衡问题，特别是全球性的环境污染、生态破坏问题所做出的理性追求。可持续发展作为一种崭新的发展思想和模式，从理论提出开始，即已被全世界不同经济水平和不同文化背景的国家（地区）所普遍接受，成为指导人类社会、经济、环境发展的共同的战略抉择。

1.1 可持续发展的形成

朴素的可持续发展思想古已有之。例如，中国古代既有"与天地相参"的思想，西方经学家马尔萨斯、李嘉图和穆勒等人也较早认识到人类消费的物质限制，即人类的经济活动范围存在着生态边界。现代可持续发展思想的产生源于工业革命后，人类生存发展所需的环境和资源遭到日益严重的破坏，人类开始用驻足全球的眼光看待环境问题，并就人类前途的问题展开了大论战。从 20 世纪 60 年代《寂静的春天》开始，经过增长有无极限的争论，到 1972 年第一次召开联合国人类环境会议，人类对环境的问题日益忧虑和关心。从 1981 年美国世界观察研究所所长布朗先生的《建设一个可持续发展的社会》一书问世，到 1987 年联合国开发署发表《我们共同的未来》，表明世界各国对可持续发展理论有了深入的研究。1992 年 6 月，联合国环境与发展大会（UNCED）通过了《21 世纪议程》，该议程是当代人对可持续发展理论认识深化的结晶。可持续发展的主要历程如下。

20 世纪中叶，随着环境污染的日益加重，特别是西方国家公害事件的不断发生，环境问题日益成为困扰人类生存和发展的一个突出问题。20 世纪 50 年代末，美国海洋生物学家蕾切尔·卡逊在潜心研究美国使用杀虫剂所产生的种种危害后，于 1962 年发表了环境保护科普著作《寂静的春天》。他向世人呼吁："我们长期以来一直行驶的这条发展道路容易使人错认为是一条舒适、平坦的超级公路，而实际上，在这条公路的终点却有灾难在等待着，这条路的另一个岔路——一条"很少有人走过的"岔路——为我们提供了最后唯一的机会以保住我们的地球。"不过"这个岔路"究竟是什么样的道路，卡逊没有确切地提出。但作为环境保护的先行者，卡逊的思想在世界范围内引发了人类对自身行为和观念的深入反思。

1968 年,来自世界各国的几十位科学家、教育家和经济学家聚会罗马,成立了一个非正式的国际协会——罗马俱乐部。它的工作目标是:研究和研讨人类面临的共同问题,使国际社会对人类面临的社会、经济、环境等诸多问题有更深入的了解,并在现有全部知识的基础上推动能扭转不利局面的新态度、新政策和新制度。

受俱乐部的委托,以麻省理工学院梅多斯为首的研究小组,针对长期流行于西方的高增长理论进行了深入的研究,并于 1972 年提交了俱乐部成立后的第一份研究报告——《增长的极限》。报告深刻阐明了环境的重要性以及资源与人口之间的基本关系。报告认为:由于世界人口增长、粮食生产、工业发展、资源消耗和环境污染这五项基本因素的运行方式是指数增长而非线性增长,如果目前人口和资本的快速增长模式继续下去,世界将会面临一场"灾难性的崩溃"。也就是说,地球的支撑力将会达到极限,经济增长将发生不可控制的衰退。因此,要避免因超越地球资源极限而导致世界崩溃的最好方法是限制增长。

《增长的极限》一发表,在国际社会特别是在学术界引入了强烈的反响。该报告在促使人们密切关注人口、资源和环境问题的同时,引入反增长的观点而遭受到尖锐的批评,从而引发了一场激烈的、旷日持久的学术之争。一般认为,由于种种因素的局限,《增长的极限》的结论和观点存在十分明显的缺陷。但是,报告指出的地球潜伏着危机、发展面临着困境的警告无疑给人类开出了一副清醒剂,它的积极意义毋庸置疑。《增长的极限》曾一度成为当时环境运动的理论基础,有力地促进了全球的环境运动,其中所阐述的"合理的、持久的均衡发展"为可持续发展思想的产生奠定了基础。

1972 年,来自世界 113 个国家和地区的代表汇聚一堂,在斯德哥尔摩召开了联合国人类环境会议,共同研讨环境对人类的影响问题。这是人类第一次将环境问题纳入世界各国政府和国际政治的事务议程。大会通过的《人类环境宣言》宣布了 37 个共同观点和 26 项共同原则。作为探讨保护全球环境战略的第一次国际性会议,联合国人类环境大会的意义在于唤起了各国政府对环境污染问题的觉醒和关注。它向全球呼吁:"现在,我们再决定世界各地的行动时,必须更加审慎地考虑它们对环境产生的后果,由于无知或不关心,我们可能会给地球环境造成巨大而无法挽回的损失,因此,保护和改善人类环境是关系到世界各国人民的幸福和经济发展的重要问题,是世界人民的迫切希望和各国政府的艰巨责任,也是人类的紧迫目标,各国政府和人民必须为着全体人民及后代的利益而作出共同的努力。"

尽管大会对环境问题的认知还不够,也尚未确定解决环境问题的具体途径,尤其是没能找出问题的根源和责任,但它正式吹响了人类共同向环境问题挑战的军号,使各国政府和公众的环境意识,无论是在广度上还是在深度上都向前大大地迈进一步。

20 世纪 80 年代开始,联合国成立了以挪威首相布伦特兰夫人为主席的世界环境与发展委员会(WECO),以制定长期的环境对策,帮助国际社会确立更加有效的解决环境问题的途径和方法。经过 3 年多的深入研究和充分论证,该委员会于 1987 年向联合国大会提交了经过充分论证的研究报告——《我们共同的未来》。报告将注意力集中于人口、粮食、物种和遗传资源、能源、工业和人类居住等方面,在系统探讨人类面临的一系列重大经济社会和环境问题后,正式提出了"可持续发展"的模式。

报告深刻地指出,"过去我们关心的是经济发展对生态环境带来的影响,而现在我们正迫切地感到生态压力对经济发展所带来的重大制约。因此,我们需要有一条崭新的发展道路,这条道路不是一条只能在若干年内、在若干地方支持人类进步的道路,而是一条直到遥远未来都能支持全人类共同进步的道路——'可持续发展道路'。"这实际上就是蕾切尔·卡逊在《寂静的春天》里没能提到的答案的"另一条岔路"。布伦特兰鲜明、创新的科学观点,把人从单纯考虑环境保护的角度引导到环境保护与人类发展相结合,体现了人类在可持续发展思想认识上的重要飞跃。

1992 年 6 月,联合国环境与发展大会(UNECD)在巴西里约热内卢召开,共有 183 个国家的代表团和 70 个国际组织的代表出席了会议,102 位国家元首或政府首脑到会讲话。此次会议上,可持续发展得到了世界最广泛和最高级别的政治承诺。会议通过了《里约环境与发展宣言》和《21 世纪议程》两个纲领性文件。前者提出了实现可持续发展的 27 条基本原则,主要目的在于保护地球永恒的活力和整体性,建立一种全新的、公平的"关于国家和公众行为的基本原则",它是开展全球环境与发展领域合作的框架性文件;后者则是建立 21 世纪世界各国在人类活动对环境产生影响的各个方面的行动规则,是为保障人类共同的未来提供一个全球性措施的战略框架,是世界范围内可持续发展在各个方面的行动计划。此外,各国政府代表签署了联合国《气候变化框架公约》等国际文件及有关国际公约。大会为人类走可持续发展之路做了总动员,是人类迈出了跨世纪文明时代的关键性一步,为人类的可持续发展矗立了一座重要的里程碑。

1.2　可持续发展的生态经济模式

要实现可持续发展,就必须改变传统的经济与环境二元化的经济模式,建立一种把二者内在统一起来的生态经济模式。

(1)生产过程的生态化。在生产过程中,建立一种无废料、少废料的封闭循环的技术系统。传统的生产流程是"原料—产品—废料"模式。这里追求的只是产品,而加入生产过程与产品无关的材料都作为废料排放到环境中。而生态模式的生产中,废料则成为另一个生产过程的原料而得到循环利用。封闭循环技术系统既节约资源,又减少了污染,在对生物资源的开发中应当是"养鸡生蛋",而不应该是"杀鸡取蛋"。

(2)经济运行模式的生态化。我们应当运用经济的机制刺激和鼓励节约资源和环境保护,把节约资源和环境保护因素作为经济过程的一个内在因素包含在经济机制之中。为此,第一,我们应当重视社会能量转换的相对效率,并使它成为评价经济行为的重要指标之一。新经济学应当依据净能量消耗来测定生产过程的效率,把利润同能量消耗联系起来。第二,应该把"自然价值"纳入经济价值之中,形成一种"经济—生态"价值的统一体。在这里,资源的"天然价值"应当作为重要参考数打入产品的成本。资源价值应遵循"物以稀为贵"的原则。随着某些资源的减少,资源的天然价值就会越高,使用这些资源制造的产品的价格也就越高。这种经济机制能够抑制对有限资源的浪费。第三,应当建立一种抑制污染环境的经济机制。我们应当看到,清洁、美丽,适合人类生存的环境本身就具有一种"环境价值"。为此,应当把破坏环境的活动看成是产生"负价值"的活动而予以经济上的惩罚。例如,汽车的成本中不仅应当包括资源的自然价值、原料的价值、劳动力价值,而且还应当包括汽车生产过程中对环境的破坏、汽车在消费中对环境的污染(如它排放的尾气造成的大气污染)以及汽车在消费中可能出现的交通事故造成的危害等"负价值"打入汽车的成本当中,由生产者和消费者共同承担。这样,就会对损害环境的经济行为形成一种抑制效应。

（3）消费方式的生态化。传统的消费方式也是一种非生态的消费方式。传统经济模式中，生产并不是为了满足人的健康生存的需要，而是为了获得更大的利润。因此，生产不断创造出新的消费品，通过广告宣传造成不断变化的消费时尚，诱使消费者接受。大量地生产要求大量消费，因此，挥霍浪费型的非生态化生产造成了一种挥霍浪费型消费方式。这种消费方式所追求的不是朴素而是华美，不是实质而是形式，不是厚重而是轻薄，不是内在而是外表。这种消费方式的反生态性质主要表现在以下方面：第一，它追求一种所谓"用毕即弃"的消费方式。大量一次性用品的出现，不仅浪费了自然资源，而且污染了环境。仅以一次性筷子为例：我国每年出口到日本的一次性筷子达 200 亿万双，折合木材达 40 亿 m^3，内地消费也不低于这个数目。因此，林业专家警告说："长此下去，将祸及我们的子孙后代。"我们的许多消费品都是在还能够使用时就被抛弃，因为它已落后于消费时尚，这在服装消费上表现得最为突出。第二，在消费中追求所谓"深加工"产品，也是违反生态原理，特别是违反热力学第二定律（熵定律）的。所谓"深加工"产品只是追求形式上的翻新。对原料每加工一次，就有部分能量流失。在食品多次加工过程中，不仅浪费了能量，而且由于各种化学添加剂的加入，还对人类的健康造成了威胁。有些深加工商品属于不同能量层次的转化，浪费的能量就更多。例如，用谷物喂牲畜，把植物蛋白转化成动物蛋白，浪费的能量更多。"这种因食用靠粮食喂养的牲畜所造成的能量损失家禽占 70%，牛占 90%。"同时，过量地食用高脂肪食物还会危害人类健康。据估计，人类自然的长寿年龄在 90 岁左右，但是多数美国人至少少活了 20 年，造成这些早亡的主要原因是滥用食物，其中高脂肪是40% 的男性癌症患者和 60% 的女性癌症患者的主要致病因素。

总之，近代西方工业文明所形成的发展模式是一种非持续性的发展模式。要实现可持续发展，就必须在发展模式上有一个革命性变革。当然，在全球经济趋向于一体化的今天，要彻底解决这个问题，并不是一朝一夕可以做到的。当代人类面临的困难是全球性的，因此，只有通过全人类长期的共同努力才能做到。

【案例】

20 世纪 90 年代以来，随着人们对可持续发展认识和研究的不断深入，国内可持续发展的定量研究得到了科学界的广泛关注，并成为科学家们研究的热点。在国内，可持续发展的定量研究在不同尺度上展开，主要涉及自然和社会经济领域，学者们运用各种方法，拓展了可持续发展定量研究的指标体系，丰富了可持续发展定量研究理论体系的内涵。在不断地探索、改进中，许多定量研究可持续发展的指标体系得到了完善与升级，延展了其深度与广度，也使得这些方法模型及指标体系得到了推广与认可。对众多的定量研究区域可持续发展的方法与指标体系研究发现，运用统计学原理与指标体系定量分析某一区域或国家的可持续发展状态及其动态变化过程已被广泛接受，是一种科学有效的研究途径。21 世纪以来，我国学者更加重视可持续发展的评估工作，中国科学院可持续发展研究组依据我国国情建立了适合我国区域可持续发展的定量评价指标体系——"中国可持续发展指标体系"，推动了我国定量研究区域可持续发展的浪潮。2005 年以后，运用生态足迹理论模型、能值分析等生态学方法定量分析区域可持续发展的范例越来越多，定量研究区域可持续发展已成为新的研究热点，其定量研究结论所提供的决策指导也越来越受到政府和科学界的重视。国内定量研究区域可持续发展的方法大致可分为生态学方法、社会经济方法、系统学方法以及新方法四类,这四类定量分析方法相互渗透、相互交叉、相互融合。

资料引自:《可持续发展定量研究》,李永峰等,2012

思考题

1. 可持续发展如何实施?

2. 何为可持续发展?

3. 可持续发展的生态经济模式包括哪些方面?

4. 可持续发展伦理包括哪些方面?

推荐读物

1. 环境伦理学教程. 李永峰,潘新语,张永娟. 哈尔滨工业大学出版社,2010.

2. 生态伦理与生态美学. 章海荣. 复旦大学出版社,2009.

参考文献

[1]李永峰,潘欣宇. 环境伦理学教程[M].哈尔滨:哈尔滨工业大学出版社,2011.

[2]李静江. 企业绿色经营:可持续发展必由之路[M].北京:清华大学出版社,2006.

[3]周敬宣. 可持续发展与生态文明[M].北京:化学工业出版社,2009.

[4]朱永杰. 可持续发展的管理与政策研究[M].北京:中国林业出版社,2005.

[5]李文华. 中国当代生态学研究:可持续发展生态学卷[M].北京:科学出版社,2013.

第2章 可持续经济发展的内部运动

【本章提要】

本章主要从可持续经济形态、可持续思想与经济、可持续经济展望来阐释可持续经济的内部运动，主要从经济的发展趋势和内部形势讲述了可持续经济的内部运动。

2.1 可持续发展的经济形态

可持续经济发展是一种合理的经济发展形态。通过实施可持续经济发展战略，使社会经济得以形成可持续经济发展模式，这种模式本质上是现代生态经济发展模式，它在经济圈、社会圈、生物圈的不同层次中力求达到经济、社会、生态三个子系统相互协调和可持续发展，使生产、消费、流通都符合可持续经济发展要求，在产业发展上建立生态农业和生态工业，在区域发展上建立农村与城市的经济可持续发展模式。《中国21世纪议程》认为，在中国人口基数大、人均资源少、经济和科技发展水平比较落后的条件下实现可持续发展，主要是在保持经济快速增长的同时，依靠科技进步和提高劳动者素质，不断改善发展质量，提倡适度消费和清洁生产，控制环境污染，改善生态环境，保持资源基础，建立"低消耗、高收益、低污染、高效益"的良性循环发展模式。即经济发展不但要有量的扩张，也要有质的改善。现在为大家介绍由湖南大学统计学系陈长华同志提出的一套经济可持续发展评估指标体系供参考，该指标体系共分七类指标：一、经济规模，包括人均GDP，GDP增长率；二、经济效益，包括农业劳动生产率、工业劳动生产率、万元产值能耗、万元产值三废排放量；三、经济结构，包括第三产业占GDP比例、高新技术产业产值占GDP比例；四、经济发展外向度，包括进出口总额占GDP比例、利用外资占GDP比例；五、经济推动力，包括固定资产投资、社会消费品零售额和出口增长率；六、科技教育能力，包括文盲（半文盲）率、教育支出占GDP比例、万人拥有科技人员数、科技和研发经费占GDP比例；七、环境治理保护力度，包括污染治理投资占GDP比例、水土流失治理程度、综合利用产品产值占总产出比率、保护区面积率。

提高自主创新能力，建设创新型国家。这是国家发展战略的核心，是提高综合国力的关键。明确要求坚持走中国特色自主创新道路，把增强自主创新能力贯彻到现代化建设的各个方面。提出这项战略任务是确保到2020年实现全面建成小康社会奋斗目标的需要。实现人均国内生产总值到2020年比2000年翻两番，就一定要紧紧依靠科技进步和自主创新的有力支撑，一定要改变我国人均劳动生产率低、附加值低，单位国内生产总值物耗、能耗高，生态环境代价高的现状。必须更加注重提高自主创新能力，加快科技进步，创造自主核心知识产权,创造自主世界著名品牌,提高制造产品的附加值、发展增值服务,鼓励发展跨国经营和具有国际竞争力的大企业集团。必须在发展劳动密集产业的同时,加快振兴装备制造业、高技术产业和以知识和创新为基础的现代服务业,加快实现由世界工厂向创造强国的跨越,提高我国经济的整体素质和国际竞争力。

提出这项战略任务是应对世界科技革命和提高我国竞争力的需要。当今世界,新科技革命迅猛发展,不断引发创新浪潮,科技成果转化和产业更新换代的周期越来越短,科技作为第一生产力的地位和作用越来越突出,坚持走中国特色自主创新道路、提高自主创新能力是根本出路。加快转变经济发展方式在全面部署经济建设时,把加快转变经济发展方式、完善社会主义市场经济体制取得重大进展作为实现未来经济发展目标的关键。

由转变经济增长方式到转变经济发展方式,不仅仅是两个字的改变,而是包含了更加丰富的内容,在涵盖经济增长方式的同时,体现了对新世纪、新阶段我国经济发展理念上的深化、道路上的拓展和国际环境认识上的提升。转变经济发展方式,在发展理念上要正确处理快与好的关系,不仅要继续保持国民经济快速发展,而且要更加注重推进经济结构战略性调整,努力提高经济发展的质量和效益。

2.2 可持续思想与经济

在发展道路上,要根本改变依靠高投入、高消耗、高污染来支持经济增长,坚持走科技含量高、经济效益好、资源消耗低、环境污染少、人力资源优势得到充分发挥的中国特色新型工业化道路,实现可持续发展。在发展的国际环境上要主动适应经济全球化趋势,拓展对外开放的广度和深度,提高开放型经济水平,提高经济整体素质和国际竞争力。

2.2.1 将经济发展与可持续相结合

经济发展的理念、道路、环境,都是对经济发展具有根本性和全局性的战略问题。真正实现经济发展方式的转变将是艰苦的过程,时间紧迫,任务繁重。我们要紧紧抓住和用好重要战略机遇期,在转变经济发展方式上实现根本性发展现代产业体系。从一定意义上说,现代化过程就是在科技进步的推动下,经济不断发展、产业结构逐步优化升级的过程。党的十七大报告针对我国经济结构中存在的突出问题,做出了发展现代产业体系的战略部署,为推进产业结构优化升级指明了方向。一是大力推进信息化与工业化融合,促进工业由大变强。信息化对工业化有着极大的带动作用,而且还丰富和拓展了工业化的内涵。因此,必须加快信息技术在各个领域的应用,大力推广以信息技术为代表的高新技术,加快用高新技术和先进适用技术改造提升传统工业产业,提升其技术水平和市场竞争力。二是从改革体制机制、加大资金投入、完善政策等方面采取措施,发展现代服务业。服务业的兴旺发达是现代化经济的一个显著特征。目前,我国服务业与过去相比虽然有较大发展,但与整个经济发展阶段和人均收入应达到的水平相比,还有相当大的差距。必须加快发展服务业,全面提高服务业特别是现代服务业在国民经济中的比例和水平。要开拓服务业发展新领域,大力发展金融、现代物流、研究与开发、电子商务、法律、咨询、会计等生产性服务业和医疗卫生、社区服务、文化休闲等消费性服务业,扩大企业、公共事业机构和政府的服务外包业务,努力提高服务业社会化和市场化水平。三是要加大支农惠农政策力度,积极发展现代农业。我国国情决定了今后农业的发展很难再依靠增加自然资源的投入，出路只能是依靠科技进步和农民素质的提高。要增强发展现代农业的紧迫感，自觉把它摆在社会主义新农村建设的首要位置。综合国内外实现农业现代化的经验，结合我国农业发展现状和基本国情，可以对中国特色农业现代化道路的基本内涵做以下概括：以保障农产品供给、增加农民收入、促进可持续发展为目标，以提高农业劳动生产率、资源产业率和商品率为途径，以现代科技和装备为支撑，在家庭承包经营的基础上，在市场机制和政府调控的综合作用下，建成农工贸紧密衔接、产加销融为一体、多元化的产业形态和多功能的产业体系。这样来理解中国特色农业现代化道路主要是由以下因素决定的：第一，目前，我国农业生产力水平还不高，与发达国家平均水平相比科技贡献率低 20～30 个百分点，现代农业是以市场需求为导向的，农民从事农业生产的主要目的是为市场提供商品，实现利润最大化。第二，以产业化方式经营农业已成为现代农业的重要特征。第三，我国是世界人口最多的发展中大国，吃饭问题始终是头等大事。实现我国农业现代化，总的思路和措施是：用现代物质条件装备农业，用现代科学技术改造农业，用现代产业体系提升农业，用现代经营形式推进农业，用现代发展理念引领农业，用培育新型农民发展农业，提高农业水利化、机械化和信息化水平，提高土地产出率、资源利用率和农业劳动生产率，提高农业素质、效益和竞争力。建设社会主义新农村是一项长期而繁重的历史任务。党的十七大报告在阐述和部署今后一个时期新农村建设任务时强调指出，要发挥亿万农民建设新农村的主体作用。建设社会主义新农村是我们党在新时期解决"三农"问题而采取的一项重大综合性措施，必须按照我们党的思想路线和群众路线，根据农村改革发展的新形势、新情况，不断丰富和拓展村务公开的内容，确保农民群众真正享有知情权、参与权、表达权、监督权，真正把农民群众作为建设社会主义新农村的主体。

当然，强调尊重和发挥亿万农民建设新农村的主体作用，并不是推卸或减小各级政府和相关部门在新农村建设中的责任。各级政府尤其是县乡两级政府，要切实转变职能，变管理为服务，在通过各种形式吸引和引导广大农民自觉自愿地参与新农村建设的同时，积极调整财政支出结构，增加支农资金并带动社会资金更多地投向农村，从多方面增加对新农村建设的支持。要加大对农民的培训力度，提高农民的综合素质。还要在全社会发展群众，进行结对帮扶支持，使新农村建设成为全国人民的共同行动。

2.2.2　经济与资源

建设资源节约型、环境友好型社会，是深入贯彻落实科学发展观的需要。人们在推动经济社会发展的过程中，一定要把建设资源节约型、环境友好型社会放在突出位置，使老百姓喝上干净的水，呼吸到清新的空气，吃上放心的食品，有一个良好的生产和生活环境。建设资源节约型、环境友好型社会，是实现全面建设小康社会奋斗目标的需要，实现可持续发展战略的需要。我们一定要深刻认识加强能源资源节约和生态环境保护的重大意义，以对国家、对民族、对子孙后代高度负责的精神，切实把建设资源节约型、环境友好型社会放在工业化、现代化发展战略的突出位置，推动经济社会全面协调可持续发展。

加强能源资源节约和生态环境保护问题时强调指出，要建设科学合理的能源资源利用体系。科学合理的能源资源利用体系的核心要求是：按照减量化、再利用、资源化的原则，以提高能源资源利用效率为中心，以节能、节水、节地、节材、资源综合利用为重点，通过加快产业结构调整,推进技术进步,加强法制建设,完善政策措施,强化节约意识,建立长效机制,形成节约型增长方式和消费方式,促进经济社会可持续发展。

一是加快调整产业结构。要大力发展服务业,要着力做强高技术产业,抓住当前部分行业产能过剩的时机,加快淘汰浪费能源资源、污染环境的落后工艺、技术和设备。加强宏观调控,遏制盲目投资、低水平重复建设,限制高耗能、高耗水、高污染产业的发展。

二是加快发展循环经济。发展循环经济,既是缓解能源资源约束矛盾的根本出路,也是从源头上减少污染、减轻环境压力的治本之策。要加快循环经济立法进程,开展循环经济示范点,探索有效模式,研究建立循环经济指标体系,推动重点行业、园区、城市和农村循环经济发展。

三是加快完善相关政策。要加快建立能够反映资源稀缺程度和环境损害成本的价格形成机制,促进生产要素的高效使用。对发展循环经济、推行清洁生产等成绩显著的企业,要给予税收减免等政策优惠。要切实加大对节约能源资源方面科技创新的支持力度,大力推进节约能源资源技术的原始创新、集成创新和引进消化吸收再创新。

完善公共财政体系,首先要推进基本公共服务均等化。长期以来,由于受经济发展水平的限制和思想认识不足的影响,公共产品不仅供给量不足,而且供给结构也不合理,不适应基本公共服务均等化的新要求。要大力调整财政支出结构,更加关注民生。要统筹经济社会发展,财政投入应更多地投向长期"短腿"的社会事业,投向义务教育、基础医疗和公共卫生、基本社会保障、公共就业服务、廉租房建设、环境保护等方面。政府的公共政策和财政投入向农村特别是西部农村倾斜。应更多帮助欠发达地区解决基本公共服务均等化问题,加大中央财政向中西部地区转移支付力度,提高具有扶贫济困性质的一般转移支付的规模和比例。基本公共服务要更好地面向困难群众,除建立最低生活保障、基本医疗卫生服务等制度外,还要关注困难群众的就业问题,加强就业培训,帮助零就业家庭解决就业问题等。

完善公共财政体系,还要促进和保障主体功能区建设。公共财政体系要促进和保障主体功能区建设,特别要增加对限制开发区域和禁止开发区域用于公共服务和生态补偿的财政转移支付,逐步使当地居民享有均等化基本公共服务。

2.2.3　可持续发展经济与国际接轨

创新利用外资方式是提高我国开放型经济水平的迫切需要。要着眼于提高利用外资的质量,引导跨国并购向优化产业结构方向发展,放宽中西部地区外资进入的行业限制。完善并购环境,建立跨国并购的法律体系;继续优化软硬件环境建设,切实加强知识产权保护,支持外资研发机构与我国企业和科研院校开展合作,更好地发挥技术共享、合作研究、人才交流等方面的溢出效应;鼓励跨国公司在我国设立外包企业,承接本公司集团和其他企业的外包业务,提高我国承接国际服务外包的水平;有效利用境外资本市场,鼓励具备条件的境外机构参股国内证券公司和基金管理公司,逐步扩大合格境外机构投资者规模。

我国已进入对外投资快速增长的新阶段。创新对外投资和合作方式是构筑我国参与国际经济合作和竞争新优势的重要路径。一是开展跨国并购,有效提高企业在研发、生产、销售等方面的国际化经营水平。二是积极开展国际能源资源互利合作。三是开展境外加工贸易。通过加工贸易方式,可以有效释放我国已经形成的充足生产能力,规避贸易壁垒,带动相关产品的出口。四是有序推动对外间接投资。

2.3　可持续经济展望

20世纪是科技迅猛发展的时期,科学技术在人类的富强、进步、繁荣,在人类战胜自然灾害和疾病等方面做出了巨大的贡献,将自身的威力发挥得淋漓尽致。社会生产一味追求规模经济和效益,强调利用资源为人服务,造成环境的破坏,人与自然的关系由和谐统一、共存共荣变为征服与改造的关系,"天人合一"的链条中断了,人类的"自我中心化"达到了十分严重的程度。这种过分注重工具、排斥价值的工业文明,给人类带来了人口膨胀、环境恶化、资源枯竭等一系列的全球性社会问题。工业文明的种种危机,迫使人类从逐步的反省中,悟出了人类的希望在于寻求一种既满足当代人的发展需要,又不对后代人的生存需求构成危害的可持续发展宗旨,摒弃以牺牲自然资源和生态环境来谋求一时经济繁荣的片面发展道路,坚持经济、资源、环境协调发展,以求得社会的高度文明和全面进步。

2.3.1　可持续经济的未来

可持续发展思想的形成与人们对经济发展问题的认识有密切的关系,从某种意义上来说,正是人们对经济发展问题的反思和研讨,使人类的发展观从单纯追求经济发展转向了追求经济、人口、社会、资源、环境的协调发展的可持续发展。从经济发展与可持续发展的关系来看,它包括以下几方面:

(1)经济发展是可持续发展的前提条件和基础条件。可持续发展的根本目的是发展。为满足全体人民的基本需求和日益增长的物质文化需要,必须保持较快的经济增长速度,并逐步改善发展的质量,这是满足人类发展和增强综合国力的一个主要途径。只有当经济增长率达到和保持一定的水平,才有可能不断消除贫困,人民的生活水平才会逐步提高,才能有能力提供必要的条件支持可持续发展。经济增长不是我们的初衷而仅仅是我们解决问题的手段。经济增长最主要为社会福利的总体增长和人民生活水平的总体提高服务。

环境问题的解决常常受到经济条件的限制。人们已经认识到许多环境问题的危害,并且也有了解决的途径,但是由于财力不足或者缺乏有效的防治技术难以解决。发展中国家的许多环境问题是由于投资不足造成的,例如在城市建设集中供热、煤气化、污水处理厂等需要大量的投资和运转费用,但由于经济落后、缺乏必需的财力支持。从这个意义上说,在所有的环境问题中,再没有比"贫穷污染"更为严重的了。因此,保护和改善环境,正确的途径在于经济的发展,离开经济的发展,环境的保护和改善就失去了可靠的物质基础。传统的经济发展方式是以"高消耗、高投入、高污染"为特征,是不可持续的,应当舍弃,但不能因此放弃经济发展或降低经济增长速率。

(2)实行可持续发展必须转变传统的经济发展方式。实现经济可持续发展的根本途径在于转变传统经济发展方式,使得在经济发展的同时避免损害人类赖以生存的资源和环境基础。

中国的工业化起步较晚,建国以后才逐步建立起自己的工业体系,总体水平还不高,技术条件比较落后。虽然近50年来,中国的经济有了很大的发展,但仍然没有摆脱资源型经济模式。主要表现在工业素质不高,结构不合理,资源配置效益较差,属于高投入、高消耗、低效率、低产出、追求数量而忽视质量的经济增长方式。这种经济增长是在低技术组合基础上,靠高物质投入支撑着的,是动用大量人、财物等经济资源来支持的速度型的经济扩张。

在持续多年的高增长率的背后,是触目惊心的高消耗和对环境的高损害。一组最能直观反映我国维持增长代价的数字是:我国每万元 GDP 的技术消耗量是世界平均水平的 2 ~ 4 倍。素称地大物博的中国,自己早就难以满足日益迅速膨胀的资源需求,仅在 2003 年,就从海外进口了超过 1.0 亿 t 的石油和成品油、1.4 亿 t 铁矿石。据测算,目前全球的石油和天然气的可采储量,其静态保障年限分别仅为 40 年和 60 年。如果考虑到我国的国际支付能力、对于资源的全球竞争力与安全保障能力以及高消耗水平下产品的国际竞争力等因素,很显然中国的高增长是难以为继的。

"高投入、低产出"的经济增长方式不但使经济增长缺乏后劲,而且也带来了严重的环境污染,从长远来看,这也必将妨碍未来的经济发展。中国能源平均利用率在 30% 左右,而发达国家平均在 40% 以上。发达国家 1 kW·h 电的平均耗煤值比我国少 0.1 kg,仅此一项全国每年多消耗煤超过 7 000 万 t。以煤为主的能源结构加上能源利用的低效率增加了二氧化硫的排放。据预测,如果继续保持目前能源利用的低效率,到 2010 年,二氧化硫的排放量可能达到 3 300 万 t。冶金和化工行业原料利用的低效率也使得大批物料不能转化成产品而不得不作为废物排入环境,投入的原料大约只有 2/3 转化为产品。

因此,"高消耗、低效益"的外延性的经济增长方式必须根本转变,走上"高效益、可持续发展"的新增长模式。可持续发展的思想既利于环境和生态的保护,也利于经济效益的增长和经济发展整体质量的提高。

(3)适当的经济政策是可持续发展的保障。中国是一个人口众多、自然资源人均量相对不足的国家。为了使有限的资源能够保障国民经济的快速发展,一方面要加大宣传力度,培养人们的可持续发展意识;另一方面要采取当地经济政策,通过经济手段,发挥经济杠杆的调节作用,促进可持续发展经济的形成。适当的经济政策包括适当的经济发展战略和区域政策、适当的价格政策、适当的投资和贸易政策、绿色产业政策和绿色税收政策、绿色国民生产总值等。

环境问题主要是由经济活动造成的,也必须在经济发展中才能得到解决。环境问题的最终解决需要全社会的共同参与,不是某一个单一部门能够承担的,经济部门尤其应担负起重要的任务;特别是环境管理部门的工作往往是对环境损害发生之后的补救,而适当的经济政策却可以未雨绸缪,将可能发生的环境问题消除于未然。世界银行 1992 年《世界发展报告》认为,在正确的政策和适当的机构引导下,经济增长可以通过三种方式有助于环境问题的解决:①当收入增加时,有些问题会减少。因为收入的增加为公共服务提供了资金来源,当人们不需要为生存而担忧时,就能够为保护环境提供投资。②有些环境问题会随着收入的增加在开始时恶化,但会随着收入的进一步增加而减轻,如大气质量的变化。③随着收入的增加,有些环境指标不断恶化,例如二氧化碳的排放量一直在随着经济增长而不断增加,但这并非不能改善,其改善同样不能离开经济实力的增长。

2.3.2　利用经济手段推进可持续发展

制定一项符合客观实际的经济政策不容易,要有效地推行和落实政策更不容易,必须要有有利的工具加以支持。这些工具包括法律法规、行政管理、宣传教育等,但在市场经济条件下,经济手段是更为重要的手段。

利用经济手段实现可持续发展,就是要按照环境资源有偿使用的原则,通过市场机制,将环境成本纳入各级经济分析和决策过程,促使破坏环境资源者从全局利益出发选择更有利于环境的生产经营模式,从而改变过去那种无偿使用环境资源,将环境成本转嫁给社会的做法,实现环境、经济与社会的协调发展。

在环境保护方面,经济手段与法律手段相比的优点:①有应用更加灵活;②更有利于鼓励人们自觉地保护环境;③可以为保护环境筹集资金。

可持续发展的经济手段如下:

(1)征收环境费。环境费是指根据有偿使用环境资源的原则,由国家授权的代表机构向开发、利用环境资源的单位和个人收入收取费用(依照其开发、利用量及供求关系所收取的相当已全部或部分价值的货币补偿),它分为:①资源补偿费(如我国的《矿产资源法》《森林法》《土地管理法》《水法》等规定向开发、利用者收取一定费用);②排污费(这是"污染者负担"原则的具体体现。1972 年,世界经济合作和发展组织(OECD)首先提出污染者付费原则)。

排污收费是目前世界各国在环境保护中比较通用的一种经济手段。我国现行的征收排污费制度是 20 世纪 80 年代初制定的,《水污染防治法》规定的排污收费、超标准排污征收超标准排污收费,是实行的超标准排污收费手段。

这种制度仍然是计划经济条件以资源分配、无偿使用为主要特点的商品经济在环境保护中的具体体现,排污者只要不超标排放,就可无偿使用环境纳污能力资源,很大程度上造成了资源浪费和环境污染。

应改变现在的超标排污收费制度为达标排污收费、超标排污加倍收费并给予罚款处罚制度是十分重要的(这已是许多国家,如美国、日本、德国、挪威、荷兰等国家的通常做法)。

(2)征收环境税收。环境税是国家为了保护资源与环境而凭借其权力对一切开发、利用环境资源的单位和个人征收的一种税种。它包括:①开发、利用自然资源税(如森林资源税、水资源税);②有污染的产品税(如含铅汽油税、垃圾税等)。

(3)财政补贴。财政补贴是指不同级政府通过财政拨款给企业进行环境保护的资金支持。如向采取污染防治措施及推广环境无害工艺、技术的企业提供赠款、贴息贷款等财政、信贷等。

(4)押金制。押金制是用以鼓励产品回收循环利用和对废物以不损害或较少损害环境的方法进行处置。如对可能造成污染的产品(啤酒瓶、饮料等)加收一份押金,当把这些潜在的污染物送回收集系统时,即把押金退还。

(5)排污权交易。排污权交易是指在实行排污能力总量控制的前提下,政府将可交易的排污指标卖给污染者。这实质上出卖的是环境纳污能力。环境资源的商品化,可促使污染者加强生产管理并积极利用先进的清洁生产技术,以降低能源、原材料的消耗量,减少排污量,从而达到降低成本的目的。

(6)经济惩罚。经济惩罚是指对违反环境法律法规的行为采取的罚款措施。

【案例】

循环经济的思想萌芽可追溯到 20 世纪 60 年代,溯源循环经济有这样两个比较流行的版本:一是英国环境经济学家 D. Pearce 和 R. K. Turner 在其《自然资源和环境经济学》(1990)一书中首先提出的;二是美国经济学家鲍尔丁提出的"宇宙飞船理论"为循环经济的早期代表,他认为,地球就像在太空中飞行的宇宙飞船,要靠不断消耗自身有限的资源而生存,若不合理开发资源,就会像宇宙飞船那样走向毁灭。

一、循环经济内涵和原则

循环经济是物质闭环流动型经济的简称,本质上是一种生态经济,就是把清洁生产和废弃物的综合利用融为一体的经济,它要求运用生态学规律来指导人类社会的经济活动。从物质流动的方向看,传统工业社会的经济是一种单向流动的线性经济,即"资源→产品→废物";线性经济的增长,依靠的是高强度地开采和消耗资源,同时高强度地破坏生态环境。循环经济是一种促进人与自然的协调与和谐的经济发展模式,它要求以"减量化(Reduce)、再利用(Reuse)、再循环(Recycle)"为社会经济活动的行为准则,运用生态学规律把经济活动组织成一个"资源→产品→再生资源"的反馈式流程,实现"低开采、高利用、低排放",以最大限度利用进入系统的物质和能量,提高资源利用率,最大限度地减少污染物排放,提升经济运行质量和效益。

"减量化、再利用、再循环"是循环经济最重要的实际操作原则。减量化原则属于输入端方法,旨在减少进入生产和消费过程的物质量,从源头节约资源使用和减少污染物的排放;再利用原则属于过程性方法,目的是提高产品和服务的利用效率,要求产品和包装容器以初始形式多次使用,减少一次性用品的污染;再循环原则属于输出端方法,要求物品完成使用功能后重新变成再生资源。3R 原则在循环经济中的重要性不是并列的,优先顺序是:减量化、再利用、再循环。

二、发展循环经济是我国实现可持续发展的根本途径

1. 实现可持续发展目标面临严峻挑战

我国人均资源少,重要资源对经济和社会发展的支撑能力不足。人口严重超载、新生人口的增加以及随着工业化、城市化进程的推进,人均占有耕地面积继续减少,粮食生产压力加大。一些矿产资源保证程度进一步下降,几种重要大宗矿产将长期短缺,对进口的依赖性将逐步提高。我国现已成为世界矿产品第二大消费国和第三大进口国。资源使用效率低,环境污染明显,降低了我国国民经济的质量。我国能源使用效率约为31.2%,比发达国家落后约20年,相差约10个百分点。因为产品的生命周期短,且使用后只有少量经过无害化处理,产生了较严重的环境污染和经济损失。

2. 循环经济发展模式是我国实施可持续发展的战略选择

循环经济发展模式以可持续发展理论为指导,用综合性指标看待发展问题,重视污染预防和废弃物循环利用以及资源和能源的节约,主张从根本上解决环境污染、资源短缺等问题。这种模式可实现经济效益、社会效益和环境效益的协调统一。在传统经济发展模式下,人们片面追求物质财富,将拥有物质财富等同于拥有幸福,形成了物质幸福观。以这种低品位的幸福观为指导,自然生态环境遭到了严重破坏,并未带来人类真正的幸福。循环经济理论的提出意味着物质幸福观明显不适应时代要求,经济发展需要实现生态化转向;循环经济要求人类实现由物质幸福观向环境幸福观的转变。为此,必须深入开展可持续发展的宣传教育,改变人们的价值观念,提高人类自然生态环境道德意识,使可持续发展思想变成人们的实际行动。

3. 循环经济是我国走新型工业化道路的必然选择

我国提出要走新型工业化道路,循环经济与传统线性经济相比较的优点正是新型工业化道路的特点:经济效益好、科技含量高、资源消耗低、环境污染少、充分利用人力资源优势。循环经济要将经济活动组织成一个"资源—产品—消费—再生资源"的物质反复循环流动的过程,这从长远的战略发展来看与可持续发展的目标是统一的。循环经济不仅是一个战略,更是可持续发展战略的具体化,它提供了具体的实施步骤和实施方法。

4. 我国发展循环经济拥有良好的基础

我国从20世纪80年代开始重视对工矿企业废物的综合利用,从末端治理思想出发,通过回收利用达到节约资源、治理污染的目的。2004年以来,国家发改委确定了钢铁等7个重点行业的42家企业,再生资源回收利用等4个重点领域的17家单位,国家和省级开发区、重化工业集中地区和农业示范区等13个产业园区,资源型和资源匮乏型城市涉及东、中、西部和东北老工业基地的10个省市,作为第一批国家循环经济试点单位。

5. 发展循环经济是保持和提高国际竞争力的重要手段

我国经济过去几十年来保持了较高的增长,产品在国际上有一定的竞争力,原因之一是祖先留下的优质资源总量能够维持这样的增长。但我国当前单位产品资源能源消耗量过大的现象还很严重,有的地方甚至明显高于其他发展中国家的水平,优质生态和环境总量的保有量急剧下降。如不尽快走循环经济道路,则资源、生态、环境的问题必然造成生产成本上升,直接影响我国经济的国际竞争力。未来国际竞争的一个重要方面是资源之争。美国、德国、日本等发达国家在发展循环经济方面再次走在了发展中国家的前面,它们的资源能源利用效率在进一步提高,努力保持和增加自己的优质资源、生态和环境总量。

三、中国发展循环经济的对策

1. 建立基于资源全部成本的完全价格体系是发展循环经济的重要内容

环境资源和自然资源是经济社会可持续发展最重要的支撑。在自然资源的开发与利用上,我国广泛实行补贴制度,其价格仅体现了资源开采或获取的成本,而没有考虑资源使用带来的外部性成本和收益;资源使用后的废弃物再回收利用就缺乏动力,因为那样不如购买新开采的资源划算,也就造成了资源的浪费、使用效率低下、大量的环境污染和采用末端治理方法治理这些环境污染的高昂代价。对此,应该逐步取消补贴制度,利用经济手段使资源价格反映其真实的生态学和经济学价值。若共有资源向每个使用者开放,没有计划的使用,就会导致早用、误用和过度利用资源,要防止这种情况的发生可以对共有财产使用者课税。所以,根据我国环境资源和自然资源的使用现状和特点,只有建立基于资源全部成本的完全价格体系,才能够通过市场机制和价值规律使全社会建立节约资源、提高使用效率和资源得到充分利用的循环经济。

2. 市场机制和政府干预相结合是建设循环经济的手段

建设循环经济是非常复杂的,单纯依靠政府干预显然效率是低下的,运用市场机制比使用强制手段有更高的效率、更好的透明度和更少的管理成本。但通过完全自由市场达到资源最优配置的假定条件是交易双方对直接影响和外部影响完全了解,这实际上是不可能的,所以仅仅依靠市场机制会发生"市场失灵",适当的政府干预会消除或缓和"市场失灵"。因此,建设循环经济必须市场机制和政府干预相结合。

3.发展循环经济要在不同层次采取相应对策

循环经济的实施范围可分为三个层次,在不同层次根据相应特点,运用市场机制和政府干预相结合的手段采取相应对策。企业内部实施清洁生产;清洁生产体现了循环经济的3R 原则,是循环经济在企业内部的具体化。企业之间实施生态工业;生态工业是循环经济在企业群落层次的具体实现,建设生态产业园必将促进循环经济的发展。全社会范围内国家应综合运用法律、行政和经济手段,《循环经济促进法》将于 2009 年 1 月实施,健全循环经济的管理体系和价格体系。发展循环经济应以社会主义市场经济体制为基础,综合运用经济手段和行政手段使市场成为配置自然资源和环境资源的主体,并通过间接和直接手段建立完全价格体系。对无法在开采和利用的源头实行完全价格的资源,通过在资源使用过程中对其产品或产生的废弃物,使用征收环境税、可归还的保证金制度等经济手段间接形成资源的完全价格。可利用税负转移和补贴转移手段,即保持税收和补贴的总体水平,仅调整税收和补贴的结构,保持经济发展的连续性。

资料引自:《循环经济是我国可持续发展的必然选择》

思考题

1.可持续经济的形态是什么样的?
2.经济发展如何与可持续结合?
3.如何合理利用经济资源?
4.什么是循环经济?

推荐读物

1.伦理学原理.窦炎国.中国社会出版社,2011.
2.环境伦理学.戴斯·贾丁斯.北京大学出版社,2012.

参考文献

[1]毛健、潘鸿、刘国斌.科技创新与经济可持续发展[M].北京:经济科学出版社,2012.
[2]高尚宾.农业可持续发展与生态补偿[M].北京:中国农业出版社,2011.
[3]余永定.中国的可持续发展:挑战与未来[M].北京:生活·读书·新知三联书店,2011.
[4]中国科学院可持续发展战略研究组.2013 中国可持续发展战略报告[R].北京:科学出版社,2013.

第3章 可持续发展的主要内容

【本章提要】

本章是从可持续发展在中国的应用、经济可持续与资源结合、经济可持续发展、可持续思想与生产这几方面论述了可持续发展的主要内容,主要分析了可持续发展在中国的应用,并与中国制度相结合,更好地说明了可持续发展在中国的主要应用内容。

3.1 可持续发展在中国的应用

在中国人口基数大、人均资源少、经济和科技发展水平比较落后的条件下实现可持续发展,主要是在保持经济快速增长的同时,依靠科技进步和提高劳动者素质,不断改善发展质量,提倡适度消费和清洁生产,控制环境污染,改善生态环境,保持资源基础,建立"低消耗、高收益、低污染、高效益"的良性循环发展模式,即经济发展不但要有量的扩张,也要有质的改善。

3.1.1 中国国情

中国到底是富国还是穷国,这恐怕是一个相当有争议的话题。中国为璀璨夺目的2008年北京奥运会一掷千金,发射飞船把宇航员送入太空,近来又成为全球第二大经济体,这些无一不在显示着我们国家国力之强。但正如温家宝总理所言,再大的数字,除以13亿人,就很小了。中国2010年GDP达到人民币近40万亿元(约合5.9万亿美元),相当于全球GDP的8.5%,并超过日本成为全球第二大经济体,但是在除以13亿人口这个基数以后,2010年中国人均GDP不足4 500美元,仅排世界第94位。其实如果光从GDP来看,我们的国家真的是很富有的,但是就连GDP的发明人库兹涅茨都说"国家的收入并不等于国民的福祉"。的确,GDP的先天缺陷在于没有考虑社会发展因素。GDP只是一个数量指标,而不是一个质量指标。GDP没有考虑国民收入的分配,也没有对经济活动的价值进行道德判断。具体到中国,就是含金量很低,科技创新不力,经济高增长,靠出卖廉价劳动力和付出沉重环境代价换取的。

其实如果按照GDP总量来算,近现代史上一向被视作"积贫积弱"的中国,其实一直是个经济大国。按照英国著名经济史和经济统计学家安格斯·麦迪森的测算,1700年到1820年,中国的GDP不但排名世界第一,在世界的比例最高达到了32.9%。而同样根据麦迪森的估计,按照中国经济当下的发展速度,到2030年,中国占世界GDP的比例可能增加到23%,也仅仅是和200年前勉强打个平手。而从人均GDP以及物价水平来看,人均GDP的排名靠后,从这些意义上来看,目前的中国远远称不上富国。

还有些隐藏在背后的矛盾也日渐变得突出,中国的贫富差距正在加大。1994 年,中国的基尼系数就超过了国际公认的 0.4 的警戒线,而到了 2010 年,这个数字已经超过了 0.5。两极分化拉低了人均 GDP,使得中国的繁荣存在着一种假象。这些繁华背后的事实告诉我们,中国迈向富国的道路还很远。

3.1.2　当前我国的环境情况

当前,中国国民经济得以迅猛发展,中国的城乡居民生活水平也连续上了几个大台阶,消费水平、消费结构和消费环境都发生了明显的变化。城乡居民用于吃、穿方面的开支占全部生活费支出的比例大幅下降,消费档次大大提高。中国经济得到了迅速发展。然而,值得注意的是,中国经济在目前却遇到了严重的问题,尤其中国经济社会发展与人口、资源、环境方面的矛盾日益突出,经济发展的困难重重,大体有以下方面:一是中国经济整体素质不高。与一些发达国家相比,综合国力还不够强,科技水平明显落后,经济结构不尽合理,尚未摆脱粗放型经济增长方式,经济质量和效益不高。二是人口总量庞大,人口素质较低。到 21 世纪中叶,中国人口总量高峰、就业人口高峰、老龄人口高峰将接踵而至,人口素质不高的状况短期难以改变,严重制约经济发展和人民生活水平的提高。三是资源短缺,人均资源明显不足。在资源短缺的同时,资源破坏和浪费又非常突出,滥采、滥垦、滥伐屡禁不止,资源的产出率、回收率和综合利用率低,生产、流通和生活、消费方面浪费惊人,进一步加剧了资源不足的矛盾。四是生态环境恶化趋势极为严重。部分地区环境污染和生态破坏令人触目惊心,部分大中城市污染形势日益严峻。工业固体废物产生量急剧增加。全国大气污染、排放总量多年处于较高水平,城市空气污染普遍较重,酸雨面积已占全国面积的 1/3。水土流失情况严重,全国流失面积已达 3.6 亿 hm^2($1\ hm^2 \approx 1 \times 10^4\ m^2$),约占国土面积的 38%,并且仍在继续增加。土地荒漠化、草原沙化面积仍在快速扩散。7 大水系污染严重。近岸海域水质恶化,赤潮频繁发生。作为主要经济水生生物的产卵场和索饵育肥场的近海和内陆域严重污染,水生生物亲体繁殖力和幼存活力急剧下降,水生生物得不到补充。过度捕捞导致主要经济鱼种资源严重衰退,经济渔业品种日渐衰减,渔获组成的营养级水平逐年下降。物种濒危现状十分严重。中国目前约有 4 600 种高等植物和 4 600 种野生动物已处于濒危或临界状态。事实证明,中国在发展过程中面临的人口资源环境压力越来越大,我们不能走人口增长失控、过度消耗资源、严重污染环境、破坏生态平衡的发展道路,这样的发展不仅不能持久,而且最终会给我们子孙后代带来难以解决的问题。必须坚定不移地走可持续发展道路。党的十五大报告指出,中国是人口众多、资源相对不足的国家,在现代化建设中必须实施可持续发展战略。因此,当前中国经济要想保持高度持续增长,必须审时度势,立足现实,找准问题的突破口,努力实现中国经济的可持续发展战略。

3.1.3　我国为什么要坚持可持续发展

可持续发展是后起国家在推动工业化方面的特殊有利条件,这一条件在先发展国家是不存在的,它是与经济的相对落后性共生的,是来自落后本身的优势。后发展是相对于先发展而言的,因而后发优势涉及的主要是时间纬度,至于国家之间在人口规模、资源禀赋、国土面积等方面的差别则不属于后发优势范畴,而与传统的比较优势相关。2000 年 10

月,党的十五届五中全会《关于制订国民经济和社会发展第十个五年计划的建议》正式提到后发优势概念,该文件指出,要以信息化带动工业化,发挥后发优势,实现社会生产力的跨越式发展。中国的经济发展很大程度上与后发优势有着密不可分的联系。

美国经济史学家亚历山大·格申克龙在总结德国、意大利等国经济追赶成功经验的基础上,于1962年创立了后发优势理论。所谓"后发优势",也常常被称作"落后得益""落后的优势""落后的有利性"等。格申克龙指出,在一个相对落后的国家,会产生经济发展的承诺和停滞的现实之间的紧张状态,激起国民要求工业化的强烈愿望,以致形成一种社会压力。这种压力,一方面源于后起国家自身经济的相对落后性及对维护和增进本国利益的考虑;另一方面也是先进国家的经验刺激和歧视的结果。"落后就要挨打",这在人类世界似乎永远要作为普遍法则而运行。因此,落后国家普遍提出要迅速实现工业化的要求。

中国发展面临着前所未有的挑战。1949年以来,中国的GDP增长了10多倍,成就斐然,而矿产资源的消耗却在40多倍。中国GDP的年平均增长率达8.7%左右,而且至今发展势头不减,然而这些成绩的取得也是付出了高昂的代价的,特别表现在自然资源的超常规利用和生态环境的超常规损失。

"后危机时代"是指金融危机已相对缓和,但危机的深远影响尚未彻底消除的特定阶段。一方面,金融海啸已基本平息,前期大规模经济刺激政策已帮助全球主要经济体走出衰退阴影,步入全面复苏阶段,全球金融体系重回平稳轨道;另一方面,金融风险并未彻底清除,世界经济复苏的基础仍然薄弱,金融体系仍面临着较大的不确定性。

未来的一段时期,全球会出现一个流动性相对充裕的情况。中国经济发展的前景看好,但是也必须看到,在国际金融危机之后,随着国际经济格局的改变,中国的发展也将面临更加严峻的形势。西方国家经济恢复的根基是非常不稳定的,而且财政扩张空间非常小,英国、美国乃至于其他欧洲国家在经济危机爆发之后债务大都上升了20%~30%,但是经济还要维持,怎么办?只有一个答案,就是货币政策不仅不能收还要继续扩张。在这种共识的引导下,全球货币流动性还将持续,这将使中国经济面临资产泡沫上升压力和汇率升值压力。

3.2　经济可持续与资源相结合

经济可持续发展中的资源概念,就是指在经济发展和技术进步过程中能够满足社会需要的各种自然资源。经济可持续发展的资源利用,就要通过技术进步使那些丰富的资源和原来不属于资源范畴的东西,取代那些短缺而制约经济发展的资源,以实现经济的持续发展和满足人类对物质产品不断增长的需要。

3.2.1　可持续发展与资源利用

要实现资源利用的高效率,一是依靠技术进步,不断提高资源的利用效率,使一定量资源能够生产出更多的满足人类需要的产品;二是通过调整社会经济政策,改变资源的使用结构,将利用效率低的资源转移到效率高的方面。

要做到资源的永续利用(核心问题):首先,必须通过技术进步,不断以相对丰裕的资源代替短缺的资源。人类经济的进步史,很大程度上就是不断地以丰裕的资源替代短缺资源这种方式实现的,如在能源上面,煤炭对柴薪的替代,石油、天然气对煤炭的替代,核能对前几种矿物燃料的替代,再生能源对不可再生能源的替代等;在材料方面,铁对铜的替代,铝对铁的替代,塑料对金属的替代等,都是人类实现资源可持续利用的重要方式。其次,通过技术进步扩大短缺资源的有效储量,使其由短缺变为相对丰裕。要实现资源的可持续利用,技术的进步必须能赶上人类对静态资源消耗的速度,以可再生资源来替代不可再生资源方面也同样有这种要求。再次,控制人口的数量并改变其消费行为和消费方式。适当抑制人类对物质消费的追求,以精神文化和生态需要的满足来替代物质需求,改变富裕国家人民那种在物质产品使用中的奢侈和严重浪费现象,提高产品使用中的效率和使用寿命。

促进我国资源的可持续利用,实现资源可持续利用的主要途径有:①充分发挥市场机制的作用;②对我国现行的价格补贴等政策进行调整;②建立有效的资源产权制度;④形成资源节约型经济的微观基础;⑥积极利用国际市场,调节国内资源配置;⑥利用国家掌握的经济杠杆,调节资源的利用方向和效率;⑦加强资源的回收利用程度;⑧加强资源勘探、开采、利用和回收等方面的技术研制、开发、引进和推广工作;⑨改善生产力布局以提高资源的利用效率和效益等。

保护和资源节约的原则:生产结构、各种产品的比价、产品分配比例(包括在各阶层的分配比例及其消费与积累的比例)、消费结构比例之间必须相互一致;国际贸易能使这些关系更加协调,制度的变革则能为这些内容的实现提供保证并促进它们不断改进等。

促进经济可持续发展的能力建设:①加强对经济可持续发展系统要素的建设,如改善生态环境质量,在节约不可再生资源的基础上,不断提高它们的利用效率;改善可再生资源的生产能力;加强人力资本建设,在控制人口数量的基础上,不断提高人口质量,改善人口结构;增加资本积累并提高其利用效率等。②加强经济可持续发展系统的微观机制建设,也就是要建立起既适合市场经济要求又有效率的企业制度。企业是经济系统中最基本的子系统,是组合要素的第一层次,同时又是社会财富的具体生产者,所以其效率的高低对整个经济的效率有着决定性的影响。③建立高效率的市场经济体制,在建立高效率的市场经济体制中,产权制度建设和行为规范制度建设是其最重要的内容。④建立经济可持续发展要求的社会制度,必须建立符合可持续经济发展要求的社会伦理道德规范、司法体制等,这是市场经济体制发挥作用的前提条件。

3.2.2　可持续发展与社会生活

经济可持续发展福利深化的内涵:经济可持续发展福利深化就是要处理好静态福利与动态福利的矛盾关系,实质上也就是公平与效率的矛盾关系。福利深化中的福利,不仅包括人们在收入或消费过程中的福利,而且还包括人们在生态消费、社会参与、劳动过程、人际关系等方面的福利。

促进经济可持续发展的能力建设:①加强对经济可持续发展系统要素的建设,如改善生态环境质量,在节约不可再生资源的基础上,不断提高它们的利用效率;②改善可再生资源的生产能力;加强人力资本建设,在控制人口数量的基础上,不断提高人口质量,改善人口结构;③增加资本积累并提高其利用效率等。

3.3　经济可持续发展

当前,中国正处于社会主义初级阶段,也就是不发达阶段。在这样一个幅员辽阔、人口众多、社会生产力不发达、地区发展不平衡、社会发育层面差异大的国家里,必须历经一个相当长的历史阶段,才能实现工业化和经济的社会化、市场化、现代化。实施可持续发展战略,是实现中国现代化建设的关键问题之一。大量事实充分表明,党和政府在制订和实施国民经济和社会发展计划时,认真贯彻可持续发展战略,切实把节约资源和保护环境放到重要位置,努力使经济建设与资源、环境保护相协调,实现良性循环。

目前,中国进入经济高速发展时期,环境问题需要我们认真对待。中国的环境令人担忧。大家不会忘记,西北起沙暴,京城降泥雨,南海泛赤潮,环境警钟频频向世人敲响。西南、华南、中南、华东酸雨连片,北方还有一块二氧化硫区;淮河、辽河、海河、太湖、巢湖、滇池水体遭受污染;蓝天难见,垃圾围城,黑水穿堂,是不少都市的景观;江、浙乡镇企业的高速发展是中国农村实现工业化、现代化的一个范例和缩影,但是环绕太湖的近千家企业的工业污水直接排放,农村化肥、农药的污染,养殖业的生物污染,以及星罗棋布的城镇居民生活污水的污染,使美丽的太湖遭到严重破坏。大量事实告诫我们:保护环境迫在眉睫。

3.3.1　我国基本国情

中国人口众多,资源问题是未来制约中国经济社会发展的重要因素。资源可分为可再生和不可再生两类。水、土壤、森林、草原等,大体属于可再生资源。74%的工业原料、85%以上的矿产资源是不可再生的。地球上的资源是人类共同的财富,地球上众多资源是有限的和不可再生的。所以,珍惜资源、节约资源是全世界应该共同遵循的原则,中国也不例外。

要做到节约与开发并举,合理利用资源,这就要求我们要节制对自然的索取,珍惜一切可利用的资源。自然界中的大多数资源都是不可再生的,因此,在利用资源时,必须考虑到有可能带来的资源短缺问题,实现资源的最大化利用。近年来,中国的水土流失问题严重,北方出现了沙尘暴天气,这与过度开发和资源浪费有很大关系,要实现可持续发展战略,就必须坚定不移地贯彻中国的"合理利用每一寸土地,切实保护耕地"的基本国策,做到积极植树造林,禁止滥砍滥伐,培养节约意识,实现有限资源的最大化利用,努力寻求各种可再生资源等。

在过去的发展时期,中国的经济增长方式主要是粗放式的,这就带来了资金、资源的过度消耗和浪费,同时还带来了十分重要的问题——环境污染严重。因此,必须要将经济增长方式由粗放式增长转变为集约式增长,推行清洁工业和生态农业。清洁工业也是一种生态工业,它具有低污染的特征,这种生态型的工业生产能够带来经济和环境的和谐发展。生态农业也是将传统技术精华同现代科技成果结合起来的新兴农业,它可以保护土地资源,提高生物产量,并且带来生产上的低污染甚至无污染。

农业可持续发展是整个社会可持续发展的基础。在全面建设小康社会的进程中,必须研究农业的可持续问题,以加强农业的基础地位,促进经济社会的可持续发展。坚持农业可持续发展的能力如下:一是合理开发和节约使用自然资源;二是把现代科学成果与现代化农业技术结合起来,建立具有生态合理性、功能性循环的现代化农业发展模式,使农业经济的增长与农业生态环境的改善结合起来,达到经济效益、社会效益和生态效益的统一;三是加强林业资源保护,建设绿色文明,大力提高森林率;四是因地制宜发展农业产业化经营。要抓好农副产品经济可持续发展生产基地的建设,实现资源的永续利用;要突出区域特色,把培育主导产业与区域经济开发结合起来,既能形成鲜明的区域经济格局,也能从总体上有利于产业结构的优化,实现农业经济的可持续发展。

当前,国际经济形势风云突变,经济技术合作与竞争已成为各国之间经济关系的重要方面。每个企业都把兼并、重组行为作为增强市场竞争的重要手段。同时,经济全球化也为传统产业提出了严峻的挑战。因此,每个企业面对新形势,必须积极主动地调整产业结构及产品结构,力争在国际竞争激烈的市场中争得一席之地,开创"扩大内需拉动经济发展"的经济发展新思路。努力激活民间投资需求,明确民间投资方向,政府应运用各种经济政策等来加以引导,使这些"新鲜血液"源源不断地注入中国经济的发展中。消费需求作为经济增长的持久性拉动力量,是经济启动后保持经济持续稳定发展的基础,我们应分析当前消费需求的结构与特点,理清思路,大力促进消费需求的扩大与升级,以确保经济实现可持续发展。

牢固树立可持续发展的思路,通过体制改革、科技进步和加强管理,建立有利于可持续发展的经济运行机制和管理体制,提高经济增长质量和效益。大力推进科技创新,在整个经济领域中大力推广先进技术。促进产业结构优化升级。开源与节流并重,预防与治理结合,减轻资源环境压力。大力促进和逐步建立节地节水型生态农业体系、节能节才型工业生产体系及适度消费、勤俭节约的生活消费体系,努力走出一条科技含量高、经济效益好、资源消耗低、环境污染少,人力优势得到充分发挥的新型工业化和现代化道路。

依法保护和合理开发利用水、土、矿产、森林、草原、湿地、海洋等国土资源,加强综合治理,实现永续利用。重点推进水、土地、矿产资源的节约使用和合理利用,提高资源综合利用率。实施海洋开发,大力发展海洋产业,同时加强近岸海域水质保护。研究预防、控制和治理赤潮,抓好海洋环境综合治理和管理。深化资源有偿使用制度改革,推进国土资源市场体系建设,整顿矿业秩序,使之产权清晰、规则完善、调控有力、运行规范,依法维护资源所有者和使用者的合法权益。正确处理利用国外资源与维护中国资源安全的关系,积极实施"引进来"和"走出去"相结合的战略,更好地利用国内外两种资源、两个市场。

巩固和提高工业排放污染物达标成果,淘汰关停污染严重的落后生产能力;严重污染环境,达不到经济规模的水泥、火电、化工、造纸和电解铝,要坚决按期关停淘汰;要积极引导乡镇企业转向大型工业企业生产低污染配套服务,并向城镇适度集中,实行污染集中控制。要把清洁生产作为提高工业生产环境质量的关键措施。污染的"末端管理"是被动的管理模式,而清洁生产则可能从根本上解决环境污染与生态破坏问题。根据专家测算,只有当环保达到同期 GDP 的 1.3% 时,环境质量才有可能得到改善。要达到这个目标,必须坚持多管齐下,充分发挥政府、企业和社会三大投资主体的作用,建立适应市场经济的环保投资机制。

格申克龙的后发优势理论,首次从理论高度展示了后发国家工业化存在着相对于先进国家而言取得更高时效的可能性,同时也强调了后发国家在工业化进程方面赶上乃至超过先发国家的可能性。随后有一些学者纷纷对后发优势进行了阐述:列维则强调了现代化进程中,后发国家在认识、技术借鉴、预测等方面所具有的后发优势;阿伯拉莫维茨提出的"追赶假说",伯利兹、克鲁格曼等提出的"蛙跳模型",都指出后发国家具有技术性后发优势,并讨论了后发优势"潜在"与"现实"的问题;巴罗和萨拉易马丁以及范艾肯等人又从计量经济学的角度,验证了经济欠发达国家可以通过技术的模仿、引进或创新,最终实现技术和经济水平的赶超。后发优势理论的提出和发展研究,为后发地区的加速发展提供了理论依据和现实途径。

3.3.2　发展中国家的后发优势

在开放经济下的今天,世界各国的经济联系比以往任何时候都更加密切,经济全球化已成为当今世界的最显著的特征。这种国际环境为发展中国家充分地利用客观存在的后发优势、最大限度地谋取后发优势所带来的利益、促进本国经济跨越式发展提供了良好的条件和难得的机遇。

发展中国家的后发优势概括为以下五个方面:

(1)资本的后发优势。资本的后发优势主要是指资本报酬递减规律所产生的后发优势。发达国家的资本丰富,而发展中国家资本稀缺,因此,发展中国家的资本收益率要高于发达国家。如果国际资本是自由流动的,那么资本将从发达国家向发展中国家流动,由此将会促使发展中国家经济增长得更快。在发展中国家的不同发展阶段,资本后发优势的表现与作用不同。早期偏向于对资本数量的需求,后期则对资本的质量提出更高的要求。对中国而言,改革开放初期资本数量严重不足,外资的流入极大地促进了中国的经济增长。进入20世纪90年代,随着国内储蓄的增加,资本数量不足的矛盾得到根本性缓解,资本的后发优势不再体现于引进外资的数量方面,而体现在质量和结构方面。在质量上,外资在微观经济上具有高效率的特点,能够弥补国内投资由于微观经济的低效率、特别是国有企业的大面积亏损而产生的有效投资不足。在结构上,外资的引进过程,也就是先进的技术和管理经验的引进过程,由于国内总体上低下的技术及管理水平使得一部分投资不能通过国内储蓄予以实现,只得通过外国资本流入补充,由此便改善了国内的技术结构和产业结构。

(2)技术的后发优势。技术的后发优势表现为后发经济体的技术学习,从先发经济体引进各种先进技术,并经模仿、消化、吸收和创新所带来的利益和好处。首先,从技术研究与开发环节看,模仿创新能冷静观察率先创新者的创新活动,研究不同率先者的技术动向,向每个技术先驱学习,选择成功的率先创新进行模仿改进,避免大量技术探索中的失误,大大降低其技术开发活动的不确定性;其次,从产品的生产环节看,模仿创新能直接借助于从率先者处获得生产操作培训,聘请熟练工人来企业传授经验等方式迅速提高自身的生产技能,从而使生产成本随产量增加而下降的速度有可能快于率先创新;第三,从市场环节看,模仿创新节约了大量新市场开发的公益性投资,能够集中投资于宣传推销自己的产品品牌,且模仿创新产品由于入市晚,还有效回避了新产品市场成长初期的不确定性和风险。

(3)人力的后发优势。发展中国家劳动力资源丰富,劳动力成本相对低廉,这是发展中国家的一大优势,也是我国加入WTO后以及今后一段较长时期内都将存在的重要优势,这一优势既是比较优势,也是后发优势。中国正在逐渐成为全球的制造中心,很大程度上得益于其庞大的廉价劳动力市场。当然,由于比较优势陷阱的存在,仅有劳动力成本低的优势是远远不够的,还必须将从国外引进的高新技术与本国丰富的劳动力资源相结合,对劳动密集型产业进行人力资本投资,使其由简单劳动密集型转变为复杂劳动密集型。劳动方面的后发优势的另一重要体现是知识的溢出效应。知识具有非排他性和共享性,是一种典型的公共产品,具有明显的溢出效应。在全球化的条件下,通过对发达国家技术和管理知识的学习和吸收,发展中国家能够跳过漫长、曲折的中间阶段,直接进入知识的较高层次和较新阶段,从而极大地提高劳动力的素质和水平,直接创造人力资本。

(4)制度的后发优势。制度的后发优势就是后发地区向先发地区的制度学习,即效仿或移植各种先进制度并经本土化改造所产生的效率和益处。后发地区通过强制性和诱制性制度移植变迁所形成的后发优势,主要表现在以下三个方面:

①成本优势,即后发地区直接模仿、吸收和采纳先发地区已经形成的有效的制度,与先发地区的制度创设变迁相比较,避免了因不断"试错"而支付的高额成本(政治成本和经济成本)所具有的优势;

②时间优势,指与制度创设变迁往往要花费较长的时间相比,后发地区对有效制度的及时模仿、跟进和移植只需较短的时间而具有的优势;

③经验优势,就是通过吸取先发经济体制度变迁的经验教训获得的后发利益。

制度性后发优势使后发地区能提高资源配置的效率、改变激励机制、降低交易费用和风险,从而促进经济增长。

(5)结构的后发优势。发展中国家最初都是农业国,经济发展过程就是把一个落后的农业经济转变为现代工业经济,最终实现工业化。落后的农业部门生产率较低,而工业部门的生产率较高,把农业部门的劳动力和资本转移到工业部门,可以提高整个社会的资源配置效率,从而促进生产率较快的增长。这方面的后发优势在发达国家是不存在的,因为在那里所有部门都现代化了,生产率差异较小,至少没有发展中国家农业与工业的生产率差别大。不考虑其他因素,仅就结构转变而言,发展中国家的经济增长速度也要快于发达国家。经济全球化和信息化促进了发展中国家的经济结构转变和工业化进程的加快,从而促进发展中国家资源配置效率以更快的速度提高。加入 WTO 之后,中国经济将更加对外开放,对外贸易与引进外资和技术的速度将会更快,一方面将进一步推进中国工业和服务业的发展,使我国剩余劳动力的转移速度加快,另一方面也将加速我国农业的现代化,使我国资源配置效率的潜力更加充分地发挥出来。

由此可见,发展中国家的后发优势是客观存在的,在开放经济条件下,这种后发优势将表现得更加突出,作用日益显著,已经成为发展中国家在经济发展中可以利用的主要优势和经济发展的主要动因。

3.3.3　改革开放以后的中国可持续发展

改革开放以来,中国的经济发展取得了举世公认的成就,人们通常把它归因于改革开放的方针和政策。但是,改革开放为什么会促进中国经济持续高速增长呢?其动因就是后发优势,而改革开放的作用就是把这种潜在的后发优势充分地发挥出来。一是开放和后发优势。开放包括对外贸易和引进外资等方面,拿外资利用来说,改革开放以来,我国利用外资的规模逐年递增,特别是 1992 年邓小平南巡讲话以来,我国吸收外资额连续多年在发展中国家稳居榜首,每年流向发展中国家的外国直接投资中中国已占 40% 以上。巨额的外资流入对中国经济发展产生了深远影响,为我国经济的持续高速增长提供了重要动力。作为一种稀缺资源,外资与内资的技术含量和边际生产率是不同的,外资在提供经济发展急需资金的同时还带来了重要的外部效应,如推动了体制改革,促进了技术进步,提高了劳动力素质等。外资的进入还直接提高了我国的资源禀赋的结构,使突破比较优势的陷阱、充分发挥后发优势成为可能。二是改革与后发优势。我国的改革开放实践充分证明,制度变迁始终是一国社会经济发展的重要动力。我国的经济制度虽然有别于资本主义国家,但由于我国也实行市场经济制度,因而在制度安排上必须借鉴发达国家的经验。这突出表现在利用后发优势,进行制度的引进、消化、吸收和创新。它既表现在目的上,如直接确立市场经济体制目标,建立现代企业制度等,又表现在机制上,如形成市场交易规则和市场价格机制,政府从计划经济时代包揽一切、统治一切转变为主要利用间接手段调节经济;它还表现在手段上,如运用财政政策和货币政策等西方常用的调节手段进行宏观调控。三是开放、改革的互动与后发优势。我国改革开放的实践充分证明,开放对一国最大的意义还在于对制度的深刻影响,中国正是在不断扩大对外开放的过程中,形成了以开放促改革、在开放中推进改革的有效模式。对内改革与对外开放并不是相互独立的两项政策,而是整个制度变迁的一个整体,不仅对外开放本身就是改革,而且对外开放必然要求对内改革与之相适应。任何一国从封闭走向开放,无不以制度的变革为起步,制度变迁在很大程度上决定了经济开放的广度,制约经济上对外开放的变动趋势。同时,开放又是制度变迁和制度创新的推动力量。对中国来说,经济开放不仅本身就意味着一种制度变迁,而且极大地加速了旧制度向新制度的调整过程。

后发优势的发挥过程,也是结合中国实际不断探索和创新的过程。改革开放以来,具有中国特色社会主义经验证明,现代化先行国家的正反两个方面的历史经验固然可以作为启示、借鉴,但却不等于可以照搬照抄,更不能全盘西化。由于各个国家的国情不同,面对迥异的国际环境,必须致力于开创适合自身内外条件的新道路、新模式,从目标模式到道路的选择都必须结合国情与国际形势的变化进行内在创新。后发优势理论的一个重要结论,也就是由于后发优势的存在,发展中国家不会、也没有必要按照统一的模式重走发达国家走过的老路,各个发展中国家应该根据自己的情况选择不同的发展道路。

3.3　生产、市场与可持续性

经济可持续发展生产方式的内容主要是指生产要素的结合方式、由生产工艺决定的生产流程和劳动过程、生产过程的组织方式等。经济可持续发展主要体现在:①经济可持续发展的生产要素结合方式,必须根据资源优化配置的原则进行。②经济可持续发展的工艺流程选择及其劳动组织,不仅必须符合节约资源、简化劳动过程的原则,而且必须满足生态环境和劳动安全保护的要求,不造成大的外部浪费。③经济可持续发展的组织方式,从生产效率方面看,必须使整个生产通过有效的组织方式形成优化的生产力,通过有效的结合方式,使被分散的生产组合成最大的生产力,实现系统功能大于各部分功能的目标。在生产关系方面,人们之间在生产过程中的关系必须与他们的劳动能力一致,与生产力的系统要求一致,同时形成所有劳动者积极参与生产组织和管理的氛围,激发人们的创造性。④决定生产方式状况的是由一定文化制约的管理方式和管理水平。因为生产过程中要素的结合、生产工艺的选择、生产过程的组织等都是由管理来实现的,所以管理方式和管理水平成为决定生产方式状况,从而决定生产力状况的决定性因素。因此,不断地改进管理方式,提高管理水平,成为经济可持续发展能否实现和在何种程度上实现的关键。⑤一个社会的生产组织方式是受到生产资料所有制制约的,所以发展良好的符合经济可持续发展要求的生产资料所有制及其经营组织形式,也是经济可持续发展生产方式的重要内容之一。

3.3.1　市场经济中的可持续

市场可持续性的主要方式也就是改变市场经济中各因素的参数值,使资源和环境利用中的市场价格与社会价值一致,制定达到经济可持续发展要求的环境和劳动保护标准,使人们以外部不经济方式得到的利益小于将其内部化的做法,从而促使外部影响内部化。这种政策的实施,必须会促使以最大市场利益为目标的生产者的生产方式符合经济可持续发展或绿色经济的要求。几乎所有国家的区域资源配置和产业资源配置都不是完全根据市场原则进行的,而是在以市场机制为主的基础上,根据社会福利的要求进行的。如果市场机制不能完全满足经济可持续发展的区域资源配置与产业结构的要求,那么在提高管理水平,尤其是企业管理水平上,则需要充分发挥市场机制的作用,加强市场竞争。只有在这种生存压力下,管理水平才能不断地得到提高。

经济可持续发展交换方式的内涵:经济可持续发展的交换方式,就是要使通过交换方式产生的系统效应达到尽可能大,并且符合经济可持续发展要求,即要满足商品流通有序高效、商品价格与价值基本相等、商品生产与社会需要一致、正确引导生产与消费、平衡市场供求、市场交换公平与公正等。要满足经济可持续发展的要求,交换方式或者商品的流通过程必须做到高效率,即它本身消耗的资源必须尽可能少,流通时间必须短,信息反馈及时,生产与需求得到良好的衔接等。为此,必须建立与符合经济发展要求的流通体制,建立高效率的流通机构或组织和高效率的信息传递机制,建立良好的符合经济可持续发展要求的引导机制、高效率的资金结算体制、公正有效的监督机制等,以实现整个流通过程中的高效率和公平公正。

要利用市场交换这种方式来进行生产联系与组织,就需要政府对它进行一定的调节,以达到扬长避短的目的。以高效率的金融体系做保证。要保证经济可持续发展的顺利进行,必须加强流通领域各个方面的建设,如要素市场的建设、产品市场的建设、信息市场的建设等。

3.3.2　经济可持续性

经济可持续发展的分配关系包括多方面的内容:产品在消费与积累之间的分配、不同要素所有者之间的分配、各要素所有者内部之间的分配、不同形式资本补偿与积累形式之间的分配、不同区域之间的收入分配与资本分配、不同产业之间的资源分配等。

经济可持续发展的产品分配,就是要使产品分配符合其要求并推动它的发展,同时经济发展促进产品分配的改善。在实现公平与效率统一方面,在产品的初次分配方面,应遵循效率优化的原则,而在产品的再分配方面,则应遵循公平优先的原则。

经济可持续发展的消费模式包括反映人类对人与人和人与自然之间关系认识的由社会伦理决定的消费行为、消费倾向、消费结构、消费品选择、消费方式等内容。经济可持续发展要求人们在消费过程中节约资源和保护环境,如尽量减少那些会大量消耗资源和破坏环境产品的消费,选择的产品不会对消费者造成伤害,在消费和生产过程中不会对生态环境造成大的损害,消费品残物的处理有利于资源的再利用,最终向自然界排放的残留物最少,或者能够自然降解而不会对环境造成严重伤害;同时人们在消费过程中,应根据自己的实际需要进行消费,不浪费消费品。使消费重心由传统的物质消费为主转向以生态、精神文化消费为主。

要使消费符合经济可持续发展的要求并成为推动经济可持续发展的动力,不仅需要对消费伦理进行规范与引导,而且要求消费取向与消费结构发生转变。为了满足社会公平,同时使劳动力的再生产符合经济可持续发展的要求,必须协调好社会公共消费与个人消费的关系,这也是使消费结构趋向合理的一种有效手段。

生产供给结构与社会需求结构间的比例协调供给结构是客观因素决定的,而需求结构则是由主观因素决定的,受社会时尚、文化等方面的影响,需求结构的变化是极为频繁的,两者间要一致是比较困难的。

分配结构包含几方面的内容:①社会总收入在不同收入阶层之间的分配比例;②消费与储蓄的分配比例;③消费、储蓄各自的使用比例。其中,第一方面的内容是决定需求结构与生产结构是否一致的关键。消费与储蓄的比例,是决定社会产品在总量方面能否均衡的前提,只有当消费支出的数量与消费品的供给量一致,储蓄额与资本品的供应一致时,总供求才能实现相对均衡,其均衡程度则又取决于消费支出的内部比例是否与消费品的供给结构一致,储蓄支出的比例是否与资本品的供给比例一致,只有它们都一致时,社会总供求才能实现真正均衡。

从马克思的资本循环与周转理论知道,要保证资本的正常循环,资本就必须同时并存在各环节,并且必须成比例。这其中包括各部门产品之间的比价协调、各部门投资比例与各部门间的利润率结构一致。区域间的资源配置不仅关系到资源配置是否有效,而且关系到国家安全、社会稳定、经济发展的持续能力、生态环境保护、资源开发与供给等一系列事关经济可持续发展的重要问题。

要实现经济的稳定运行,就需要需求结构与供给结构的相对均衡,要实现供给结构与需求结构、需求结构与分配结构之间的均衡,就需要政府对它们进行调节。如通过社会再分配政策调节人们之间的收入分配关系,或者通过公共消费方式,使需求结构与生产结构一致;通过适当的投资与消费引导和控制政策,使需求周期与供给周期保持一致等方式,来实现二者之间的相对均衡。社会需求与自然资源供给和生态环境承载能力的协调需要社会中心的调节。如必须对生产方式进行调节,使生产工艺的选择、生产过程、产品消费及废弃物处理都符合绿色经济的要求;对人们的消费行为与消费选择等进行调节,使消费符合可持续发展的要求;对自然资源的开采、使用、恢复等进行调节等。在区域结构方面,市场经济支配的资源配置虽然符合短期效益最大化原则,但它与社会公平与公正的要求不相符合,并且对经济的持续发展也不利,这也需要政府根据社会最大福利原则来进行调节。

经济可持续发展的国际贸易,就是要通过国际商品、劳务、技术、信息、资本的交换,以获得比较利益,同时满足国内因技术、资源等方面不足而出现的供求问题,增加一定资源基础上的社会经济福利,但必须通过强有力的国家调控,防止国际产业分工中本国产业的低劣化。经济可持续发展的国际贸易,应该能够促进全球生态环境的保护和改善,促进资源的持续利用。经济可持续发展的国际贸易,应该能够促进技术进步和制度创新;经济可持续发展的国际贸易,应该能调节各国之间的周期运动,使各国的经济运动更加平稳;经济可持续发展的国际贸易,应该促进国际社会的共同富裕,这是经济可持续发展的国际贸易最根本的要求,也是实现国际环境保护的前提条件。

【案例】

位于长江西路 101 号的上海国际节能环保园地处吴淞工业区南端,占地 498 亩(1 亩 ≈ 666.6 m²)。园区的前身为上海铁合金厂,是我国冶金行业重点龙头企业之一,但也是上海有名的耗能和污染大户。其能耗占全市工业用电的 0.5%,粉尘排放占全市的 1/7。按照上海市吴淞工业区环境综合整治实施计划,该厂于 2006 年 6 月停产。在上海市相关部门及宝山区政府的大力支持下,仪电集团于 2007 年 12 月,在这里启动了国内首个以节能环保为主题的生产性服务业功能区的开发建设。

园区的规划建设面积 50 万 m²,总体定位目标是在完成对高耗能、高污染的老企业的主业结构调整的基础上,打造低碳绿色园区,从而完成高耗能、高污染企业的华丽转身。上海中心城区的区位优势及体量,使其具备形成国家级节能环保政策、技术、产品推广应用示范区的条件。所以园区的规划设计与功能定位注重秉持高标准、示范性、综合性的原则,并着力营造展示交易、研发创新、产业集聚、技术服务、推广宣传、综合配套等六大功能。开园以来,已完成了 2 万 m² 的既有建筑节能改建及 5.3 万 m² 的后工业景观示范园的建设,开辟建设了世界上第一个以利用废旧钢铁为主的钢雕艺术公园,成为上海市、宝山区一个新的艺术地标和上海工业旅游的新景点。

在园区的建设过程中,大到地源热泵空调系统,小到铺路石,处处体现着节能环保的理念,就连原厂遗留的废钢铁也被利用起来,塑造成钢雕艺术作品,形成园区独特的景观。园区的开发建设不仅明显改善了区域环境,还在多种大型节能环保宣传活动中,有效地宣传推广了政府在环境保护、节能减排的相关政策和倡导的新技术、新产品,发挥出良好的社会效益,得到了各级政府部门的积极评价:正在建设中的节能环保诊断中心被列入国家"新增1 000 亿元中央投资项目",一期改建工程被评为"上海市建筑节能示范项目",园区被列为"上海市生产性服务业功能区",后工业景观示范园被国家旅游局评为"全国工业旅游示范点"。园区的前期建设运营,为实现从"耗能污染大户"到"节能环保中心"的转变和从"生产型功能"到"服务型功能"的转型奠定了良好的基础。

资料引自:低碳经济案例——上海国际节能产业园

思考题

1. 如何看待我国当前环境?
2. 可持续发展如何与我们的生活相结合?
3. 如何看待可持续发展与环境的关系?
4. 经济可持续发展的主要内容是什么?

推荐读物

1. 环境学. 左玉辉. 高等教育出版社,2006.

2. 环境生物技术. Bruce E. Rittmann，Perry L. McCarty. 清华大学出版社,2005.

参考文献

[1]韩英. 可持续发展的理论与测度方法[M]. 北京:中国建筑工业出版社,2007.

[2]刘学谦,杨多贵,周志田,等. 可持续发展前沿问题研究[M]. 北京:科学出版社,
2010.

[3]王麟生,戴立益. 可持续发展和环境保护[M]. 上海:华东师范大学出版社,2010.

[4]邓楠. 可持续发展:经济与环境[M]. 上海:同济大学出版社,2005.

第4章 可持续经济发展的基本原理

【本章提要】

本章从可持续发展的形态与特征认识、理论体系与目标、发展的核心、发展的意义、发展的内涵、发展的基本竞争模型以及中国经济发展的反思方面着手,全面阐述了可持续经济发展的基本原理。

4.1 可持续发展的基础理论

4.1.1 可持续发展的形态与特征

可持续发展包括三方面的内容:经济可持续发展、生态可持续发展、社会可持续发展。可持续发展概念的广泛性定义为:"可持续发展是既满足当代人的需求,又不对后代人满足其需求的能力构成危害的发展。"它是一个密不可分的系统,既要达到发展经济的目的,又要保护好人类赖以生存的大气、淡水、海洋、土地和森林等自然资源和环境,使子孙后代能够永续发展和安居乐业。可持续发展与环境保护既有联系,又不等同。环境保护是可持续发展的重要方面。可持续发展的核心是发展,但要求在严格控制人口、提高人口素质和保护环境、资源永续利用的前提下进行经济和社会的发展。发展是可持续发展的前提;人是可持续发展的中心体;可持续长久的发展才是真正的发展,使子孙后代能够永续发展和安居乐业。其科学性定义由于可持续发展涉及自然、环境、社会、经济、科技、政治等诸多方面,所以,研究者所站的角度不同, 对可持续发展所做的定义也就不同。大致归纳如下:①侧重自然方面的定义;②侧重于社会方面的定义;③侧重于经济方面的定义;④侧重于科技方面的定义。其综合性定义为:"所谓可持续发展,就是既要考虑当前发展的需要,又要考虑未来发展的需要,不要以牺牲后代人的利益为代价来满足当代人的利益。"

可持续发展的定义和战略主要包括四方面的含义:第一、走向国家和国际平等;第二、要有一种支援性的国际经济环境;第三、维护、合理使用并提高自然资源基础;第四、在发展计划和政策中纳入对环境的关注和考虑。

可持续发展的第一种理论包含三方面含义:一是人类与自然界共同进化的思想;二是世代伦理思想;三是效率与共同目标的兼容。这些观点支持可持续发展的目标是恢复经济增长,改善增长质量,满足人类基本需要,确保稳定的人口水平,保护和加强资源基础,改善技术发展的方向,协调经济与生态的关系。

可持续发展的第二种理论包含生态持续、经济持续和社会持续,它们之间互相作用、不可分割。该理论认为可持续发展的特征是鼓励经济增长;以保护自然为基础,与资源环境的承载能力相协调;以改善和提高生活水平为目的,与社会进步相适应;并认为发展是指人类财富的增长和生活水平的提高。

可持续发展的第三种理论认为,可持续发展就是可持续的经济发展,它是保证在无损于生态环境的条件下,实现经济的持续增长,促进经济社会全面发展,从而提高发展质量,不断增长综合国力和生态环境承载能力,满足日益增长的物质文化需求,为后代人创造可持续发展的基本条件。

可持续发展的第四种理论认为,可持续发展经济是指在保护地球自然系统基础上的经济持续发展,在开发自然资源的同时保护自然资源的潜在能力,满足后代发展的需求。

可持续发展的第五种理论认为,传统可持续发展的概念具有不确定性,而是一种无代价的经济发展。据此将可持续发展定义为:"以政府为主体,建立人类经济发展与自然环境相协调的发展制度安排和政策机制,通过对当代人行为的激励与约束,降低经济发展成本,实现代内公平与代际公平的结合,实现经济发展成本的最小化。既满足当代人的需求,又不对后代人对其满足的需要构成危害,既满足一个国家和地区的发展需求,又不会对其他国家和地区的发展构成过于严重的威胁。"

可持续发展的第六种理论认为,可持续发展是经济发展的可持续性和生态可持续性的统一。认为可持续发展是寻求最佳的生态系统,以支持生态系统的完整性和人类愿望的实现,使人类的生存环境得以延续。

4.1.2　可持续发展的理论体系与目标

可持续发展包含两个基本要素或两个关键组成部分:"需要"和对需要的"限制"。满足需要,首先是要满足贫困人民的基本需要。对需要的限制主要是指对未来环境需要的能力构成危害的限制,这种能力一旦被突破,必将危及支持地球生命的自然系统如大气、水体、土壤和生物。决定两个要素的关键性因素是:①收入再分配以保证不会为了短期存在需要而被迫耗尽自然资源;②降低主要是穷人对遭受自然灾害和农产品价格暴跌等损害的脆弱性;③普遍提供可持续生存的基本条件,如卫生、教育、水和新鲜空气,保护和满足社会最脆弱人群的基本需要,为全体人民特别是为贫困人民提供发展的平等机会和选择自由。

(1)可持续发展的管理体系。实现可持续发展需要有一个非常有效的管理体系。历史与现实表明,环境与发展不协调的许多问题是由于决策与管理的不当造成的。因此,提高决策与管理能力就构成了可持续发展能力建设的重要内容。可持续发展管理体系要求培养高素质的决策人员与管理人员,综合运用规划、法制、行政、经济等手段,建立和完善可持续发展的组织结构,形成综合决策与协调管理的机制。

(2)可持续发展的法制体系。与可持续发展有关的立法是可持续发展战略具体化、法制化的途径,与可持续发展有关的立法的实施是可持续发展战略付诸实现的重要保障。因此,建立可持续发展的法制体系是可持续发展能力建设的重要方面。可持续发展要求通过法制体系的建立与实施,实现自然资源的合理利用,使生态破坏与环境污染得到控制,保障经济、社会、生态的可持续发展。

(3)可持续发展的科技系统。科学技术是可持续发展的主要基础之一。没有较高水平的科学技术支持,可持续发展的目标就不能实现。科学技术对可持续发展的作用是多方面的。它可以有效地为可持续发展的决策提供依据与手段,促进可持续发展管理水平的提高,加深人类对人与自然关系的理解,扩大自然资源的可供给范围,提高资源利用效率和经济效益,提供保护生态环境和控制环境污染的有效手段。

(4)可持续发展的教育系统。可持续发展要求人们有高度的知识水平,明白人的活动对自然和社会的长远影响与后果;要求人们有高度的道德水平,认识到自己对子孙后代的崇高责任,自觉地为人类社会的长远利益而牺牲一些眼前利益和局部利益。这就需要在可持续发展的能力建设中,大力发展符合可持续发展精神的教育事业。可持续发展的教育体系应该不仅使人们获得可持续发展的科学知识,也使人们具备可持续发展的道德水平。这种教育既包括学校教育这种主要形式,也包括广泛的潜移默化的社会教育。

(5)可持续发展的公众参与。公众参与是实现可持续发展的必要保证,因此也是可持续发展能力建设的主要方面。这是因为可持续发展的目标和行动,必须依靠社会公众和社会团体最大限度的认同、支持和参与。公众、团体和组织的参与方式和参与程度,将决定可持续发展目标实现的进程。公众对可持续发展的参与应该是全面的。公众和社会团体不但要参与有关环境与发展的决策,特别是那些可能影响到他们生活和工作的决策,而且更需要参与对决策执行过程的监督。

我国 21 世纪初可持续发展的总体目标是:可持续发展能力不断增强,经济结构调整取得显著成效,人口总量得到有效控制,生态环境明显改善,资源利用率显著提高,促进人与自然的和谐,推动整个社会走上生产发展、生活富裕、生态良好的文明发展道路。通过国民经济结构战略性调整,完成从"高消耗、高污染、低效益"向"低消耗、低污染、高效益"转变。促进产业结构优化升级,减轻资源环境压力,改变区域发展不平衡,缩小城乡差别。继续大力推进扶贫开发,进一步改善贫困地区的基本生产、生活条件,加强基础设施建设,改善生态环境,逐步改变贫困地区经济、社会、文化的落后状况,提高贫困人口的生活质量和综合素质,巩固扶贫成果,尽快使尚未脱贫的农村人口解决温饱问题,并逐步过上小康生活。严格控制人口增长,全面提高人口素质,建立完善的优生优育体系和社会保障体系,基本实现人人享有社会保障,社会就业比较充分,公共服务水平大幅度提高,防灾减灾能力全面提高,灾害损失明显降低的目标。加强职业技能培训,提高劳动者素质,建立健全国家职业资格证书制度。到 2010 年,全国人口数量控制在 14 亿以内,年平均自然增长率控制在 0.9%以内。全国普及九年义务教育的人口覆盖率进一步提高,初中阶段毛入学率超过 95%,高等教育毛入学率达到 20%左右,青壮年非文盲率保持在 95%以上。

全国大部分地区环境质量明显改善,基本遏制生态恶化的趋势,重点地区的生态功能和生物多样性得到基本恢复,农田污染状况得到根本改善。到 2010 年,森林覆盖率达到 20.3%,治理"三化"(退化、沙化、碱化)草地 3 300 万 hm^2,新增治理水土流失面积 5 000 万 hm^2,二氧化硫、工业固体废物等主要污染物排放总量比前 5 年下降 10%,城市污水处理率达到 60%以上。

形成健全的可持续发展法律、法规体系;完善可持续发展的信息共享和决策咨询服务体系;全面提高政府的科学决策和综合协调能力;大幅度提高社会公众参与可持续发展的程度;参与国际社会可持续发展领域合作的能力明显提高。

要实现可持续发展,就必须改变传统的经济与环境二元化的经济模式,建立一种把二者内在统一起来的生态经济模式。

4.2　可持续经济发展的特征及构建

可持续发展涉及的内容非常广泛,包括环境污染、生态破坏、资源耗竭、人口膨胀等问题的治理。这几方面都是经济发展的负面效应,这些负面效应告知我们经济发展是有代价的。经济发展的结果是由不发达状态向发达状态的转变,在经济发展的结果得到实现的过程中必然要付出一定的代价。《中国 21 世纪议程》发表以来,可持续经济发展成为国内学术界研究的一个热点问题,近年来,国内学术界关于可持续发展基本理论问题的研究主要集中在以下方面:

4.2.1　可持续经济发展的核心

1. 可持续经济发展的指导思想

我国实施可持续发展战略的指导思想是:坚持以人为本,以人与自然和谐为主线,以经济发展为核心,以提高人民群众生活质量为根本出发点,以科技和体制创新为突破口,坚持不懈地全面推进经济社会与人口、资源和生态环境的协调,不断提高我国的综合国力和竞争力,为实现第三步战略目标奠定坚实的基础。

2. 可持续经济发展的基本原则

(1)持续发展,重视协调的原则。以经济建设为中心,在推进经济发展的过程中,促进人与自然的和谐,重视解决人口、资源和环境问题,坚持经济、社会与生态环境的持续协调发展。

(2)科教兴国,不断创新的原则。充分发挥科技作为第一生产力和教育的先导性、全局性和基础性作用,加快科技创新步伐,大力发展各类教育,促进可持续发展战略与科教兴国战略的紧密结合。

(3)政府调控,市场调节的原则。充分发挥政府、企业、社会组织和公众的积极性,政府要加大投入,强化监管,发挥主导作用,提供良好的政策环境和公共服务,充分运用市场机制,调动企业、社会组织和公众参与可持续发展。

(4)积极参与,广泛合作的原则。加强对外开放与国际合作,参与经济全球化,利用国际、国内两个市场和两种资源,在更大空间范围内推进可持续发展。

(5)重点突破,全面推进的原则。统筹规划,突出重点,分步实施;集中人力、物力和财力,选择重点领域和重点区域进行突破,在此基础上,全面推进可持续发展战略的实施。

3. 可持续经济发展的基本价值原则

第一,全人类利益高于一切。第二,生存利益高于一切。第三,在满足当代人需要的同时,不能侵犯后代人的生存和发展权力,这是人类生存与发展的可持续性原则。

4. 坚持以经济建设为中心

树立和落实科学发展观,必须始终把经济建设放在中心位置,聚精会神搞建设,一心一意谋发展。生产力的发展是人类社会发展的最终决定力量。社会主义现代化必须建立在发达的生产力基础上。坚持以经济建设为中心,必须以高度的责任感和紧迫感,抓住机遇加快经济发展,保持平稳较快的经济发展势头。

我们强调加快经济发展,不是单纯追求国内生产总值(GDP)的增长。国内生产总值不能全面反映经济增长的质量和结构,不能全面反映人们实际享有的社会福利水平。要以科学精神、科学态度和科学的思想方法看待国内生产总值,防止任何片面性和绝对化。

4.2.2 可持续经济发展的意义

对目前国内可持续经济发展来说,有必要应用经济学方法考察各种持续发展途径的特点、局限及其实践含义,在此基础上探讨持续发展的市场调控机理及其政策含义,以实现符合效率原则的环境持续。可持续经济发展的研究对象主要不是研究"生态—经济—社会"三维复合系统的矛盾及其运动和发展规律;而是以此为范围在三维复合系统的总体上着重研究可持续发展经济系统的矛盾运动和发展规律,即从可持续发展系统的总体上揭示可持续发展经济系统的结构、功能及其诸要素之间的矛盾运动和可持续发展的规律性。

在加快工业化进程的同时,积极推动城市化战略。对于中国而言,加快城市化进程是后危机时代经济增长的重要途径。从国际经验看,经济现代化的过程就是工业化和城市化的过程,这两个过程相互依存,工业化要以城市化为基础,城市化则要靠工业化来推动。城市化进程之所以能够创造需求,主要源于两个方面:一是城市化会创造出增加就业的生产性投资,增加公共品的基础设施投资和房地产投资;二是城市化会引发更多的消费需求。相对而言,城市居民的消费能力要比农村居民的消费能力强得多,城市人口比例的提升会带来消费总量的扩张。

可持续发展的目标是"建立可持续发展的经济体系、社会体系和保持与之相适应的可持续利用的资源与环境基础",即同时建立可持续发展的经济系统、社会系统和生态系统。人类在建立可持续发展的社会系统和生态系统的过程中,也有很多问题需要从经济学角度来解决。因此,人们除了建立狭义的可持续发展经济学理论体系外,还应建立一个广义的可持续发展经济学理论体系,这是实现可持续发展战略的需要。

贯彻落实科学发展观,大力推进社会主义经济、政治、文化、社会的全面发展,要努力做到"五个统筹",即统筹城乡发展、统筹区域发展、统筹经济社会发展、统筹人与自然和谐发展、统筹国内发展和对外开放,使各方面的发展相适应,各个发展环节相协调。"五个统筹"是总结我国社会主义建设的历史经验,特别是改革开放以来的新鲜经验、适应新形势新任务提出来的。"五个统筹"深刻体现了全面协调可持续发展的内在要求,是贯彻落实科学发展观的切入点和现实途径。坚持"五个统筹",必须在大力推进经济发展的同时,兼顾经济社会各个方面的发展要求,实现经济社会各构成要素的良性互动,在统筹协调中求发展、以发展促进更好的统筹协调,推动经济发展和社会全面进步。

从经济学角度研究,可持续经济发展包括以下几方面内容:

(1)研究可持续发展经济学的基本原理、基本概念和基本范畴。

(2)研究生态经济社会复合系统的结构、功能和运行状态。

(3)分别研究形成生态经济社会复合系统的各自的经济条件、经济关系和经济机制。

(4)研究使生态经济社会复合系统由不可持续发展向可持续发展状态过渡过程中以及维持系统处于可持续发展状态所具备的运行条件、运行秩序及运行规则。

(5)对生态经济社会复合系统由不可持续发展向可持续发展状态转变,对可持续发展状态运行产生的综合效益及其成本收益状况进行分析和综合评价,并建立可持续发展经济指标体系。

（6）在对可持续发展的经济系统的运行规律进行系统探索的同时,对社会系统和生态系统实现可持续发展所需要的经济条件、经济关系和经济机制也进行系统研究。

在我国人口基数大、人均资源少、经济和科技发展水平比较落后的条件下实现可持续发展,主要是在保持经济快速增长的同时,依靠科技进步和提高劳动者素质,不断改善发展质量,提倡适度消费和清洁生产,控制环境污染,改善生态环境,保持资源基础,建立"低消耗、高收益、低污染、高效益"的良性循环发展模式。即经济发展不但要有量的扩张,也要有质的改善。

以改革和创新为动力,促进经济结构调整和产业升级。中国经济要保持持续增长,必须从根本上解决结构性问题,促进经济的平衡增长。一是调整需求结构,大力扩大内需尤其是消费需求。在政策取向上,合理把握社会投资总量规模,保持一定的投资增长水平;积极培育新的消费热点,将现有的鼓励消费政策长期化。二是调整区域发展结构,促进区域经济协调发展。进一步健全区域间产业梯度转移机制以及区域间的经济利益协调机制,为产业区域转移搭建良好的公共服务平台。三是调整产业结构,加大科技创新力度,培育和形成一批在今后十年甚至更长时期内在全球范围具有国际竞争力的产业,不断提高中国在全球价值链和全球分工体系中的地位。

可持续发展经济学的总体任务是:从经济学角度研究建立可持续发展的经济系统、社会系统和生态系统的客观规律性,为实现经济、社会和生态的可持续发展提供理论依据。可持续发展经济学主要是在继承和发展了生态经济学等学科的基础上发展起来的,而它的发展又要广泛地汲取人口、资源和环境经济学各类分支学科及发展经济学等学科的养分。

可持续经济发展是一种合理的经济发展形态。通过实施可持续经济发展战略,使社会经济得以形成可持续经济发展模式。在这种模式下,它正确地在经济圈、社会圈、生物圈的不同层次中力求达到经济、社会、生态三个子系统相互协调和可持续发展,使生产、消费、流通都符合可持续经济发展要求,在产业发展上建立生态农业和生态工业,在区域发展上建立农村与城市的经济可持续发展模式。其本质是现代生态经济发展模式。可持续经济发展是研究生态经济社会复合系统由不可持续发展向可持续发展状态转变,以及维持其可持续发展动态平衡运行所需要的经济条件、经济机制及其综合效益。

4.3　中国经济发展的轨迹

可持续发展是人类对工业文明进程进行反思的结果,是人类为了克服一系列环境、经济和社会问题,特别是全球性的环境污染和广泛的生态破坏,以及它们之间关系失衡所做出的理性选择,"经济发展、社会发展和环境保护是可持续发展的相互依赖、互为加强的组成部分"。

改革开放以年,中国创造了经济持续高增长的奇迹,年均增长近10%,经济总量占全球的比例由1%上升到5%以上,对世界经济增长的贡献率超过10%。但是纵观我们的发展思路,高增长总体上是主要依靠要素投入、低成本竞争和市场外延扩张的粗放型增长,可持续发展能力不足。问题是:①发展方式的反思经济增长主要依靠要素投入。第一,中国的体制转轨使人口流动活络,劳动力的充分供给使工资水平缺乏弹性,劳动力的低成本得以持续,进而为经济增长贡献了"人口红利"。第二,高储蓄率和低利率政策使资本成本长期维持在低水平,个别年份甚至是负的实际利率,银行呆坏账的冲销和"债转股"还使得企业可以不必偿还本金。第三,只反映开发成本的能源和资源价格长期偏低,加之低污染成本,这些共同构成了生产要素的低成本竞争优势。主要以低成本要素投入为支撑的粗放型增长必然引发过度投资,进而形成通货膨胀与通货紧缩的交替往复和循环。②可持续发展能力的反思主要因为经济的发展是一个持续"投入—产出"过程。因此,在一定的管理和技术水平条件下,物质资源拥有量及其持续供给能力,是决定经济能否持续增长的关键。由于国内资源的稀缺性制约,经济过热和消费结构升级所导致扩张型经济增长,必然增加中国经济对国际资源依赖程度的迅速提高。

4.3.1　可持续经济发展的主要内涵

(1)突出发展的主题,发展与经济增长有根本区别,发展是集社会、科技、文化、环境等多项因素于一体的完整现象,是人类共同的和普遍的权利,发达国家和发展中国家都享有平等的不容剥夺的发展权利。

(2)发展的可持续性,人类的经济和社会的发展不能超越资源和环境的承载能力。

(3)人与人关系的公平性,当代人在发展与消费时应努力做到使后代人有同样的发展机会,同一代人中一部分人的发展不应当损害另一部分人的利益。

(4)人与自然的协调共生,人类必须建立新的道德观念和价值标准,学会尊重自然、保护自然,与之和谐相处。我国的科学发展观把社会的全面协调发展和可持续发展结合起来,以经济社会全面协调可持续发展为基本要求,指出要促进人与自然的和谐,实现经济发展和人口、资源、环境相协调,坚持走生产发展、生活富裕、生态良好的文明发展道路,保证一代接一代地永续发展。从忽略环境保护受到自然界惩罚,到最终选择可持续发展,是人类文明进化的一次历史性重大转折。

4.3.2　可持续经济发展的必要性

可持续经济发展的产生由于是全世界经济社会进入可持续发展时代的需要,所以该学科必定是 21 世纪指导人类经济社会活动的主流经济学科之一。这就决定了可持续发展经济学是一门边缘性、综合性的理论经济学科,它既广泛地吸收了政治经济学、生产力经济学、生态经济学、发展经济学、宏观经济学、微观经济学等学科,特别是生态经济学的理论营养,又与这些学科有一定的区别。可持续发展经济学能作为理论经济学科的根本之点在于,它不是从局部和微观上,而是从整体和宏观上来探索如何使资源配置的机制从传统发展模式转移到有利于可持续发展模式全面推进的系统规律的学科。也就是说,它的理论体系的建立和应用,将从根本上影响和改变着人类资源配置的方向、资源配置的预期目标和资源配置的内在机制。所以,可持续发展经济学必然属于抽象化程度较高的理论经济学科,而不属于应用经济学科。

可持续经济发展研究的系统客体是生态经济社会复合系统,而不仅仅是被简化理解的可持续经济发展系统。生态经济社会复合系统在其自身的矛盾运动中,可以表现为多种形态,用可持续发展的标准来衡量,可基本分类为不可持续发展状态、向可持续发展过渡的起飞状态、具有初步可持续发展水平和能力的状态、具有较高可持续发展水平和能力的状态。生态经济社会复合系统要实现由不可持续发展状态向可持续发展状态的转变需要具备相应的经济条件、经济关系和经济机制,这需要可持续经济发展来加以回答。生态经济社会复合系统要维持系统已形成的可持续发展动态平衡的状态,需要相应的生产力条件、生产关系条件和上层建筑条件,这也要求可持续经济发展理论加以回答。当生态经济社会复合系统处于上述四种不同状态时,都要产生一定的综合效益,这种综合效益有些是人们所预期的,有些是人们所没有预期的,但由于它能从相对应的角度反映系统的可持续发展水平,所以也应该由可持续经济发展理论加以回答。由于处于可持续发展动态平衡状态的生态经济社会复合系统是由同时处于可持续发展状态的经济系统、社会系统和生态系统复合而成的,而后两类子系统要由不可持续状态过渡到可持续发展状态,同经济系统一样都需要具备一定的经济条件、经济关系和经济机制。

当人类走到能否可持续存在与发展的十字路口、面临生死存亡的紧要抉择时,才如梦方醒地察觉到清洁空气、干净的水和其他能源与自然资源并不是能够无限免费提供的,它们也都是稀缺的资源。正如斯蒂格利茨在解释稀缺性时所说的:"不存在免费午餐。若想多得一些这种东西,就必须放弃其他什么东西。稀缺性乃是生活的基本事实。"如果为了扩大生产而向自然索取所需的更多生产资料和生活资料,必须在总预算支出中减少用于生产钢铁、计算机和食品等方面的支出,转而投向保护环境和恢复与培育受到破坏的生态系统,因为自然资源的稀缺性乃是生活中的基本事实。

为了使市场经济有效地运行,厂商和个人都必须获得信息并有对现有信息做出反应的激励。市场经济通过价格、利润和产权提供信息和激励。价格提供关于不同商品相对稀缺性的信息,对利润渴望驱使厂商对价格的信息做出响应,他们通过使用稀缺资源最少的办法生产市场上最稀缺的商品来增大自己的利润。同样,理性的消费者对个人经济利益的追求诱使他们对价格做出响应,他们只买价格合算的商品。为了使利益驱动发生作用,厂商和消费者双方都应有自己的产权。产权是保障所有者按他们认为合适的方式使用和处理(包括出售)其财产的权利。

我国的经济情况是:中国经济可持续发展的形势严峻。未来的一段时期,全球会出现一个流动性相对充裕的情况。中国经济发展的前景看好,但是也必须看到,在国际金融危机之后,随着国际经济格局的改变,中国的发展也将面临更加严峻的形势。

中国经济可持续发展的"内忧"和"外患"。从国内来看,中国经济可持续发展面临着巨大风险:第一个风险来自资产价值的巨幅变动,无论是上升还是下降。如果中国房地产价格再提升20%～30%,便会激发更多的社会矛盾。相反,如果股票和房地产价格下降20%～30%,很多企业和个人都将出现"资产负债表"的问题。第二个风险是通货膨胀的压力。如果出现某些影响农副产品生产的因素,在流动性非常充足的背景下,很可能会演变为农副产品价格迅速上涨,进而直接演变为通货膨胀。从国际方面来看,实现中国经济可持续发展也是困难重重:一是原材料和能源价格迅速飙升有可能带来的供应链局部中断。尤其是在日本震后重建和世界局部战争频发的大环境下。二是区域性风险。中国企业走出去的步伐,在很大程度上已经远远超出了预想和估计。这么多经济布局在海外,一旦出现区域性冲突,那么政治影响、社会影响、经济影响都会非常大。

可持续发展是超越文化与历史的障碍来看待全球问题的。它所讨论的问题是关系到全人类的问题,所要达到的目标是全人类的共同目标。虽然国情不同,实现可持续发展的具体模式不可能是唯一的,但是无论富国还是贫国,公平性原则、协调性原则、持续性原则是共同的,各个国家要实现可持续发展都需要适当调整其国内和国际政策。只有全人类共同努力,才能实现可持续发展的总目标,从而将人类的局部利益与整体利益结合起来。

实施可持续发展战略,有利于促进生态效益、经济效益和社会效益的统一;有利于促进经济增长方式由粗放型向集约型转变,使经济发展与人口、资源、环境相协调;有利于国民经济持续、稳定、健康发展,提高人民的生活水平和质量;从注重眼前利益、局部利益的发展转向长期利益、整体利益的发展,从物质资源推动型的发展转向非物质资源或信息资源(科技与知识)推动型的发展;我国人口多、自然资源短缺、经济基础和科技水平落后,只有控制人口、节约资源、保护环境,才能实现社会和经济的良性循环,使各方面的发展能够持续有后劲。

当前和今后一个时期,我国进一步深入推进可持续发展战略的总体思路:一是把转变经济发展方式和对经济结构进行战略性调整作为推进经济可持续发展的重大决策。不仅要调整需求结构,要把国民经济增长更多地建立在扩大内需的基础上;不仅要调整产业结构,我们要更好、更快地发展现代的制造业以及第三产业,更重要的是要调整要素投入结构,使整个国民经济增长不能永远依赖物质要素的投入,而是要把它转向依靠科技进步、劳动者的素质提高和管理的创新上来。二是要把建立资源节约型和环境友好型社会作为推进可持续发展的重要着力点,我们还是要深入贯彻节约资源和环境保护这个基本国策,在全社会的各个系统都要推进有利于资源节约和环境保护的生产方式、生活方式和消费模式,促进经济社会发展与人口、资源和环境相协调。三是要把保障和改善民生作为可持续发展的核心要求,可持续发展这个概念有一个非常重要的内涵叫代内平等,它实际上讲的是人的平等、人的基本权利,可持续发展的所有问题,核心是人的全面发展,所以我们要在围绕以民生为重点来加强社会建设,来推进公平、正义和平等。四是要把科技创新作为推进可持续发展的不竭动力,实际上很多不可持续问题的根本解决要靠科技的突破、科技的创新。五是要把深化体制改革和扩大对外开放和合作作为推进可持续发展的基本保障,要建立有利于资源节约和环境保护这样的体制和机制,特别是要深化资源要素价格改革,建立生态补偿机制,强化节能减排的责任制,保障人人享有良好环境的权利。

4.3.3 可持续经济发展取得的成就及存在的问题

我国目前可持续经济发展取得的成就有:

经济发展方面——国民经济持续、快速、健康发展,综合国力明显增强,国内生产总值已超过 10 万亿元,成为发展中国家吸引外国直接投资最多的国家和世界第 6 大贸易国,人民物质生活水平和生活质量有了较大幅度的提高,经济增长模式正在由粗放型向集约型转变,经济结构逐步优化。社会发展方面——人口增长过快的势头得到遏制,科技教育事业取得积极进展,社会保障体系建设、消除贫困、防灾减灾、医疗卫生、缩小地区发展差距等方面都取得了显著成效。生态建设、环境保护和资源合理开发利用方面——国家用于生态建设、环境治理的投入明显增加,能源消费结构逐步优化,重点江河水域的水污染综合治理得到加强,大气污染防治有所突破,资源综合利用水平明显提高,通过开展退耕还林、还湖、还草工作,生态环境的恢复与重建取得成效。可持续发展能力建设方面——各地区、各部门已将可持续发展战略纳入了各级各类规划和计划之中,全民可持续发展意识有了明显提高,与可持续发展相关的法律法规相继出台并正在得到不断完善和落实。

我国目前可持续经济发展面临的问题有很多方面。制约我国可持续发展的突出矛盾主要是:经济快速增长与资源大量消耗、生态破坏之间的矛盾,经济发展水平的提高与社会发展相对滞后之间的矛盾,区域之间经济社会发展不平衡的矛盾,人口众多与资源相对短缺的矛盾,一些现行政策和法规与实施可持续发展战略的实际需求之间的矛盾等。

亟待解决的问题主要有:人口综合素质不高,人口老龄化加快,社会保障体系不健全,城乡就业压力大,经济结构不尽合理,市场经济运行机制不完善,能源结构中清洁能源比例仍然很低,基础设施建设滞后,国民经济信息化程度依然很低,自然资源开发利用中的浪费现象突出,环境污染仍较严重,生态环境恶化的趋势没有得到有效控制,资源管理和环境保护立法与实施还存在不足。

随着经济全球化的不断发展,国际社会对可持续发展与共同发展的认识不断深化,行动步伐有所加快。我国应以加入世贸组织为契机,充分发挥社会主义市场经济体制的优越性,进一步发挥政府在组织、协调可持续发展战略中的作用,正确处理好经济全球化与可持续发展的关系,抓住2002年联合国可持续发展世界首脑会议成功召开的契机,进一步积极参与国际合作,维护国家的根本利益,保障我国的国家经济安全和生态环境安全,促进我国可持续发展战略的顺利实施。

当代资源和生态环境问题日益突出,向人类提出了严峻的挑战。这些问题既对科技、经济、社会发展提出了更高目标,也使日益受到人们重视的综合国力研究达到前所未有的难度。在目前情况下,任何一个国家要增强本国的综合国力,都无法回避科技、经济、资源、生态环境同社会的协调与整合。因而详细考察这些要素在综合国力系统中的功能行为及相互适应机制,进而为国家制定和实施可持续发展战略决策提供理论支撑,就显得尤为迫切和尤为重要。

当代发生的各种危机,都是人类自己造成的。传统的西方工业文明的发展道路,是一种以摧毁人类的基本生存条件为代价获得经济增长的道路。人类已走到十字路口,面临着生存还是死亡的选择。正是在这种背景下,人类选择了可持续发展的道路。

可持续发展战略的目的,是要使社会具有可持续发展能力,使人类在地球上世世代代能够生活下去。人与环境的和谐共存,是可持续发展的基本模式。自然系统是一个生命支持系统。如果它失去稳定,一切生物(包括人类)都不能生存。自然资源的可持续利用,是实现可持续发展的基本条件。因此,对资源的节约,就成为可持续发展的一个基本要求。它要求在生产和经济活动中对非再生资源的开发和使用要有节制,对可再生资源的开发速度也应保持在它的再生速率的限度以内。应通过提高资源的利用效率来解决经济增长的问题。

一个成熟的发展模式,要达到永远保持其合理性,不仅要有动力学的机制,而且应当具有自我评价、自我约束、自我反省、自我规范的机制。近代西方工业文明的发展模式就是一种只有动力机制而没有自我约束、自我评价机制的发展模式。正如美国学者威利斯·哈曼博士所说,"我们唯一最严重的危机主要是工业社会意义上的危机。我们在解决'如何'一类问题方面相当成功""但与此同时,我们却对'为什么'这种具有价值含义的问题,越来越变得糊涂起来,越来越多的人意识到谁也不明白什么是值得做的。我们的发展速度越来越快,但我们却迷失了方向。"因此,对"发展的终极目的(价值)"问题的探寻,就成了发展伦理学的首要的核心问题。

公平与效率问题是当代社会发展面对的一个尖锐问题,它的解决应当有伦理上的根据。邓小平同志提出的让一部分人先富起来的方针,就涉及发展伦理问题。首先,我们必须打破平均主义的分配原则,只有如此,才能提高生产效率。因此,允许分配上的差别并不等于不公平。公平概念不等于"利益均等"。但是,这种差别不能无限扩大。差别保持在一定限度是公平的。但是,如果差别超过一定限度,使大部分人都不能从发展中获得好处,公平就转化为不公平。因此,邓小平同志又提出,我们的目的是走共同富裕之路,这才是我们最终的价值取向。

可持续发展战略已成为当今一个应用范围非常广的概念,不仅在经济、社会、环境等方面运用,而且在教育、生活、艺术等方面也经常运用。"既顾及当前利益、近期利益,又顾及未来利益与长远利益,当前、近期的发展不仅不损害未来、长远的发展,而且是为其提供有利条件的发展。"我国人口众多,人均资源相对不足,就业压力大,生态环境突出,因此,对可持续经济发展问题非常重视。

【案例】

推进节能降耗　促进经济社会可持续发展

随着我国资源节约和环境保护形势的变化,国家对节能降耗的重视程度逐年递增,积极应对全球气候变化、推进节能降耗、实现绿色增长备受关注,转变经济发展方式、加快经济结构调整更成为社会共识。但受经济发展对能源依赖性大、市场对高耗能行业刚性需求等因素影响,我国节能降耗工作依然任重道远。

我国"十二五"规划纲要提出 2015 年全国单位国内生产总值能耗要比 2010 年降低 16%,能源消费总量控制在 42 亿 t 标煤,用电量预计控制在 6.4 万亿 kW·h,迫使"十二五"时期的节能减排要求将比"十一五"更严、更高,防止"十二五"节能降耗"先松后紧"现象刻不容缓,必须从严控制能源消费过快增长,采取技术上可行、经济上合理以及环境和社会可以承受的多项节能降耗措施,促进经济社会平稳较快发展。

为推进节能降耗,促进经济社会可持续发展,有以下建议:

一、完善节能管理体制、机制,提高资源利用率,实现管理节能

结合实际,进一步完善节能配套法规、规章和标准体系,建立健全节能减排目标责任制、评价考核制度和问责制,实施节能目标化。进一步加大节能工作奖惩力度,建立节能减排电子档案,强化并落实上大压小和新能源优惠政策,实施税制优惠、低息贷款等制度,鼓励企业节能积极性。加大节能监管力度,构建监督网络,严格落实节能评估和审查,新项目上马必须考虑该项目对当地能源消费增量的影响,将节能效果作为对企业考核的重要内容。加强对地方节能法律法规执行力度的监督检查,组织开展全国性节能巡视,进一步压缩高耗能行业产能规模,促进产业结构的转型升级。

二、提高科技创新能力,推进全领域节能降耗,实现技术节能

坚持开发与节约并重、节能与发展并举的原则,加强节能减排和新能源技术研发与推广,提高科技进步,推动传统产业的技术升级。明确加大科技节能的投入,提高投资比率,支撑行业节能减排与产业技术升级,促进节能技术产业化。坚持以实现绿色增长为目标,延伸节能指标设置范围,将节能工作贯穿于经济系统前、中、末端的全领域、全方位和全过程。积极开展清洁能源开发与科技创新技术结合,提高新能源产业科技化水平,着力解决

新能源产业发展瓶颈问题。加速科技创新成果运用,加强节能指引,规范并促进节能服务产业健康发展。

三、进一步加强节能宣传教育,增强政府主导管理,实现理念节能

实现低碳发展、低碳生活不仅仅是工业更是全社会实现可持续发展的必然选择。共同保护地球家园,为子孙后代留下碧水蓝天,是每个企业也是每个公民应尽的责任。促进全社会节能降耗,需要全民在环境观念上和公众参与意识上的转变。运用更多节能宣传教育方式,提高节能宣传教育实用性和针对性,广泛普及全社会节能减排知识,积极倡导节能型生产方式、消费方式和生活习惯,量入为出,反对奢侈浪费,树立节约为美的生产生活理念和道德观念,建设节约文化。宣传教育同时,引入政府干预,充分发挥政府有关部门对节能的整体调控能力,推进节能法制化管理。逐步引入市场机制,建立健全排污交易市场等柔性方式,让节能的观念深入人心,为共同建设资源节约型、环境友好型社会做出贡献。

思考题

1. 经济发展是一门研究什么内容的科学?
2. 怎样做到可持续发展?
3. 可持续经济发展的特征是什么?
4. 怎样理解可持续发展的意义?
5. 发展中国家应该采取哪些经济发展政策?

推荐读物

1. 可持续发展概论. 李永峰,乔丽娜. 哈尔滨工业大学出版社,2012.
2. 2013 中国可持续发展战略报告. 侯俊琳. 科学出版社,2014.

参考文献

[1]斯蒂格利茨.经济学[M].2 版.梁小民,译.北京:中国人民大学出版社,2000.

[2]马传栋.可持续发展经济学[M].济南:山东人民出版社,2000.

[3]潘家华.持续发展实现途径的经济学分析[M].北京:中国人民大学出版社,1994.

[4]刘思华.可持续发展经济学[M].武汉:湖北人民出版社,1997.

第 2 编　可持续发展的社会学方面

第5章 人口战略与可持续发展

【本章提要】

从当前和未来的社会及经济发展看,我国人口形势不容乐观,人口问题已经成为实现"全面建设小康社会"目标的重要制约因素。分析我国人口现状及特点,研究人口问题对我国实施可持续发展战略的影响,制定新世纪人口战略对实现我国经济社会发展的战略目标具有重要意义。

5.1 我国可持续发展人口战略

党的十六大报告提出"要全面建设小康社会"的宏伟目标,其重要组成部分之一是:"可持续发展能力不断增强,生态环境得到改善,资源利用率显著提高,促进人与自然的和谐,推动整个社会走上生产发展、生活富裕、生态良好的文明发展道路。"为实现这一目标,我们必须深入思索新形势下的人口战略,因为"人口战略是中国可持续发展必须优先实施的战略,是中国成功迈上可持续发展道路的第一个台阶。"然而,从当前和未来的社会及经济发展看,我国人口形势不容乐观,人口问题已经成为实现"全面建设小康社会"目标的重要制约因素。分析我国人口现状及特点,研究人口问题对我国实施可持续发展战略的影响,制定新世纪人口战略对实现我国经济社会发展的战略目标具有重要意义。

5.1.1 我国人口现状及特点

我国人口发展呈现出以下几点:

(1)人口增速虽然减缓但增量依然较大。

20世纪70年代中后期,我国政府开始有效实施计划生育政策,再加上我国经济发展水平的日益提高,人口增长率明显下降,人口出生率也得到有效控制。中国人口变动已成功实现从高出生率、高增长率的模式向低出生率、低增长率的模式转变。但是,由于众所周知的历史原因,我国人口基数巨大,因此从数量上看,由于庞大的人口基数和人口增长惯性的影响,总体人口仍保持巨大的增量,特别是中西部地区人口增长的压力大,预计到2035年全国人口将达16亿左右。

(2)人口整体素质仍然偏低。

与人口总量过大并存的另一特点是人口整体素质偏低。其具体表现在文盲和半文盲人口仍然较多,人口的文化层次分布呈典型的金字塔形。有资料表明,1990年全国文盲和半文盲人数达1.8亿以上,农村就业人员中,文盲和半文盲近36%。另据全国1%抽样调查资料,截至 1995 年,15 岁及以上人口中的文盲率达 16.48%,农村(县以下)则为 19.66%(每 10 万人口中具有大专以上文化程度的仅 2 238 人)。1997 年 15 岁及以上人口中的文盲率依然没有明显变化,是 16.36%;其中男性是 9.58%,女性是 23.24%。1998 年,这一比值有所降低,为 15.78%;其中男性占 9.01%,女性占 22.61%。1999 年又降到 15% 左右,但仍然低于发达国家水平。虽然我国学龄儿童的入学率已经达到 98.9%,但我国总人口平均受教育年限却只有 5.42 年,与发达国家相距甚远。

(3)人口老龄化问题日益严重。

维也纳世界老龄问题大会规定 60 岁及以上的老龄人口占总人口的 10% 以上,或者 65 岁及以上人口占总人口的 7% 以上的国家或地区,就是"老年型国家或地区"。中国已经跨入老龄社会的行列。从发展趋势上看,老龄化将呈加速度趋向。预计从 2030 年到 2050 年,中国 60 岁以上老年人口总数将分别达到 3.1 亿和 4.68 亿,分别占总人口的 20.42% 和 27.77%,远远高于世界水平和欧美各国。因此,我国人口面临日益严重的老龄化问题。

5.1.2 人口问题对可持续发展的影响

中国社会科学院《2000 年中国可持续发展战略报告》指出:"人口问题是制约中国可持续发展的第一位因素"。具体表现在人口增长、人口结构、人口素质对可持续发展的制约和影响。

庞大的人口总量成为可持续发展的巨大包袱。我国人口数量过于庞大并持续增长的现状给资源、就业、教育、住房、交通、医疗、保健、社会福利等各方面都带来巨大压力,严重阻碍了社会的全面发展和进步。

首先,资源压力巨大。据统计,中国人均森林面积只有世界平均水平的 1/6,人均淡水资源只有世界平均水平的 1/4,人均耕地面积只有世界平均水平的 1/3,人均草地面积和人均矿产资源只有世界平均水平的 1/2。自然资源的严重短缺阻碍了我国的可持续发展。

其次,就业压力巨大。"中国劳动力资源将持续增长到 21 世纪 30 年代中期。"劳动力供给与劳动力需求之间的矛盾将日益尖锐。一方面,劳动力供给绝对增加;另一方面,对劳动力的需求呈减少态势。随着经济体制的改革和现代企业制度的建立,城镇的隐性失业显性化,农村剩余劳动力的释放速度加快,失业问题不可避免突出显现。

最后,经济发展压力巨大。我国目前每年新增的国民收入有约 1/4 被新增人口消耗掉,严重影响了对经济发展起制约作用的资金积累和扩大再生产。换句话说,人口拖了经济的后腿。

人口整体素质不高,限制着中国的可持续发展。我国人口整体素质不高的现状与当前科技不断进步的信息时代已极其不相适应,尤其不能满足我国现阶段新兴产业高速发展的迫切需要。事实证明,这一状况是造成中国经济发展缓慢,增长方式粗放,资源浪费和环境污染的一个重要原因,并且这仍然继续妨碍中国经济和社会的发展,成为我国可持续发展的重要障碍。同时,人口素质对人口数量也有重要影响,生育率与人口文化水平的高低成反比例关系是普遍规律,即人口文化素质的提高意味着生育率降低。因此,提高中国人口的文化素质是中国实现可持续发展的当务之急。

人口老龄化问题影响中国的可持续发展。人口老龄化的加速到来,对我国社会保障体系提出严峻挑战,给社会经济发展造成阻碍。我国人口老龄化进程是在较低经济发展水平特别是社会保障体系很不完善的情况下发生的。"养儿防老""存钱养老"的旧观念没有并且也难以改变。因此,社会购买力减弱,整体消费水平不高,社会经济活力难以体现,计划生育工作阻力仍然很大,同时还引发许多社会问题。

5.1.3　我国新世纪可持续发展的人口战略展望

1. 贯彻基本国策,严格控制人口增长

继续实行计划生育政策,严格控制人口增长。为此应当严格贯彻执行《中华人民共和国人口与计划生育法》,加强对计划生育工作的领导和监督,重在抓落实,继续实行目标责任制。侧重宏观人口数量的调控,并同时运用行政与经济政策手段,避免采取一刀切政策,针对不同经济发展水平地区采用不同的政策措施。尤其以农村为重点,切实加强对流动人口的计划生育的管理工作。

改善计划生育工作的服务质量,加强生殖健康服务。应当把计划生育与妇女、儿童的卫生保健知识结合起来,积极开展创造幸福和谐小家庭活动;加强计划生育、妇幼保健人员的培训,不断增加新知识和新技能,提高服务效率;应尽快推广高效新型的避孕节育药具,保证贫困落后地区的育龄妇女能够经常获得避孕知识和避孕药具及技术服务。

将计划生育工作和社会经济发展结合起来。将计划生育工作同妇女儿童的卫生保健工作结合起来,将计划生育工作和科普知识的培训结合起来,将计划生育和扶贫工作紧密结合起来。其中第三点特别重要,为了切实落实这一点,有必要对自觉实行计划生育的贫困户给予发展生产的优惠和奖励,以影响和带动周围的群众自觉贯彻计划生育基本国策。

加强计划生育宣传工作,提高群众的人口意识。计划生育、教育、科技、文化、卫生、民政、新闻出版、广播电视等部门应当组织开展人口与计划生育宣传教育。大众媒体负有开展人口与计划生育的社会公益性宣传的义务。为此,各地应广泛组织集社会志愿者、医生、专业人士于一体的计划生育宣传队伍,定期和不定期地对社会尤其农村地区进行形式丰富且易于群众接受的优生优育宣传,促使群众婚育观念发生根本转变。

2. 完善相关法律体系,确保人口战略顺利实施

各地应尽快制定《人口与计划生育实施细则》。《人口与计划生育法》明确规定:"县级以上各级人民政府根据人口发展规则,制定人口与计划生育实施方案并组织实施。县级以上各级人民政府计划生育行政部门负责实施人口与计划生育实施方案的日常工作。乡、镇的人民政府和城市街道办事处负责本管辖区域内的人口与计划生育工作,贯彻落实人口与计划生育实施方案。""人口与计划生育实施方案应当规定控制人口数量,加强母婴保健,提高人口素质的措施。"由于我国《人口与计划生育法》于 2002 年 9 月 1 日起才在全国范围内实施,各地《人口与计划生育实施方案》制定与实施工作起步晚,任务重,责任大,它的制定与实施的成效直接关系到《人口与计划生育法》的贯彻与落实。因此,各地应尽快结合当地的实际情况,依据《人口与计划生育法》制定切实可行的《人口与计划生育实施细则》,并组织实施。

将人口普查制度纳入法制化轨道。据报道,我国历次人口普查中,漏报、瞒报、弄虚作假的现象非常严重,不仅一家一户的村民对当地计划生育机构弄虚作假,甚至某些地方基层政府对其上级政府也弄虚作假。这一现象存在的主要原因有:一方面,由于政府部门宣传力度不够,老百姓对人口普查的重要性认识不足;另一方面,更为重要的是,由于缺少相

关法律规定,政府部门职责不清,人口普查过程无法律程序可遵循,漏报、瞒报、弄虚作假的人员的处罚措施不明确、不得力,人口普查的结果失实乃至严重失实必然在所难免。因此,应尽快制定相关法律规定,规范人口普查制度和行为,对弄虚作假现象一查到底,绝不姑息。

完善社会保障法律法规。由于目前我国尚无一部较为统一健全的跨所有制的法律条例来严格规范保险金的征管行为,因此造成管理上的混乱,保险金被拒缴、迟缴、拖欠、挪用甚至不能收回的现象屡有发生。应在充分研究《劳动法》的基础上,尽快制定相应法律法规,如《失业保障法》《社会福利法》《养老保险法》《济贫法》等乃至一整套《社会保障法》,做到有法可依,违法必究,使社会保障逐步发展到由不自觉强制到自觉、自愿的健康运行的轨道上来。

健全和完善教育法律法规。我国教育法制建设在近年来取得了历史性的进展,陆续颁布了《教育法》《义务教育法》《高等教育法》《职业教育法》《教师法》等重要教育法律和一系列教育行政法规,为依法治教创造了条件。但由于社会竞争的加剧,各种矛盾冲突也将不断激化,无规则的竞争会带来混乱和破坏,及时立法,把教育纳入法律调节之中,实现国家依法管理教育,公民依法享受教育,学校依法办教育,这不仅是现代教育在市场经济的复杂矛盾中健康发展的保证,而且是用法律手段强化教育价值导向,加速人的现代化与社会现代化的必由之路。

3. 建立和完善老年社会保障制度,迎接老龄化的挑战

在老龄化到来之际,应大力发展社会服务业,扩大就业渠道,促进社区经济发展,改善农村农业结构,正确引导乡镇企业发展,积极推进第三产业发展,为农村妇女提供充足的就业机会,改善她们的经济地位。采取有效措施,促使人力资源合理配置和有效利用。

面对人口老龄化的挑战,应进一步建立和完善老年社会保障制度,建立完善的老年社区服务网络,努力实现全社会、全方位的老年社会保障体系。目前,应强化两个意识,即老龄意识和养老意识;建立三个体系,即逐步建立起符合我国国情的国家、社会、家庭、个人相结合的养老保障体系;围绕"五个老有"的目标建立起以社区为中心的老年照顾服务体系,加强老龄问题的战略研究和对策研究,逐步完善老龄政策体系;建立两支队伍,即具有较高水平的老龄科学研究队伍和老龄工作干部队伍。

4. 实施科教兴国战略,提高人口素质

继续普及九年制义务教育,努力减少青少年文盲。开展多种形式的文化教育和职业培训,"全面推进素质教育,造就数以亿计的高素质劳动者,数以千计的专业人才和一大批拔尖创新人才。""发展继续教育,构建终身教育体系。加大对教育的投入和对农村教育的支持,鼓励社会办学,完善国家资助贫困学生的政策和制度。"

进一步完善妇女受教育的条件,在经济文化比较落后的省份这一点显得尤为重要。应当把育龄妇女学习少生、优生知识同学习科学文化知识培训结合起来,互相促进,相辅相成,使之真正掌握参与经济建设的知识和技能。

5. 大力开发人力资源,提高生存质量

拓宽就业途径,实现充分就业。我国劳动力总供给大于总需求,人力资源最丰富,也最浪费,要解决这一矛盾,一方面要严格控制人口数量增长,减少劳动力供应量;另一方面则要扩大就业,增加劳动力需求量。拓宽就业途径,扩大劳动力需求是开发利用人力资源的

主要实现途径。当前应当做到:在保持适度的经济增长速度的同时,扩大生产性领域,创造更多就业岗位;在转变经济增长方式和产业结构升级的前提下,适当保留和发展一些适应市场需要的劳动密集型产业以解决城乡就业问题;要大力发展城乡集体经济、个体经济、私营经济,多渠道广开就业门路。同时要采用灵活多样的形式以增加就业岗位,要积极推行临时工、钟点工、弹性工时和阶段性就业等多种就业形式;要进一步扩大劳务输出,开拓境外就业门路。为解决下岗职工再就业问题,要加强职业培训和就业训练工作,全面提高劳动者素质,不断完善劳动力的供给结构。

努力增加教育投资力度,提高劳动者素质。开发人力资源的关键是加强教育,特别是基础教育,这一点对于中西部地区,特别是边远贫困地区尤为重要,应针对不同地区的不同情况,加大教育投入,改善办学条件,增加师资力量,提高公众教育水平。同时发展职业技术教育和高等教育,为我国实施可持续发展战略培养高质量的人才队伍。

大力发展第三产业,提高生活质量。在发达国家,第三产业的从业人口约占总劳动人口的60%;而我国在改革开放以来一直致力于发展第三产业,但目前仍未达到这一比例。因此,各地应因地制宜,通过大力发展旅游、商贸、饮食服务等第三产业的措施,达到改善生存环境,提高生活水平,扩大就业领域的目的。

5.2　人口的可持续发展

中共中央十八届三中全会首次明确提出:坚持以人为本,树立全面、协调、可持续的发展观,促进经济社会和人的全面发展。强调按照统筹城乡发展、统筹区域发展、统筹经济社会发展、统筹人与自然和谐发展、统筹国内发展和对外开放的要求来推进改革和发展。

科学发展观是以人为本,全面、协调、可持续的发展,是在今后相当长时期内统领一切的发展纲领。科学发展观的提出就是要克服以经济增长为核心的发展观所带来的诸多问题,就是要解决中国可持续发展道路上面临的矛盾和问题,顺利推进全面建设小康社会和整体现代化事业,坚持走生产发展、生活富裕、生态良好的文明发展道路,保证一代接一代地永续发展。科学发展观是一种强调平衡的发展观,就是要协调好各方面的关系。毫无疑问,只有将发展系统的几个方面协调好,才可能最终实现发展的持续性。由于人类自身是社会生活的主体,而人构成了人口的主体性特征,所以以人口是影响社会总体发展的基础性因素,人口发展在社会总体发展的过程中具有非常主动而且相当重要的作用。中国的人口战略直接关联着中国未来经济社会的持续发展,是一个时刻期待检验和完善的战略。因为人口是社会生活的主体,人口问题是中国可持续发展面临的最紧迫、最重大的问题之一,人口战略和人口政策牵一发而动全身。

虽然我们在分析人口现象的时候常常做截面分析,但历史告诉我们,人口过程是一个连接着过去、现在和未来的漫长过程。人口的发展有其特定的历史基础,人口的基数、人口的性别、年龄、结构都会从根本上影响未来一段时期的人口发展。中国现有13亿人口,这就是21世纪中国人口发展和经济社会发展的基础。虽然人口的调整不一定会到差之毫厘、失之千里的地步,但人口发展的确需要审慎对待和战略设计。人口战略至少要有50年的观察时段,这是两代人的概念。只考虑一代人的利益很难说是人口战略。越是长时段的战略,越是需要基础性的讨论。既然我们讨论的是"人口发展"的战略,那么首要的一个问题就是在理论上要搞清楚什么是"人口发展"。

中国在相当长的时期实行的是"人口控制战略"而不是"人口发展战略"。因为各级政府更关心的是育龄妇女生育孩子数量的多少，在上级设置的考核指标中，总和生育率、一孩率、二孩率、避孕节育率、计划生育率都是常见的指标。中国全面的人口控制已经30多年，低生育率实现也差不多有10年，伴随生育率大幅度可持续下降而来的新人口问题不断出现，所以在时机上来讨论人口发展战略的重构问题也是合适的。只要真正秉承实事求是的态度，我们就会承认一个不争的事实，昔日的人口战略不是严格意义的人口发展战略，而是"一条腿走路"的人口增长战略。种种迹象表明，当下是检视人口战略并做出必要调整的重大机遇期。鉴于传统战略格局中的人口政策运行事关人口系统自身的安全和整个国家经济社会发展的安全，国家人口与计划生育委员会已经明确提出"人口安全"的概念，值得重视。

这样的人口战略与当时特定历史背景下的人口问题观和人口治理观有关，带有浓重的计划经济的痕迹。而当我们将人口发展置于社会经济发展的问题大框架里考察的时候，就不难发现人口问题极其重要的一个特点，就是相对性和变异性。人口问题与经济社会发展方式、发展程度有很大关系，或者说在一定程度上人口问题是经济社会发展问题的一个折射和映照。当中国经济持续增长成为世人瞩目的事实之际，我们发现人口增长与经济发展的关系并不像我们想象的那么简单，至少并不是人口数量的微小变动就足以影响经济发展的大局。正是改革开放之初，中国经济文化的相对落后反衬出人口增长压力的严峻性，而一旦制度创新引领下的中国经济突破一系列约束条件赢得持续的增长和发展，人口压力在一定程度上也顺势转变成了人口活力和人口推力，为总体小康社会发展目标的实现做出巨大贡献。譬如，数以亿计的农村剩余劳动力的转移和所创造的巨大社会财富就是很好的例证。人口压力是一种中性的现象，只有在一个国家或地区迎接不了挑战的时候，人口压力才会转化为人口问题。否则，人口压力可以成为科技创新的推动力。

我国持续多年的人口控制战略是典型的非均衡战略。人口控制战略作用点主要在生育率变量上。过去的战略也可以理解为人口增量减少战略，或者简单说就是人口减量控制战略，就是想在21世纪上半叶尽快实现人口零增长。诚然，我们在人口数量问题上的确需要做大文章，但与人口素质和人口结构相比，人口数量问题对经济社会的发展而言还是相对次要的问题。因为同样规模的人口对社会经济发展所起的作用就取决于人口素质和人口结构的差别。

生育率快速下降的一些负面后果已经暴露。我国过去的人口战略存在着很大的偏差，这样的偏差在效果上得到了证明，突出表现在两个方面：一方面是宏观上的出生性别比持续偏高问题；另一方面是计划生育风险家庭和困难家庭不断增多。或者说，一胎化政策的社会风险包括：出生性别比问题所引发的婚姻挤压，家庭存续危机和家庭养老危机所引发的人道主义问题。独生子女家庭面临的不仅仅是养老问题和独生子女问题，2000年我国农村独生子女夭折率是0.8%，规模达到57万。独生的风险性导致中国人、中国家庭输不起。这种脆弱的家庭结构使家庭在遭遇风险事件时缺乏最起码的回旋余地，人口的安全运行已经受到威胁。为人口安全、社会发展，我们必须对传统的人口发展战略有所反思并寻求更健康的发展道路。真正从长计议的战略都具有循环渐进的特点。为保障人口安全、实现以人为本，我们必须将人口战略设定在循序渐进的轨道上来。此外，21世纪是人口问题泛化的世纪,单纯的人口增长问题已经在全球化背景下演变为人口增长、人口结构、人口质量三者并存,而且人口结构问题和人口质量问题的重要性正在突显。知识经济的发展、社会公正的教育都需要更高素质的人口支持。所以,未来的人口战略必须毫不犹豫地从"人口均衡发展"而不是"人口单极控制"的角度出发和设计。

随着我国经济社会发展步伐的加快,单级的人口控制战略已经不适应人口与经济社会、资源环境协调发展和可持续发展的需要。我们日益强烈地感受到来自人口素质低下、人口结构失衡和人口分布不均所带来的羁绊和挑战。要实现未来时期人口和经济社会、资源环境的协调发展和可持续发展,就必须加强对人口发展战略的科学规划。科学的人口发展战略必须始终贯彻以人为本,全面、协调、持续的发展观。

人口健康、均衡、持续发展的战略必须从"数量中心主义"的泥潭里走出来。如果说控制战略是单极战略,那么发展战略就是多极战略。新人口战略的基本框架可以概括如下:以"人口发展"而非"人口增长"来规划人口战略,坚守计划生育的底线伦理——就是只有家庭的健康才能换来社会的健康,只有家庭的发展才能保障社会的发展。人口均衡发展战略以实现"健康家庭计划"为核心目标,新人口战略建立在家庭发展和人类发展的基础考虑上,突出"以人为本"。具体体现在保持人口结构的健全为优先目标,同时兼顾人口总量的控制。人口均衡发展战略应当走渐进式人口控制道路,实施以人的发展为核心发展的均衡人口战略才符合时代的要求。

继续控制人口的增量是未来人口战略的重要内容;但与此同时,生殖健康问题、生育质量问题、生育权益问题等必将引起更多的关注。同时,人口战略的长期谋划还必须认识人口对经济社会和资源环境的双面、长期的影响。正确定位"人口"在复合生态系统中的角色和地位,追求一个数量适度、结构优化、分布合理的人口状态。只有在科学发展观的指导下,紧紧扣住人的全面发展,才能激发出人口发展的积极意义,从而使对协调发展和持续发展构成巨大挑战的负性人口因素转变成积极的人口力量。

5.3　人口与可持续发展战略

人口、资源、环境三者的关系,人口是关键,人口问题是制约可持续发展的首要问题,是影响经济和社会发展的关键因素。可见,发展是可持续还是不可持续,紧紧地同人口状况(包括人口数量、质量、结构、分布等)联系在一起,抓好人口问题,就是抓住了经济和社会可持续发展的关键。

经过多年的努力,我国大部分地区人口与计划生育工作取得了显著的成就,人口过快增长得到了有效控制,极大地缓解了人口过多对资源和环境的压力,促进了经济发展和人民生活水平的提高。但我国的人口问题并未从根本上得到解决,还存在不少制约可持续发展的矛盾和问题:一是对消费水平的制约和影响,由于人口过剩的基本格局并没有得到彻底改变,人口对消费水平的制约还将长期存在;二是对社会保障的制约和影响,尤其是人口老龄化给社会保障和可持续发展带来了沉重的负担;三是对就业的制约和影响,我国普通劳动力的过剩和短缺人才的供需矛盾将会在一个较长的时期存在;四是对提前基本实现现代化目标等的制约和影响。

在 21 世纪,我国的人口与可持续发展战略要从以下几个方面做出认真的思考和实践:

（1）必须从全局战略高度认识人口问题。从目前到 21 世纪中叶，我国将继续面临着发展经济和控制人口增长的双重任务。稳定现行生育政策，实现既定的人口控制目标仍然是各级政府必须长期履行的宏观调控职能。在稳定低生育水平，提高出生人口素质的同时，要高度重视劳动人口就业、人口老龄化、人口流动与迁移、出生人口性别比等问题，要始终坚持发展经济与控制人口两手抓、两手硬，增强人均意识、忧患意识，坚持统筹规划、分类指导，努力实现人口与经济社会、资源环境的协调发展。

（2）加快建立适应社会主义市场经济，综合解决人口问题的新体制。人口控制工作要由"就计划生育工作抓计划生育工作"向与经济、社会发展紧密结合，采取综合措施解决人口问题的模式转变；由以行政制约为主向建立利益导向与行政制约相对应，宣传教育、综合服务、科学管理相结合的机制转变，从而建立起"依法管理、村（居）民自治、优质服务、政策推动、综合治理"的计划生育管理和服务新机制。努力把人口问题与发展经济、消除贫困、保护生态环境、合理利用资源、普及文化教育、发展卫生事业、完善社会保障、提高妇女地位和全民素质等紧密结合起来，力求从根本上解决我国的人口问题。

（3）要在控制人口的同时，努力提高人口素质。一要大力开展优生优育的宣传教育和技术咨询服务，加强对出生缺陷的监测和干预，降低出生缺陷的发生率，切实提高出生人口素质；二要从提高全民族人口科学文化素质的高度出发，在继续抓好九年制义务教育的同时，大力发展高等教育、成人教育、终身教育，强化职业技术教育和培训，并延长公民受教育时间。要逐年增加人力资源的开发投入，使城乡新增劳动力形成合理的结构和较高的层次。

（4）积极调整和优化我国的人口结构。我国要在新时期获得更大、更快的发展，必须走积极调整和优化人口结构之路。大力发展高等教育；努力发展以旅游业为主体的第三产业和其他劳动密集型产业，增加就业机会；继续降低城市门槛，在更大范围、更广领域中吸纳各类专业人才；鼓励农民和城市下岗工人参加技能培训，支持他们走出市域、省界和国门从事适宜的劳务活动，从而达到通过人口流动和迁移的方式，加快城市化进程，减缓老龄化进程，优化人口结构，提高人口素质的目的。

（5）高度重视人口与资源、环境的协调发展。一是要合理保护、利用和开发资源，旅游资源科学合理的开发利用和保护，应该成为我们的长期战略方针；二是要大力发展高新技术，积极倡导生态化生产，以最少的资源消耗，获取最大的产出和效率；三是倡导并鼓励节约型消费方式，建立资源忧患意识，使节约资源，善待环境成为一种社会时尚；四要加大环保意识的宣传和措施的落实，使更多的人认识并参与到环境保护中来，同时，要加大对环境保护的投入，制定并完善有利于环境保护市场取向的政策和法规。

总之，要以适度的人口总量、较高的人口素质、优化的人口结构来减轻人口对资源环境的压力，改善人与自然的关系，促进人口与社会经济、环境资源的协调和可持续发展。

5.4　我国实施可持续发展战略的必要性和紧迫性

我国在实施可持续发展战略方面，一直处于世界前列。1994 年，我国制定了《中国 21 世纪议程》，1996 年，全国人大以最高法律形式把可持续发展与科教兴国战略并列为国家基本战略。1999 年开始,每年中央都召开人口资源环境工作座谈会。可持续发展是当今世界的共同课题,是人类社会的理性选择,对于我们这样一个世界人口最多的国家来说,无疑更具有重要性和紧迫性。

(1)我国是世界第一人口大国,庞大的人口数量和不断增长的人口规模,给经济的发展造成了沉重的压力。20 世纪 70 年代以来,我国计划生育工作虽然取得了一定成绩,人口出生率有所下降,但由于基数大,每年净增人口多,人均资源相对不足,人口与资源、人口与经济增长的矛盾十分突出。我国人口问题的严重程度不仅表现在人口数量上,而且还反映在人口素质上。文盲和半文盲还占一定比例。人口问题是制约我国经济社会发展和人民生活水平提高的重要因素。

(2)有限的资源越来越难以满足我国经济发展和人口增长对资源的需求。我国已经开发的资源有限,能源和原材料短缺,特别是人均占有量少,在许多方面都远远低于世界平均水平。随着经济发展和人口增长,对资源的需求总量不断增多,面临越来越大的资源需求压力,资源形势十分严峻。

(3)日趋恶化的生态环境和污染范围的不断扩大,已经成为制约我国经济发展、威胁人们健康的重要因素。由于人口的超负荷增长,对自然资源的过度探索取,导致了大量植被破坏、水土严重流失、土地荒漠化,使自然生态环境问题日趋严峻。环境污染也已经成为一个严重问题。我国的大气污染一直随着经济的快速发展呈上升趋势,许多大城市长期烟雾弥漫。由于二氧化硫排放量增长过快,酸雨的危害日趋严重。我国目前是世界环境污染最严重的国家之一。

上述情况表明,我国人民在生产、生活以及对待生态环境的基本态度上必须进行根本改变。走可持续发展的道路,是中国发展唯一的、必然的和迫切的选择。

实施可持续发展战略,必须正确处理以下几个方面的关系:

(1)控制人口总量,提高人口素质,协调发展与人口增长的关系。

正确处理人口增长与经济增长以及资源和环境的关系,是实现可持续发展战略的基础。我国人口问题是经济发展的沉重压力。尽管我国实行计划生育的成绩显著,但人口压力在今后一个时期仍然会不断加大。人口数量的继续增大,对资源的需求会更多,环境保护的难度会更大,从而人口与资源、环境之间的矛盾会越来越突出。严格控制人口总量,提高人口素质是我国解决人口问题的基本思路和途径。为此,要建立完善的人口综合管理与优生优育体系,稳定低生育水平;建立与经济发展水平相适应的医疗卫生体系、劳动就业体系和社会保健体系;大幅度提高公共服务水平;采取多种综合措施,鼓励家庭实行计划生育,加强计划生育人群权益保护;加强对流动人口的综合管理,普及九年义务教育,在城市和发达地区普及高中阶段教育,发展职业教育等措施,提高人口素质。

(2)合理使用、节约和保护资源,正确处理经济发展与资源的关系。

实施可持续发展战略,必须合理开发利用资源。就人均水平而言,我国是典型的资源匮乏国家。要解决资源短缺的根本出路,就是要合理使用、节约和保护水、土地、能源、森林、草地、海洋、矿产等资源,提高资源的利用率和综合利用水平,建成资源可持续利用的保障体系和重要资源战略储备安全体系,最大限度地保证国民经济建设对资源的需求。必须坚持资源开发与节约并举,把节约资源放在首位,要加快技术进步步伐,转变经济增长方式,形成有利于节约资源和环境保护的产业结构和消费方式,把资源开发利用和保护统一起来,减少和避免资源浪费。

(3)改善生态环境,控制环境污染,正确处理经济发展与环境保护的关系。

正确认识和处理环境保护与经济发展之间的关系,是实施可持续发展战略的重要保证。环境是人类生存和发展的基本条件,如果没有良好的生态环境,人类将失去生存和发展的基础。为此,在生态保护方面,要建立科学、完善的生态环境监测、管理体系,形成类型齐全、分布合理、面积适宜的自然保护区,建立沙漠化防治体系,强化重点水土流失区的治理,改善农业生态环境,加强城市绿地建设,逐步改善生态环境质量。在环境保护方面,要实施污染物排放总量控制,抓紧对大江大河的治理,强化重点城市大气污染防治工作,加强环境保护法规建设和监督执法,加强环保宣传教育,进一步提高全社会的环保意识。综合利用经济、法律、行政手段,强化环境保护。

总之,实施可持续发展战略,必须加强领导,综合决策。要把控制人口、节约资源、保护环境放到与经济社会发展同等重要的位置,促进社会全面发展,使人们在享受经济发展带来的种种好处的同时,免受人口爆炸、资源匮乏、环境污染之苦。

【案例】

截至 2008 年 7 月,巢湖市奖励扶助对象总数 7 200 人,不到农村计生家庭的 1%,政策覆盖人群占有计生家庭比例过少,年龄偏大,对于现行计划生育群众的鼓励促进作用有限。现行为计生做出贡献的人群年龄一般在 30 ~ 50 岁,给这一部分人群奖励将更有利于实行计划生育。由于 60 岁以上才受奖,对于处于育龄期的妇女间隔受奖时间太长,激励作用不大明显。对于终身未违反计划生育政策生育了一男一女或两男,同时现存只有一个子女的家庭,不能进行农村奖励扶助,这一部分人的反应也比较强烈。当前针对这一缺陷,在农村计划生育家庭奖励扶助制度的基础上,开展了计划生育的特别扶助制度。

资料引自:新闻网

思考题

1. 中国人口问题面临怎样的状况?

2. 什么是人口战略?

3. 中国人口现状的特点及其影响有哪些?

4. 实行计划生育的目的与意义有哪些?

5. 如何实施人口可持续发展战略?

推荐读物

1. 中国可持续发展总纲(第 2 卷):中国人口与可持续发展. 蔡昉. 科学出版社,2007.

2. 改革开放与中国人口发展:中国人口学会年会(2008)论文集. 张维庆. 社会科学文献出版社,2009.

参考文献

[1]刘钢.浅析可持续发展与环境治理对策[J].科技信息:科技教育版,2006(6):78-82.

[2]龙开义.发挥兵团文化优势,建设军垦新型生育文化[J].西北人口,2010,31(1):113-115.

[3]喻晓玲.郭宁.南疆阿拉尔肯区九团流动人口基本势态分析[J].兵团教育学院学报,2002,12(2):120-123.

第6章 城市化与可持续发展

【本章提要】

本章通过对城市化与可持续发展、新中国城市化进程、中国城市化的规模结构、中国城市化的地区差异、中国城市化的环境与社会问题、中国城市化的制度创新的阐述,使读者更深入地了解我国城市化与可持续发展的关系。

6.1 城市化与可持续发展概述

6.1.1 城市化的概念与内涵

城市化是指一个国家或地区由传统的农业社会向现代社会发展的自然历史过程,是社会经济结构发生根本性变革并获得巨大发展的空间表现。

工业化和城市化是一个国家由落后走向发达的两个主旋律。工业化是一个国家经济发展的主旋律,主要表现为非农产业比例以及生产效率不断提高的过程;城市化是一个国家社会发展的主旋律,主要表现为越来越多的农村人口涌入城市以及城乡居民生活质量的不断提高。工业化是城市化的经济内容,城市化是工业化的空间表现。

对于一个国家来说,城市化是实现社会发展的重要主题。城市化不能简单地理解为农村人口进入城市的过程,而应理解成是发展中国家社会经济结构发生根本性变革的过程。健康的城市化过程至少应具有以下内涵:

(1)城市化是城市人口比例不断增加的过程。城市化的首要表现是大批农村人口涌入城市,从而使城市人口不断增加、城市规模不断扩大,其结果是城市人口占总人口的比例逐步提高。

(2)城市化是产业结构转变的过程。随着城市化的推进,原来从事传统低效率第一产业的劳动力将逐渐转向从事现代高效率第二、三产业,产业结构由此逐步升级转换。第二、三产业的劳动效率远远高于第一产业,城市化因而成为一个国家走向复兴的必经之路。

(3)城市化是居民消费水平不断提高的过程。城市是高消费群体的聚集地,城市化使得大批低消费群体转为高消费群体,因此城市化过程又是一个市场不断扩张、对投资者吸引力不断增强的过程。

(4)城市化是农村人口城市化和城市现代化的统一。城市化绝不仅仅局限于农村人口进入城市,而是乡村人口城市化和城市现代化的统一,是经济发展和社会进步的综合体现。

(5)城市化是一个城市文明发展并向广大农村渗透的过程。城市化也是农村文明程度和农民生产、生活方式不断提高的过程,是城乡一体化的过程。如果说乡村人口城市化是城市化的初级阶段,是城市化进程中量增加的过程;那么,城市现代化和城乡一体化就是城市化的高级阶段,是城市化进程中质提高的过程。

(6)城市化是居民整体素质不断提高的过程。由于大部分国民从事先进的产业活动、拥有较高的生活质量,居民因此转变原有的生活方式以及价值观念,告别自给自足的生活方式,摆脱小富即安的思想观念,转而追求文明进步与开拓进取的精神目标。社会也将建立起根本区别于农业社会的新秩序,社会化、商品化、规范化、法制化将成为城市社会新秩序的基本特征。

6.1.2　城市化与国民经济发展的关系

"国强"与"民富"是一个国家经济社会发展的两个基本目标,而工业化与城市化正是实现"国强"与"民富"的两条基本路径。在发展中国家,工业化与城市化构成国民经济发展的两个主旋律。其中,工业化过程能促进一个国家的经济增长、产业结构升级以及经济现代化的发展,大幅提高国民经济创造财富的能力,从而实现"国富"的目标。在城市化过程中,通过非农产业就业的增加,大量农村人口进入城市从事较高效率的产业,从而赢得较高的回报,使居民收入水平大幅提高;农村地区也由此使其土地规模经营不断推进,农业产业效率不断提高,从而不断提高农民的收入,为解决"三农"问题提供基础性条件。可见,城市化是中国实现"民富"目标的需要。最后,随着经济的发展,政府能够提供不断完善的基础设施和公共服务,为国民生活质量的提高奠定了外部条件基础。

城市化对于中国具有特殊的重要意义。主要原因在于中国人口众多,在城市化水平较低的情况下,大量人口散布于广大农村。但是中国农业的自然禀赋并不具备天然优势:山地多、平原少,水土资源和气候资源分布合理性较差。这一特殊国情决定了中国众多人口不能主要依赖于农业来谋求生存与发展继而实现"民富"的现状。因此,中国富裕农民的首要出路在于减少农民。如果农村人口减少了,在政府对农村的基础设施与公共服务发展到位的条件下,农村的规模经营和产业效率提高就是必然结果。

综上所述,中国作为城市化过程中的发展大国,城市化是国民经济发展的核心组成部分,城市化的健康发展也是国民经济保持健康运行的必要条件。

图 6-1 显示了工业化与城市化交互作用,从而共同促进国民经济发展的过程。需要指出的是,为了更清楚地说明城市化与经济社会的关系,我们在这里简化了经济制度对城市化和经济社会的影响,但这并不意味着其无关紧要。相反,正因为城市化和经济社会的发展都存在着多方面制度障碍,制度创新才成为新时期城市化和经济社会发展中极为重要的基础性条件。在此我们将在 6.6 节中专门论述城市化的制度障碍与制度创新问题。

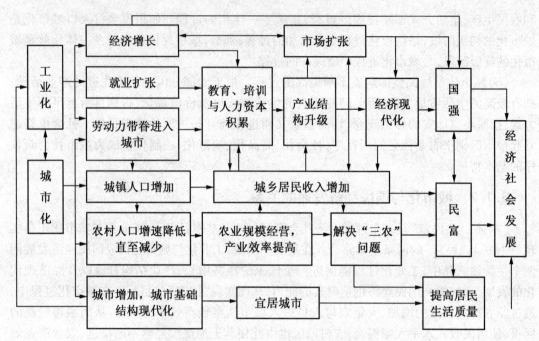

图 6-1　工业化与城市化交互作用

6.1.3　可持续发展的概念与原则

1987年,由布伦特兰夫人领导的世界环境与发展委员会(WCED)出版的《我们共同的未来》中正式提出了可持续发展的概念:既满足当代人的需要,又不对后代人满足其需要的能力构成危害的发展。在1992年联合国环境与发展大会上,这一概念被提高到"全人类共同的发展战略"高度,成为在最概括意义上推动全球可持续发展的政治主张和被广泛接受的概念。

根据《我们共同的未来》一书,可持续发展的定义主要包括以下三个基本原则。

(1)发展原则。可持续发展的核心是发展,对于发展中国家而言更是如此。发展的主要内容包括七个方面,分别是:保持增长;提高经济增长的质量,转变增长方式;较好地满足就业、粮食、能源、水和卫生等基本需求;控制人口数量的增长,提高人口素质;维持和增强地球的资源基础;集中关注科技进步对于发展瓶颈的突破;调控环境与发展的平衡。

(2)公平原则。它包括三层意思:一是本代人之间的公平;二是代际间的公平;三是资源利用方式的公平。

(3)可持续性原则。经济的发展不能超过资源与环境的承载力。可适当投资于自然资本,确保资源的永续利用,形成良性的生态环境系统。

6.1.4　可持续发展的理论将推动经济学研究范式的转变

经济增长理论作为主流经济学的一个核心内容,是一个标准的经济学理论范式。自从西方经济学体系创立以来,经济学家就特别关注对经济增长的分析。关于经济增长理论在理论和经验上的种种缺陷,经济学家从各个角度做了深入的阐述与修正,由于篇幅所限,在这里不详细予以介绍。

下面我们着重分析增长理论中一个被大多数人所忽视的重要缺陷,即缺少对自然资源尤其是可耗竭资源的分析。首先,古典经济增长理论考虑到了自然资源在经济增长中的作用。如李嘉图和马尔萨斯的经济学家们注意到了土地资源的稀缺性,认为土地的边际产出递减,并由此得出了悲观的结论。然而,他们所处的时代是农业生产占绝对主导地位的时期,对技术水平的提高缺乏认识,但事实上,正是技术的进步使得土地的产出维持了人类生存和经济的增长。其次,新古典增长理论和新增长理论都没有考虑到耗竭性资源的作用。新古典增长模型的生产函数只把劳动力和资本作为生产要素,意味着资源对经济增长没有任何影响,而资源对生产而言恰是不可或缺的,因而会出现马尔萨斯式的资源灾难。总之,增长理论模型是建立在资源供给与环境容量无限的条件之上的,对于特定的劳动投入量,资本存量可积累到任意所需的程度,因而经济的运行不会出现资源耗竭与环境污染等问题。这种理论指导下的经济增长方式和工业化模式虽然创造了大量的物质财富,加快了人类文明进程的步伐,却也付出了资源耗竭、环境恶化的代价。

如今,可持续发展理论将"地球资源和环境容量是有限的"这一主流经济学所忽视的基本事实作为理论前提,必将产生一个崭新的研究范式,因为将可耗竭资源引入现代经济学的模型之后,随着可耗竭资源的不断减少,产出也会减少,并且最终趋向于零。这种情况得出的结论与现代经济学的结论完全相反,即经济的持续增长是不可能的。因此,可持续发展理论对传统经济理论范式发出挑战的同时也将推动经济学研究范式的转变。

6.1.5　21世纪中国城市化发展的国际背景与环境

经济全球化是中国21世纪城市化发展面临的最重要国际背景。经济全球化主要表现为以下几方面:

(1)国际贸易高速增长;

(2)国际资本市场迅猛发展;

(3)外国直接投资快速增加;

(4)科技研究与开发活动全球化;

(5)世界劳动力流动全球化。

在经济全球化背景下推进中国城市化,要求中国城市化必须注重发展质量。应对全球化的城市化质量包括两方面内涵:一是提高支撑城市化发展的工业化质量,建立全面参与国际一流经济竞争的产业体系,争取使中国产品向国际中高端市场攀升;二是大幅提升中国公共服务品的质量,通过我国一系列制度的深化改革,实现政府职能的重大转变,构建与国际市场发展相对接的发展环境,从而提升对国际资本和国际市场的吸引力。

此外,新一轮的全球产业浪潮技术层次高、规模大、速度快,并且主要以跨国公司为主要依托。新一轮产业的去向主要取决于以下因素:接受国的政治稳定性;接受国经济发展的比较优势;接受国的市场规模与市场潜力;接受国已经形成的产业集聚与配套能力;接受国的技术进步与创新能力;接受国的基础设施与国际交流能力。纵观当今发展中大国的状况和发展态势,中国是最有条件承接新一轮国际产业转移的发展中国家。这为中国城市化发展提供了广阔的产业发展空间。在目前的国际分工中,我国的劳动密集型产业有着成本和生产率的明显优势,这也使中国在未来国际竞争中赢得更充足的发展空间。

20 世纪 90 年代以来,发达国家经济及人口掀起新一轮向大城市和城市群聚集的浪潮,城市群已经成为发达国家核心竞争力的主要载体,新世纪国与国之间的竞争在空间上具体化为城市群与城市群间的竞争。一个国家最发达城市群的发展水平通常与该国经济实力和国家竞争力成正比。美国是世界上城市群最为发达的国家,其核心统计区的资料能够更加准确地反映出美国的人口分布格局。世界人口向城市群和城市化地区集中的趋势要求中国应该认真研究城市空间分布的规律。与此同时,为了应对新世纪激烈的国际竞争形式,中国也必须深入研究城市发展战略转型的问题。

6.2　新中国城市化进程

6.2.1　1949—1978 年中国城市化与城市发展

改革开放以前,中国城市化长期处于较低水平,除了国民经济和社会发展第一个五年计划期间的正常发展以外,几乎都处于停滞状态。

1949—1952 年是中华人民共和国成立后的经济调整与恢复时期。随着战争结束,经济社会运行从战时状态转化为正常的经济社会发展,城市中逐渐建立起安定的经济社会运行秩序。直到 1953 年,中国开始实施"一五"计划,经济社会才得到稳步发展,城市化水平也随之逐步提高。除了"一五"以外,1978 年以前的大部分时间内中国城市化的最大特点是增长缓慢乃至停滞。

1952—1978 年这 26 年的发展中,中国城市化又明显呈现为三个不同的历史时期:1952—1957 年短暂的健康发展时期;1958—1965 年过渡城市化及调整时期;1966—1978 年城市化的停滞阶段。

6.2.2　改革开放以来中国城市化与城市发展

改革开放以来,中国城市化水平稳步提高,从城市化速度和城镇人口增长系数看,我国的城市化进程仍然存在许多波折。可以将 1979—2004 年这 26 年的城市化过程分为以下两个阶段:

(1)1979—1995 年,城市化的初级阶段。首先,改革开放为中国的城市化提供了前所未有的制度环境。中国于 1978 年开始的改革开放从以下三个方面为城市化与城市发展提供了不断宽松的气氛与条件。一是"经济体制改革委产业结构调整及大众参与工业化过程提供了有利条件"。1949—1978 年,中国之所以走一条非城市化的工业化道路,最主要的原因是走工业化道路的选择以及由此决定的制度框架。如我们所知,改革开放彻底改变了原有的工业化道路,而这里的"改革"实质上是将原来的"一切权利由中央高度控制"转成"由中央政府、地方政府以及市场共同作用经济社会发展"的制度。市场在其中起着基础性作用,成为调节经济开发的主要杠杆。二是"人口流动等相关制度改革为农民进城铺设了制度桥梁"。中国的改革是全面的,政府在启动经济制度改革的同时,一系列的社会制度、行政管理制度、政治制度也都进行着改革。从直接促进城市化的角度看,最为重要的是就业制度、户籍管理制度、社会保障制度的改革。三是"城市建设投资制度的改革大幅提高了城市基础设施的承载力"。改革开放以前,中国城市建设完全依赖于中央政府对地方政府的财政拨款。改革开放以后,城市建设的渠道开始走向市场,城市建设急剧扩张,大量的城市道路、桥梁、市场设施、给排水系统乃至车站、机场等公共设施都利用民间资本进行投资建设,各个城市以及建制镇的城市设施和发展环境得到了极大改善。其次,1979—1995 年,中国根据市场规律,对产业结构进行补足性调整,改变"以钢为纲"的重工业产前发展的工业化道路。在旧体制下受到限制的非农产业主要是轻工业和第三产业,改革开放后,轻工业和服务业市场得到迅速释放,在市场拉动下成为发展最快的产业,由此可见,产业结构的补足性调整是 1979—1995 年城市化发展的直接动力。再次,由于中国的改革开放在空间上走了一条由乡村到小城镇再进入城市的过程,因此以小城镇为主的城市化是 1979—1995 年城市化发展的主要特征。

(2)1996—2004 年,中国开始向城市化中级阶段迈进。统计资料显示,自 1996 年起,中国城镇人口增长系数超过 1,直至 2004 年长达 8 年的时间都稳定在 1 以上,平均城镇人口增长系数达到 2.16,中国开始稳步进入城市化的中期阶段。理论上在城镇人口增长系数大于 1 时,表明随着国家的农村人口开始下降,农村人地矛盾逐渐缓和,农业规模经营才能得以起步。同时,随着农村规模经营和农业技术的进步,农业产业效率开始大幅提高,其与非农产业效率的差距因而缩小,农村居民的收入水平就会相应提升,与城镇居民收入的差距又将缩小,这也为国家推进城乡一体化提供基本的物质条件。

由六次全国人口普查人口基本情况表,即表 6-1 可以看出,我国城市化率在 2000—2010 年间增长了 13.46 个百分点,是自 1953 年全国第一次人口普查以来增幅最大的。

表 6-1　六次全国人口普查人口基本情况(城乡人口部分)

指标	1953	1964	1982	1990	2000	2010
城镇化率/%	13.26	18.30	20.91	26.44	36.22	49.68
城镇人口/万人	7 726	12 710	21 082	29 971	45 844	66 557
乡村人口/万人	50 534	56 748	79 736	83 397	80 739	67 415

资料来源:国家统计局.2013 中国统计年鉴.北京:中国统计出版社

6.2.3　党的十八大中提及的中国城市化

我党在十八大报告中全篇提及城镇化多达七次,其中有两次出现于主要位置:第一次出现在全面建设小康社会经济目标的相关章节中,工业化、信息化、城镇化和农业现代化成为全面建设小康社会的载体;第二次出现在经济结构调整和发展方式转变的相关章节中。从局限"区域协调发展"一隅,到上升至全面建设小康社会的载体,继而上升到实现经济发展方式转变的重点。哪怕用最挑剔的眼光,依然可以看出城镇化在实现全面建设小康社会的实践中占据着越来越重要的地位。

十八大报告具有承上启下的特征,是两代领导集体治国思路的体现。经过较为详尽的资料比对,我们有理由相信,城镇化的地位急速提升与第五代领导集体中李克强副总理的执政思路密切相关。

城镇化是一个系统工程,绝非简单地引导农村人口进入城市,因此它至少包含以下五方面内容:

（1）经济体制改革的目标是依靠非公有经济推动中国经济转型,正常来说需要包含消除城镇内部的二元结构。

（2）城镇化要促进创新和升级、提升工业生产效率、为服务业发展打开空间。

（3）城镇化意味着农业人口不断进入城市,粮食安全必须得到保障,因而我们离不开农业的现代化。

（4）加快城镇化离不开房地产行业的平稳健康发展。

（5）既要重视中小城市和小城镇建设,也要重视培育新的城市群。

此外,十八大报告中提出的"推进新型城镇化建设"对我国经济增长也有着重要意义。这是我国接下来要大力推广的发展方向,通过加快城镇化来带动周边经济的发展。在这一过程中,加大国家的财政投入,从而拉动内需的发展,并最终带动产业链的发展。

6.2.4　2020年中国城市化的发展与展望

中国有关专家在2013年"哈佛中国论坛"上提出,2020年中国城市化率有望达70%。中国新型城市化道路将是以人为本的城市化,未来的5～10年将逐步解决农民工的户籍问题。改革开放以来,中国城镇化发展迅速。1978年,中国人口达9.6亿,城镇化率达18%,城市人口约1.7亿。到2012年,中国城市化率已达52.6%,城市人口超过7亿。虽然中国城市化率已达52.6%,但具有城市户籍人口的比例仅为36%左右,高达2.6亿的农民工尚未真正融入城市。展望中国的城市化进程,预计到2020年,最晚到2025年,中国城镇化率将达到70%。

过去的传统城镇化进程,为我国经济长期高速增长提供了有力的资源保障,伴随着我国城镇化进程的高速发展,2011年我国城镇化率首次超过50%,为51.27%,传统的城镇化道路已经不再适合我国未来经济发展的需要。

新型城镇化,顾名思义,区别于传统城镇化,是指资源节约、环境友好、经济高效、社会和谐、城乡互促共进、大中小城市和小城镇协调发展、个性鲜明的城镇化。新型城镇化更加重视城镇化的质量,强调适度和健康的城镇化发展速度,其目标指向应是"适度的城镇化增速""投资环境的改善"以及"人居环境质量的提升"。

新型城镇化应做到以下几点:

（1）与工业化协同发展的城镇化。新型城镇化从城乡分割的现实出发,注重工业反哺农业、城市支持农村;注重城市公共服务向农村覆盖、城市时代文明向农村扩散,让城镇化的进程成为促进农业增效、农民增收、农村繁荣的过程,从而形成城乡互补、共同发展的良好格局。

（2）新型城镇化必须适应工业化的要求,有效发挥促进工业化的作用,实现工业化与城镇化相辅相成、互相促进。同时,为农业和农村的发展创造更有利的条件,使落后的二元经济结构转变为工业化城镇化的协调推进、城市和农村协调发展的一元化现代化结构。

（3）资源节约环境友好的城镇化。新型城镇化与城市生态化相结合,走环境友好的城镇化道路,走发展和智力同步的道路,按照"资源节约和环境友好"的要求,努力发展低耗经济、低碳经济、循环经济,节能减排,保护和改善生态环境,按照城市标准,对垃圾、污水、噪音等污染物进行达标处理和控制,增加绿地、林地面积,突出城市生态建设,推动城市与自然、人与城市环境的和谐相处,建设生态城市。

（4）因地制宜、路径多样的城镇化。实现拉动力从传统工业化带动到新型工业化的转变，就是按照资源集约功效利用的要求，注重产业的合理布局与配套集群发展；注重做大做强新型产业，尤其要注重现代服务业；同时，应注重生产工艺流程的创新升级，推动城镇向数字域、信息域、智能域、知识域等方向发展，促使城镇地理空间优化、中心城市与卫星城镇共同繁荣，造就城镇宜居、宜业、宜游的环境。

（5）转移劳动力市民化的城镇化。只有劳动力的非农业化和劳动力的空间转移不是真正意义上的城市化，仅有人口的集聚和产业的优化而没有生活质量的提升、人居环境的优化就称不上高质量的城镇化。要改革城镇人口社会管理制度，逐步建立城乡统一的居住地登记体制，让外来常住人口在医疗、教育、养老、失业救济等方面与城市人口享受平等的权利，赋予外来落户人口以完全的"市民权"。

6.3 中国城市化的规模结构

6.3.1 中国不同统计口径的城市规模结构

中国的城市结构一般用城市人口规模来进行分组，但因为中国城市人口统计口径比较混乱，中国当前的城市规模结构到底是什么状况，任何资料都难以解释清楚。中国国家统计局当前发布的城市规模结构有以下四种口径：

（1）按照城市市辖区非农业人口划分的城市规模结构；

（2）按照城市市辖区人口划分的城市规模结构；

（3）按照城市市辖区常住人口划分的城市规模结构；

（4）按照城市市辖区城镇人口统计的城市规模结构。

表6-2反映了中国不同统计口径的城市规模结构差异。可见，按照不同的划分标准，城市规模结构的差异极大。

表6-2　中国不同口径城市的划分

划分口径	项目	全国城市	人口规模/万人				
			≥200	100~200	50~100	20~50	<20
按照城市市辖区非农业人口划分（2002年）	个数/个	600	15	30	64	225	326
	比例/%	100.0	2.3	4.5	9.7	34.1	49.4
按照城市市辖区总人口划分（2002年）	个数/个	660	33	138	279	171	39
	比例/%	100.0	5.0	20.9	42.3	25.9	5.9
按照城市市辖区常住人口划分（2003年）	个数/个	650	43	69	113	140	285
	比例/%	100.0	6.6	10.62	17.38	21.54	43.8
按照城市市辖区城镇人口划分（2000年）	个数/个	665	23	36	92	305	209
	比例/%	100.0	3.5	5.4	13.8	45.9	31.4

资料来源：国家统计局城市社会经济调查总队.2004,2005.中国城市统计年鉴.北京:中国统计出版社

另外，中国城市规模结构的说法也存在混乱的现象。表6-3反映了中国统计出版社出

版的《中国统计年鉴》中关于城市统计分组的标准。

表 6 - 3　城市统计分组标准

《中国城市统计年鉴 2003》统计分组指标		《中国城市统计年鉴 2004》统计分组指标	
城市等级	城市市区非农业人口	城市等级	城市市辖区人口规模
		巨型城市	≥1 000
超大城市	≥200	超大城市	500 ~ 1 000
特大城市	100 ~ 200	特大城市	200 ~ 500
大城市	50 ~ 100	大城市	100 ~ 200
中等城市	20 ~ 50	中等城市	50 ~ 100
小城市	<20	小城市	<50

资料来源:国家统计局城市社会经济调查总队. 2004,2005. 中国城市统计年鉴. 北京:中国统计出版社

综上所述,当前,中国还缺乏一个能科学、准确地反映城市规模结构的统计口径及资料公布制度。在我国城市化的快速发展过程中,这样的基本资料供给状况严重限制了人们科学地认识城市化以及深入研究城市化的进程。

6.3.2　中国小城镇的可持续发展

受到工业化战略与制度安排的影响,中国小城镇的发展经历了从初步繁荣到萎缩再到全面繁荣的曲折历程,表现出不同的阶段性特征,大致可分为以下三个阶段:一是"1949—1978 年,小城镇缓慢发展阶段"。这一阶段,小城镇的发展经历了初步繁荣—波动(衰落—回升—再次衰落)—停滞的历程。二是"1978—1998 年,小城镇快速增长阶段"。改革开放后,中国小城镇发展进入了一个崭新的历史时期。三是"1998 年至今,小城镇发展由数量增长向质量提升的转变阶段"。1998 年以后,小城镇的增长速度明显放缓,盲目兴建小城镇的现象在一定程度上得到了遏制。

小城镇的建设是中国特色城镇化道路的重要组成部分,在我国国民经济和社会发展中占据重要地位。随着非农产业的快速发展,小城镇随之迅速崛起,成为带动农村经济繁荣和推动城镇化进程的重要力量,发挥着农村地域性经济、文化及各种社会化服务中心的作用。

建制镇是中国小城市发展的主要空间依托,若建制镇规模太小,具有竞争力的建制镇数量太少,那么,中国小城市的发展就缺乏空间基础。因此,有必要对中国县域城镇体系进行科学的重新构建。一部分县域城镇实际上已经发展为小城市,甚至中等城市。通过重点建设关镇与强镇,在未来20 ~30 年中将它们发展为以下三种规模的城市:人口在100 万以上的大县;人口在50 ~ 100 万 的中等县;人口在50 万以下的小县发展为一个15 万人左右的小城市。通过这种重点发展战略,一方面可以强化城关镇的县域经济中心功能,逐步解决县域城镇体系规模偏小的问题。另一方面也能促进城镇在地区之间分布的平衡,使城市文明迅速向农村地区扩散。此外,中心城镇发展成为镇区人口在3 ~ 5 万的建制大镇也是中国县域城镇体系构建的前进方向。

6.3.3　中国中小城市的可持续发展

一般而言,中小城市指市区非农业人口为 20~50 万的中等城市和小于 20 万人口的城市。自中华人民共和国成立以来,尤其是改革开放的这些年,我国的中小城市取得了长足发展。表 6-4 分别反映了 1957 年以来中国中小城市人口的变动轨迹。

表 6-4　1957 年以来我国中小城市人口的变动轨迹

年份	城市总人口/万人	中小城市(<50 万人)		中等城市(20 万~50 万人)		小城市(<20 万人)	
		绝对数/万人	比例/%	绝对数/万人	比例/%	绝对数/万人	比例/%
1957	6 005	2 185	34.6	1 073	17.9	1 112	18.5
1960	7 853	2 657	33.9	1 496	19.1	1 161	14.8
1965	6 751	2 453	36.3	1 399	20.7	1 054	15.6
1970	6 663	2 587	38.8	1 477	22.2	1 110	16.6
1975	7 402	2 752	37.2	1 643	22.2	1 109	15.0
1978	7 898	2 906	36.8	1 821	23.1	1 085	13.7
1980	9 022	3 293	36.5	2 121	23.5	1 172	13.0
1983	10 278	3 948	38.4	2 305	22.4	1 643	16.0
1986	12 258	5 091	41.5	2 886	23.5	2 205	18.0
1990	15 037	6 880	45.8	3 644	24.3	3 236	21.5
1991	15 442	7 077	45.8	3 754	24.3	3 323	21.5
1992	16 439	7 832	47.7	4 283	26.1	3 549	21.6
1993	17 709	8 569	48.4	4 733	26.7	3 836	21.7
1994	19 165	9 563	49.9	5 317	27.7	4 246	22.2
1995	20 016	10 050	50.2	5 764	28.8	4 286	21.4
1996	20 779	10 459	50.3	5 951	28.6	4 508	21.7

资料来源:王放.2000.中国城市化与可持续发展.北京:科学出版社

国家在实施城市化战略、推进区域社会发展的过程中,历来都十分重视大城市的辐射带动作用和小城镇的示范作用,并在一定程度上把小城镇的建设作为工作重点。但在中华人民共和国成立的这几十年来,我国城市化发展最为迅速的却是 20~50 万人的中等城市,可见中等城市在区域社会发展和城市化进程中的优势地位是无可替代的。中小城市在我国的重要地位可归结为以下三方面原因:

(1)中小城市在城镇体系中起承上启下的作用。虽然中小城市的空间辐射范围局限于一个特定区域之内,但它上能为大城市分担其过度饱和的集聚功能,下能为广大小城镇提供进一步集聚的桥梁和通道,这两点使其在整个城镇体系中起到平衡与稳定的作用,而且随着经济的发展和城镇体系的不断完善,中小城市的重要性将越发明显,其人口规模也将不断增大。

(2)中小城市具备一定的产业基础和基础设施基础。中小城市聚集着一定的工业企业,而且随着制造业向中小城市的转移,中小城市的产业基础已有一定规模,在区域经济发展中起"次经济中心"的作用,是大城市经济的重要补充。

(3)中小城市是中国城市化进程中的重要动力。其原因主要有两点:一是因为中小城市将逐渐成为农村富余劳动力的主要流向地和吸纳地;二是由于中小城市是城乡协调发展的主要力量。

尽管中小城市在我国城市化进程中一直扮演着十分重要的角色,现在又成为中国城市群发展战略的一个重要环节,但其发展也面临着许多的问题和制约,如下对策措施便是推进中国中小城市的健康快速发展的策略:

(1)重新修订城市设置标准。中国城市设置标准存在太高、太多和不公平的问题,因此必须降低、简化、统一设置标准。

(2)推进中小城市经济结构调整。中小城市经济结构调整要有新思路,实现从计划经济向市场经济体制的转变、从单一主导型结构向多元主导型结构的转变、从资源导向型思维向市场导向型思维的转变。

(3)加强基础设施建设,完善投融资体制。改革开放以来,基础设施是我国投资最多、发展最快的领域之一,但与大城市基础设施建设相比,中小城市的基础设施情况仍然欠佳,因此,中小城市要加大基础设施的建设力度,既要弥补基本的基础设施缺陷,又要实现与高新技术发展的对接。

(4)加强环境保护,逐步建立生态城市。西方国家的中小城市之所以成为多数居民生活、工作、休闲的理想场所,是由于中小城市较好地解决了自然和社会的环境问题。因此,要保证中小城市的经济健康、稳步地发展就必须要有一个良好的生态环境保障。

6.3.4　中国大城市的可持续发展

中华人民共和国成立以来,我国50万人口及以上的城市数量,除个别年份外,都是不断增加的。不同规模的城市在城市体系中都有不可替代的作用,对任何一级城市的偏好和限制都不利于城市化的进程,也不利于城市经济与社会的正常发展。由于城市经济本质上是一种集聚经济,大城市具备比中小城市更高的经济集聚效益,因此,对于正处于城市化加速发展阶段的中国而言,大城市在城市体系中发挥着主导作用和辐射作用,因此不但不应控制大城市的发展,而且还要有重点地积极发展大城市,其原因如下:一是因为大城市超前发展,是中国城市化过程必然经历的阶段;二是因为大城市是流动人口的主要吸收地;三是因为大城市存在明显的经济资源优势。

国家环保总局于2005年6月公布的《中国城市环境保护》报告指出了我国城市环境保护工作面临的三大新问题:

(1)城市环境污染边缘化问题日益显现;

(2)机动车污染问题更为严峻;

(3)城市生态失衡问题不断严重。

这三大环境问题在我国各级城市中普遍存在,但在大城市中表现尤为突出,亟待解决。下面我们分别简要给出解决几大问题的主要措施:

(1)遵循市场规律,规划和促进紧凑型经济增长模式;按照直接受益或间接受益原则建立大城市废物处理收费制度;实施城乡一体化的城市环境生态保护战略。

（2）通过价格杠杆限制小汽车的使用；对公共交通实行更高程度的倾斜政策；协调城市交通、土地利用与就业三者间的关系。

（3）除了控制城市人口规模、加强产业生态化和提高公众意识外，最重要的还是城市绿地系统建设、城郊森林斑块建设和城市绿色廊道建设。

按照城市规模划分标准，50 万人口以上的城市可称为大城市，更详细地又划分为 50～100 万人口的大城市，100～200 万人口的特大城市，200～400 万人口的超级城市以及 400 万人口以上的巨型城市四个等级。真正代表中国参与全球分工交流的只是极少数等级体系顶层的大城市，因此，对它们做进一步研究可以更好地理解大城市在城市体系中的主导作用。

6.3.5　中国城市群的可持续发展

城市群的成长和发展一般要经历漫长的历史演化过程，这期间会受到诸如自然条件、交通条件、历史条件、经济体制等因素的影响。这些因素共同作用决定了城市群的发展阶段，也造就了城市群不同的发展特色。国内研究城市群界定标准的学者较多，其中以姚士谋的"超级城市群和其他城市群划分"最具代表性。表 6－5 即为姚士谋提出的中国大城市群的 10 个定量指标，作为划分超大城市群与其他城市密集区的参考指标。

表 6－5　中国大城市群的 10 个定量指标

序号	指标名称与单位	超大城市群	其他类型
1	城市群人口/万人	2 400～3 000	<1 500
2	特大超级城市/座	>2	<1
3	城市人口比例/%	>36	<36
4	城镇人口比例/%	>40	<40
5	城镇人口占省区比例/%	>55	<55
6	等级规模结构	较完整	不完整
7	交通网络密度（km/10^4km^2）	铁路 350～550 公路 2 000～2 500	250～400 <2 500
8	社会商品零售占全省比例/%	>45	<45
9	流动人口占全省、区比例/%	>65	<65
10	工业总产值占全省、区比例/%	>75	<70

集聚经济不仅是城市存在的根本原因，也是城市化进程由"小城镇化"到"大城市化"再到"大城市群化"转变的主要动力。城市集聚经济由地方化集聚经济与城市化集聚经济组成，它们共同作用的结果是城市集聚规模越来越大。

城市地域扩张的主要障碍之一是交通成本，不同交通方式下城市地域扩张的范围不同，因此选择与城市规模相适应的交通体系对城市的发展十分重要。高速、大运输量的交通基础设施是城市群健康成长的基本保证。

城市群是一个经济区的概念，而非一个独立的行政单元，因而不能完全依赖行政力量解决城市群协调发展的问题。我国城市群难以形成经济协调发展格局的根本原因在于区域协调机制的缺乏。建立我国城市群区域协调机制的基本思路应该是：首先，建立有协调权威的区域协调机构；其次，制定城市群内部的有关组织协议或法律；最后，赋予城市群经济发展规划和地区规划的法律效用，规范城市群各成员的行为。

按照一定的划分原则，我们认为中国初步形成了 12 个城市群，它们分别是：长江三角洲城市群、珠江三角洲城市群、京津唐城市群、山东半岛城市群、辽中南城市群、闽东南城市群、中原城市群、武汉城市群、长株潭城市群、长吉城市群、关中城市群、成德绵城市群。

中国城市群在高速发展的同时也面临着环境和资源的约束，我国城市间环境污染的相互影响现象十分严重，因而单靠各自为政难以解决城市群的环境问题。与此同时，我国城市群存在高水平的生态赤字，致使生态与环境系统十分脆弱，难以支撑城市群的高速发展，使得许多生态与环境问题更加严重，其中又以水资源缺乏、土地资源短缺、生活垃圾再次污染问题尤为显著。

不论是自然条件一体化还是产业结构趋同带来的环境污染，都不只是单一城市的问题，而是整个城市群所有城市面临的问题。因此必须从整体出发，建立城市群环境合作机制，才是改善城市群生态与环境、促进区域可持续发展的必经之路。城市群环境合作机制建设应从以下几方面入手：

(1)尽快编制具有法律地位的城市群环境规划；

(2)建立长期有效的城市群合作对话机制、信息交流机制和环境监测合作机制；

(3)充分运用市场手段改进和发展环境管理新模式；

(4)加强环境影响评估在城市群产业布局和结构调整中的指导作用。

6.4　中国城市化的地区差异

6.4.1　中国沿海地区城市化与可持续发展

沿海地区是中国城市化发展进程中变化最大、增长最快的地区。从新中国成立之初到改革开放之前，除了北京、天津、上海三个直辖市城市化水平较高外，其他省份的城市化水平均较低。但改革开放以来的这几十年间，除河北受经济基础等因素影响导致城市化水平提高幅度不大外，其余省份，特别是广东、江苏、浙江、福建、山东等地城市化进程得到了突飞猛进的发展。我国沿海地区较高的城市化水平和城市化发展速度推动全国城市化进程的不断前进。同时，沿海地区的城市化也引领了全国的现代化进程。

沿海地区城市化的发展道路和发展阶段决定了它具有不同于其他地区的特性，主要表现在城市化动力多元化、城市群发育水平较高以及大城市郊区化明显等方面。沿海地区城市化发展的速度和水平都居于全国前列，其在城市化发展过程中也探索出了一些值得其他地区学习和借鉴的经验，但在可持续发展方面仍然存在缺陷。沿海地区城市化发展的主要矛盾可归结为以下三点：一是生态与环境难以承受快速扩张的城市经济；二是大量的流动人口始终游离在城市社会之外；三是农民利益在城市化过程中的不断流失。

在我国沿海地区的诸多城市群中，发展水平较高、运作体系较成熟的当属京津唐城市群、长三角城市群和珠三角城市群。这几个城市群在全国城市化、工业化和现代化进程中都有重要的带动和辐射作用,但它们的发展模式各具特点,未来可持续发展所面临的问题也各不相同。根据经济总量规模、城市群内部的分工协作,以及对周边地区的带动辐射等,可以推出以下判断:京津唐城市群发展刚刚起步,长三角城市群发展初具规模,珠三角城市群发展相对成熟。

沿海地区的城市化主导和影响着全国城市未来的发展方向,今后应进一步调整发展思路,协调城市化与工业化、城市化速度与城市化质量、城市经济发展与城市文明建设间的关系,促进城市与区域的可持续发展。中国沿海地区城市化发展的战略对策可以从以下几方面开展。

(1)城市空间发展战略:优化城市空间布局,提高空间利用效率;加强城市之间的联系,发挥城市群的带动作用;加强区域规划,提升小城镇发展的规模与档次。

(2)工业化发展战略:改变产业发展模式,走集约经济和循环经济的道路;调整投资结构,培育自足创新能力。

(3)制度建设战略:建立公平开放的人口流动制度;健全城中村改造和农民利益保障制度;完善公共服务和社会保障制度。

6.4.2　中国中部地区城市化与可持续发展

中部地区地处我国地理区位的中心,连接东西、沟通南北,其资源丰富,是我国著名的"粮仓"和能源、原材料的生产基地。中部的崛起对现阶段实现统筹区域发展具有重要意义。中部地区是中华民族文明的重要发源地,其城市发展起源较早,历史悠久,仅河南一省就拥有我国八大古都中的四个,但其后来的发展趋势相对放缓,不仅城市数量增长比较缓慢,城市化水平和城市发展质量的提高速度也相对较慢。但近年来,中部地区城市化发展趋势较好,城市化进程明显加快,与其他国家和地区的城市化相比,已经进入城市化的快速发展阶段。

我国中部地区在城市化过程中大量的人口迁移对全国城市化进程产生了重要影响。首先,省内城乡间人口流动规模大,对推动本地城市化进程意义重大;其次,大量人口外迁,既减轻了本地的城市化压力,也为迁入地输送了大量劳动力;此外,中部地区强大的人口迁移趋势仍将持续,全国城市化进程也会因此而受到影响。

长期以来,在自然条件、经济发展和宏观政策的影响下,中部地区的城市化发展也形成了一些区别于其他地区的特性,具体表现在城市规模结构体系、城市空间分布特征以及城市化发展的地区差异等方面。此外,现阶段中部地区城市化发展的矛盾相对于其他地区更加尖锐和集中,中部地区城市化发展的主要矛盾可分为以下几点:农村人口多,农村经济落后,城市化压力大;第二、三产业发育不足,城市吸纳能力有限;城市化发展和生态与环境保护之间矛盾突出。

目前,中部地区虽然尚未形成如长三角城市群、珠三角城市群、京津唐城市群规模实力的大型城市群,但通过近年来的积极努力,一批以省会城市为中心的城市群正在形成。中部地区人口众多、资源丰富、交通便捷、产业基础较好,但长期以来经济发展却一直相对滞后。究其原因,是缺少统一规划且强有力的城市群带动和强大的产业集群支撑。因此,如何壮大中部地区城市群是一个亟待解决的问题,这里我们给出三个中部地区城市群未来发展方向的解答:第一,整合城市群资源,统筹区域发展;第二,实施产业集群带动城市群发展的战略;第三,正确处理与沿海城市群的关系。

增强城市带动作用、壮大产业经济、完善制度建设是中国中部地区今后建设的战略重点,也是推动城市化进程的主要动力。关于中国中部地区城市化发展战略对策有以下几方面内容:

(1)城市发展战略:加快大城市发展步伐,增强城市核心竞争力;加强中心城市的建设,培育重点开发轴;以一线城市为重点,大力培育中小城市和小城镇。

(2)产业发展战略:加速推进农业产业化进程,促进农村发展;促进产业结构升级转型,增强城市经济实力;培育提升劳动密集型产业,拓展就业领域。

(3)区域管理战略:加强制度创新,提高经济效益和城市化发展质量;加强农村教育和劳动技能培训,提高创业就业能力;合理引导人口流动,促进城乡统筹发展。

6.4.3　中国西部地区城市化与可持续发展

西部地区是中国自然生态基础最脆弱、经济发达程度最低、城市化水平最落后的地区,工业化、城市化与可持续发展的道路任重而道远。我国西部地区城市发展历史悠久,西安、咸阳等城市在古代就曾经相当繁荣,新中国成立后,特别是在三线建设时期国家的投资重点倾斜与工业布局战略又带动了西部一批新型城市的发展,为西部地区城市化发展奠定了一定的基础,但受自然环境、经济发展等多种因素的影响,城市化进程推进仍然比较缓慢,城市化一直保持在较低的水平。西部地区城镇人口占全国城镇人口的22.8%,乡村人口占全国乡村人口的三分之一,可见西部地区农村人口城市化在全国城市化进程中有着十分重要的地位,成为影响全国城市化进程的关键。

由于特殊的自然生态环境与发展历史,西部城市化发展形成了一些不同于其他地区的特性,具体表现在城市规模结构、城市化动力、城乡联系、人口流动格局等方面。此外,其城市化发展特性主要有:城镇比例低,城市规模小;城市化地区发展不平衡;城乡二元结构显著,农民生活贫困;人口大量外迁推动城市化进程。其中存在的主要矛盾有:生态环境独特且脆弱导致城市规模与空间分布受限;工业化基础薄弱致使城市化动力严重不足;制度框架严重滞后造成城市化发展缺少有力保障。

西部地区是我国资源丰富的地区,多种因素的制约使得资源开发对这一地区经济发展有非同寻常的意义,但由此引发的矛盾与问题也相当突出。立足西部地区的特点,寻找科学的资源开发模式,掌握适当的资源开发程度是保障其顺利推进城市化和市县区域可持续发展的重要途径。西部地区资源丰富但生态环境脆弱,使得这一地区资源开发与城市化发展的关系微妙。西电东送、西气东输、南水北调、青藏铁路等工程是西部大开发的标志工程和骨干工程,这些都是基于开发西部地区资源,变资源优势为经济优势的工程,这些工程的实施也将对西部地区的城市化发展产生深远影响。

西部地区今后应根据城市化和工业化发展的一般规律,结合西部地区的实际情况,重新思考其城市化发展的诸多问题以及战略对策。关于城市规模与空间格局的战略对策有以下几方面内容:首先,应确定以城市为主体的城市化道路;其次,应依据资源环境承载力来规划城市体系;再次,应调整土地利用规划,从而促进城市集聚发展。在工业化发展道路方面:第一、应根据工业化规律建立相对完善的工业化体系;第二,应大力发展劳动密集型产业,扩大非农产业就业机会。对于统筹城乡发展的制度与政策问题,我们不仅要加强政策引导和技能培训,促进农村人口的输出,还要尽快建立 12 年义务教育体系;此外,统筹城乡社会保障制度也是当务之急。

6.4.4　中国东北地区城市化与可持续发展

东北地区城市化起步较晚,城市化历史大约从 100 多年前开始,但城市化的发展速度却很快。平原广阔、资源丰富、水系发达等自然条件为这一地区城市的发展提供了良好的基础,而半殖民地半封建社会时期,贸易商埠城市、交通型城市、工矿城市等大量涌现,外国侵略者掠夺式的开发也是造成这一地区城市快速畸形发展的重要因素。总体而言,这一地区城市发展在全国城市化进程中的地位和作用可以概括为:城市化水平全国领先,但地位有所下降;传统工业城市的复兴成为新时期东北和全国城市化进程中的主要任务之一。

东北地区特殊的工业化发展道路造就了这一地区特殊的城市类型、城市体系、城乡联系以及城市经济形态,城市可持续发展面临的问题也呈现出一定的独特性,具体表现为以下几方面:从城市化发展特性来看,城市数量较多,其中资源型城市比例较高,城市发展相对均衡且规模比较集中,城市化发展道路独特;从城市化发展的主要矛盾来看,资源枯竭、结构衰竭这两因素制约了城市化进程,城市公共服务功能较弱使城市矛盾集中显现,缺少核心区的带动致使二元结构明显,从而使城市化推进缓慢。

东北地区城市集聚效益不强,城市贫困现象突出,城市经济增长乏力,城市生态环境恶化的问题已成为这类城市可持续发展所面临的严重危机。这些危机源于独特的产业类型,因此产业结构的调整与转型理应成为实现未来可持续发展的首要措施。这一地区资源型城市过于单一以及其集中的生产性功能使其发展陷入困境。促进城市功能的多元化发展,可以一定程度上为东北资源型城市未来的发展提供新动力。多年来,在东北地区资源型城市的发展过程中,造成了对生态环境的较大破坏,因此,生态环境的恢复和改善也是东北地区资源型城市实现可持续发展的重要基础之一。

现阶段,东北地区诸多城市化进程存在的问题是受多种因素影响的结果,世界上许多老工业基地也都有过类似经历,而振兴东北老工业基地、实现资源型城市的复兴,同样需要多种战略措施的密切配合。

(1)城市发展战略:培育辽中南城市群,打造区域发展的核心区;充分发挥大城市的带动作用,形成若干城市发展轴带;加强城市的经营与管理,提高城市发展质量。

(2)经济重构战略:产业结构高级化;建立现代化农业生产基地;扩大非公有制经济比例。

(3)制度创新战略:软环境制度创新;建立起全面的就业支持与保障体系;完善社会保障从而缓解城市贫困的状况。

6.5　中国城市化的环境与制度问题

6.5.1　中国城市化进程中的环境问题

改革开放以来,在中国城市化规模和速度稳步推进的同时,城市的生态与环境也受到空前的挑战,使城市化进程难以为继,因此,建立城市化和生态与环境良性循环的互动机制是 21 世纪中国现代化进程中亟待解决的重要课题。城市生态与环境问题与经济增长、能源消耗之间关系密切,几乎所有环境问题都可以归结为经济增长方式和能源利用效率的问题。所以,建立中国城市化和生态与环境的互动机制关键在于转变经济增长方式和提高能源利用效率。

中国城市化水平的高速增长给城市环境带来了巨大的资源与环境问题,目前众多的环境问题主要可归结为四大类:水污染问题、大气污染问题、噪声污染问题、固体废弃物污染问题。导致中国环境问题的主要原因有:粗放型的经济增长方式和城市人口的不断增长加剧了城市的环境压力;以煤为主的城市能源消费结构;城市环境基础设施落后;缺乏周密的城市环境保护规则;对新出现的一系列环境问题缺乏足够的应对措施,等等。鉴于对我国城市环境污染状况原因的分析,为加强我国城市环境保护主要应采取以下几方面对策:

(1)遵循城市的生态规律,制定和实施城市总体规划,改善城市的生态与环境。

(2)完善环境保护法规体系,切实依法保护环境。

(3)提高城市环境基础设施水平。

(4)改善能源消费结构,增加清洁能源在城市一次能源中的比例,降低过高的煤炭消耗比例。

虽然中国城市化水平的高速发展给城市环境带来了巨大的资源与环境压力,但中国政府将一贯推进城市生态与可持续发展作为环境保护工作的重点。在20世纪80年代初期,中国政府就正式宣布:保护环境是一项基本国策。到20世纪90年代中后期,中国坚决摒弃"先污染后治理"的发展模式,将可持续发展定为国家的发展战略,努力实现经济、社会、环境的协调发展。经过多年坚持不懈的努力以及多项有效措施的实施,中国的城市生态与环境总体保持稳定,部分城市的生态与环境质量也得到显著提高。

6.5.2 中国城市化进程中的社会发展问题

社会发展与经济发展同为人类发展的重要组成部分,但不同经济发展阶段会滋生不一样的社会问题。现阶段中国正处于城市化、工业化、市场化、全球化发展的关键时期,政治经济体制、发展观念以及社会组织形式等都发生着重大转变,大量社会问题集中涌现,例如,城乡居民生存与发展问题、城乡居民生活环境问题、城乡社会稳定与安全问题都是中国城市化进程中面临的社会问题。事实上,任何一种社会问题都有其深刻的历史与现实根源,中国城市化进程中的上述社会问题也是由下列多方面原因导致的:一是巨大的城乡发展差距;二是尚未健全的城市管理制度;三是不正确的城市化水平认识与经济发展观。

失业与贫困是社会问题中最受关注的问题之一,因为它们直接关系到广大人民的生活境况。在城市化进程中,经济结构与社会结构发生了重大变化,改变了即有的收入分配格局。在社会总体发展水平不断提高的同时,一部分人却陷入失业与贫困的深渊。如何解决城市化进程中的失业问题,已成为中国现阶段紧迫而重要的任务。

我国城市化需要高素质的规划、建设与管理人才,同时也需要大量的农村人口转变其传统的价值观念,更好地融入现代化的城市生活体系之中,而这一切离不开教育。所以我们说,教育问题是城市化进程中一个十分重要的问题。

城市公共安全也是一个非常综合的概念,所有危机城市公共领域和广大居民生命财产安全的事件都是城市公共安全事件。近年来,国际与国内社会政治、经济领域内的一些变革使城市公共安全面临新的危机,城市公共安全问题因而成为我国城市化进程中不容忽视的社会问题。

6.5.3　中国城市化进程中的流动人口问题

可持续发展有两大主旋律:一是谋求人与自然的和谐发展;二是谋求人与人之间的和谐发展。因此,正确解决好流动人口问题是中国实现人与人和谐发展的关键。

2000 年中国流动人口的第一原因是务农经商,占迁移人口的 30.7%,而 1982—1987 年中国迁移人口的第一大原因是婚姻迁入,占迁移人口的 27.7%。由此可见,中国流动人口迁移原因的变化能够反映出中国发展的足迹。

中国流动人口规模庞大,但在地区分布上却相对集中。可见,人口流动的空间分布主要取决于地方经济水平和城市化水平。其中,经济发达地区是接受流动人口总量最多的地区,城市化水平较高的地区流动人口占本地区总人口的比例也相对较大。

此外,流动人口的受教育程度也是导致人口流动的重要因素之一。2000 年中国流动人口的文化素质结构以及各地区流动人口受教育程度的差异见表 6-6。

表 6-6　2000 年中国流动人口的文化素质结构以及各地区流动人口受教育程度的差异

地区	初中以下	小学及以下	初中	高中和中专	大专以上
北京市	49.1	14.3	34.9	22.7	28.1
天津市	48.8	17.8	31.0	30.8	20.4
河北省	50.6	17.6	33.0	33.6	15.8
山西省	60.7	22.1	38.6	25.6	13.7
内蒙古自治区	63.0	27.7	35.2	25.7	11.3
辽宁省	58.9	20.1	38.8	21.1	20.0
吉林省	54.0	21.3	32.6	27.3	18.8
黑龙江省	58.9	24.2	34.7	23.9	17.2
上海市	57.4	20.1	37.3	24.9	17.7
江苏省	58.4	21.2	37.2	25.3	16.3
浙江省	71.7	29.7	42.0	18.8	9.6
安徽省	57.9	25.2	32.7	27.8	14.3
福建省	69.4	27.9	41.6	20.2	10.4
江西省	61.3	28.1	33.2	25.6	13.1
山东省	53.7	17.7	35.9	30.5	15.8
河南省	55.8	18.9	36.9	27.4	16.8
湖北省	52.8	21.9	30.9	29.0	18.2
湖南省	54.3	21.0	33.3	28.1	17.6
广东省	72.2	17.5	54.6	20.5	7.3
广西壮族自治区	60.1	26.0	34.1	26.8	13.1

续表 6 - 6

地区	初中以下	小学及以下	初中	高中和中专	大专以上
海南省	60.4	24.1	36.3	27.5	12.1
重庆市	61.9	28.7	33.2	22.9	15.1
四川省	60.4	27.9	32.5	26.3	13.3
贵州省	65.9	38.7	27.2	23.2	11.0
云南省	66.5	36.2	30.3	23.1	10.5
西藏自治区	70.4	41.8	28.6	20.4	9.2
陕西省	50.5	19.4	31.1	26.7	22.8
甘肃省	55.3	27.2	28.1	28.9	15.8
青海省	62.9	35.3	27.5	24.9	12.2
宁夏回族自治区	68.2	35.7	32.5	20.8	11.0
新疆维吾尔自治区	66.8	34.5	32.4	22.1	11.1
全国合计	61.1	22.9	38.2	24.7	14.1
沿海	62.7	20.5	42.2	23.8	13.5
中部	57.2	23.0	34.1	26.9	15.9
西部	61.6	30.5	31.1	24.7	13.8

注:本表不含台湾地区、香港特别行政区、澳门特别行政区的资料

资料来源:国务院人口普查办公室,国家统计局人口和社会科技统计司.2002.中国 2000 年人口普查资料.
　　北京:中国统计出版社

以邻近流动为主是中国流动人口迁移的主要特征。从流动人口迁移的距离来划分,可以分为邻近流动、中程流动和远程流动。我国人口以邻近流动和中程流动为主,另外在经济发达和经济活跃地区中远程流动占主体地位,其中我国远程流动人口中邻省(自治区、直辖市)流动占主体,中部人口大省是中国跨省(自治区、直辖市)流动人口的主要流出地。

中国的城市化影响到全国所有的城市,1.44 亿流动人口几乎遍布全国所有的城市和建制镇,为所有城市的发展都提供了前所未有的机会,同时也给城市发展带来了巨大挑战。

6.6　中国城市化的制度创新

6.6.1　中国城市化的制度框架

城市化与工业化、制度化之间的关系可以被这样比喻:如果说制度是江河之床,工业化就是奔腾的河水,那么城市化便是水中之舟。

城市化是一个国家经济社会发展的历史过程,它融于国家的经济发展和社会进步之中。城市化过程的制度环境是一个多重复合的环境,理论上讲,一个国家几乎所有的制度都会不同程度影响到这个国家的城市化进程。为了更清晰地研究城市化的制度问题,我们可以将影响城市化的制度框架表现为图 6 - 2。

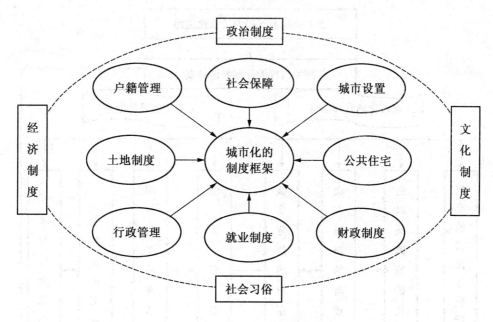

图 6 - 2　影响城市化的制度框架

城市化是企业与人口在空间上集聚的过程,因此,一切涉及经济要素和人口流动、集聚的制度安排都影响着城市化进程。从大的制度类型来看,市场经济体制较之计划经济体制更有利于城市化进程。但是市场机制是一个总的制度安排,而总体制度作用于城市化又是通过许多不同的具体制度来实现的,因此,从我国当前的制度特征看,影响城市化进程的制度主要包括八个方面:户籍制度、社会保障制度、市镇设置的相关法律制度、土地制度、公共住宅制度、行政管理制度、就业制度、财政制度。

6.6.2　传统制度安排对城市化的制约

纵观发达国家的工业化进程,无一不是广大民众追求新事物、新财富、新个人价值的过程,因此,广大国民对工业化的无限热情才是国民经济发展的根本动力。但在中国传统体制下,高度集中的计划经济体制决定了中央政府垄断国家资源配置的所有权利和机会。又因为由于国家资源主要被用于发展重工业,勤劳的国民即使十分努力地工作其所能得到的报酬也是非常低的。高度集中地计划经济体制剥夺了广大人民积累财富的权利,也就从根本上决定了我国工业化与城市化的低效率。

中国传统体制下工业化超前发展战略的实现是一系列与市场经济相违背的制度规定,这些制度安排的总和就构成了客观上不利于城市化的制度框架。该框架可从图 6 - 3 中确切地反映出来。

此外,传统体制下,城镇基础设施的严重滞后也决定了城镇人口承载能力的下降,从而制约了我国的城市化进程。

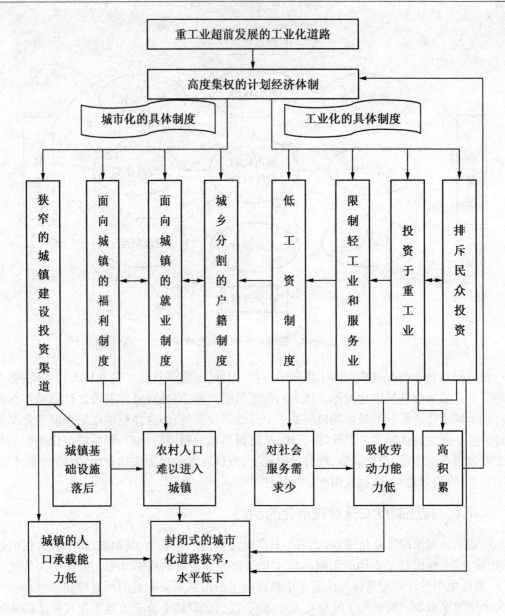

图 6-3　传统体制下不利于城市化的制度框架

6.6.3　户籍制度创新

　　与 1984 年 10 月国务院颁布的《国务院关于农民进入集镇落户问题的通知》相比,中国的户籍制度已经有了天翻地覆的变化,但是,传统的城乡分割的户籍管理制度并没有得到根本性突破,与以人为本、建立和谐社会的需要相比,城市化的制度创新力度、深度和广度都严重滞后。城市化制度创新的不足主要表现在以下几个方面:合法固定住所构筑了农村人口进入城市的货币门槛;大部分进城农民没有享受到户籍制度改革的实惠;改革形成了新的区域封锁;宏观层面改革严重滞后。

户籍制度改革的根本目的是逐渐淡化和废除城乡分割的管理制度,建立城乡一体化的管理制度,加快农村人口的城市化,推进城市现代社会秩序的建立,实现城乡协调发展,为此应先实现如下突破:

(1)建立全国统一的户籍管理制度;

(2)建立以合法住所及稳定就业或生活来源为基本条件的户籍迁移制度;

(3)特大城市的户口要面向在本市实际就业 5 年以上的外来人员;

(4)淡化户籍制度作用。

6.6.4　社会保障制度创新

从城市化角度研究社会保障问题,农民工保障是核心。中国政府一直以来都高度重视农民工的基本权益,也在不断探索关于农民工的社会保障问题。

中国农民工社会保障处于这样一种情况:一方面中央和地方政府高度重视,各类政策频繁出台;另一方面,绝大部分农民工仍然享受不到任何保障,长期徘徊于社会保障制度之外。这一现象说明我国政府政策效应弱的问题,究其原因主要在于以下几方面:

(1)中央有关文件和行政法规可操作性弱;

(2)地方性法规和规章缺失并执行不力;

(3)企业缺乏执行农民工保障政策的动力;

(4)农民工在社会保障前矛盾徘徊。

因此,建立适于中国城市化需要的农民工社会保障制度势在必行。

进一步深化农民工社会保障制度改革是中国落实实现可持续发展的重要举措,是推进中国城市化健康发展的必要前提,是建立实现城市对农村"多予少取"、建设新农村、实现统筹城乡发展的有效途径。

新时期中国建立农民工社会保障机制的指导思想可以简要概括为八个字:公平、有序、快速、高效。

新型农民工社会保障的基本思路是建立与城镇职工相对接的、全国统一的农民工社会保障制度,制定保障法,将农民工社会保障问题纳入法制化管理的轨道,并且全面利用媒体广为宣传,做到妇孺皆知,推行社会全面监督,有效执行。

6.6.5　城市设置标准的改革与创新

城市设置工作的停滞已经严重限制了城市化进程。中国应该尽早颁布执行适应中国国情的科学城市设置标准,推动已经进入高速运转轨道的城市化进程健康发展。

现行设市标准存在的问题有以下几点:指标过于繁杂,没有体现公平原则,人口指标标准过高,县城指标与设市标准关系不大,不少总量指标已经过时。

城市设市标准要把握的总原则是"三要":要稳定少变,要简明扼要,要抓住本质。

城市设置标准修改的基本思路是:简化设市标准、降低设市标准。

中国设市的标准只需要考虑一个指标:人口聚居地常住人口达到 3 万人(最多不超过 5 万人)的人口聚集区就可以设置为市的建制。

构建科学的城市急需小城市的诞生,而"巨型镇"现象也呼吁城市设置标准的出台。颁布并执行新的设市标准是解决大城市地区人口膨胀的重要举措,同时,颁布并执行新的设市标准也是加速城市化进程的需要。

诚然,制定新的城市设置标准是个很复杂的问题,但是,中国城市化的高速发展不允许中国的设市工作长期处于停滞状态。中国"十一五"期间要在构建和谐社会的大背景下稳步推进城市化的健康发展,迫切呼唤新的既符合城市发展本质规律、能够做到与国际接轨,又符合中国国情的城市设置标准的出台,为新时期中国城市化和城市发展提供最理想的制度规范。

【案例】

黄河上游城市群概况

黄河上游城市群,又称环兰州城市群、西兰银城市群,是以西北中心城市兰州市为中心,以西宁、银川为副中心,由兰州都市圈、西宁都市圈、银川都市圈集聚而成的庞大的、多核心、多层次城市集团和大都市圈联合体,是西北区域城市空间组织的最高形式。

兰州学者贺应钦于 2004 年 10 月提出了黄河上游城市群的概念,并从空间布局、形成发展、优势地位、措施蓝图等角度进行了全面论述;2009 年,西北师范大学魏凌峰、杜旭东对黄河上游城市群进行了结构主义研究;2011 年 6 月,国务院《全国主体功能区规划》规划了兰西、宁夏沿黄两个城市群;2012 年 9 月,甘肃省省长刘伟平在国务院兰州新区建设情况新闻发布会上也使用了黄河上游城市群的概念;2013 年上半年,国务院酝酿出台《全国促进城镇化健康发展规划(2011—2020 年)》时,甘肃省社会科学院经济学研究员安江林等专家学者均支持统一规划为黄河上游城市群。

黄河上游城市群包括甘肃兰州都市圈(兰州、白银、定西、临夏)、青海西宁都市圈(西宁、海东)和银川都市圈(银川、中卫、吴中市和石嘴山市),空间布局呈现一心三圈、V 状三核,黄河成轴、城市同带,组团镶嵌、区域一体的特点。

1. 一心三圈、V 状三核

黄河上游城市群是多核城市群。三个特大城市兰州、西宁和银川,沿黄河呈三角形分布,分别为三省的省会和中心城市,是三个都市圈的"首位城市"和"核心力量";并以三核为心形成兰州都市圈、西宁都市圈、银川都市圈;三大都市圈,在各省的经济总量中所占的比例均在 50% 以上,是带动周边地域经济发展的拉动力量,是推动三省经济的发动机增长极。

2. 黄河成轴、城市同带

黄河上游城市群是带状城市群。以西宁—兰州—银川之间的铁路、高速铁路、高速公路和部分黄河水道构成横跨青海、甘肃、宁夏的"带状"快速通道,成为三省生产力布局、城市化和区域经济的主轴;沿轴分布有 10 个地级市,形成狭长形带状城市密集区,其物理地理空间呈"沿黄带状分布"的特征。

3. 组团镶嵌、区域一体

黄河上游城市群是组团城市群。黄河上游各大中小城市"结构有序、功能互补、整体优化、共建共享"的镶嵌体系,体现出以城乡互动、区域一体为特征的高级演替形态。在水平尺度上是不同规模、不同类型、不同结构之间相互联系的城市平面集群,在垂直尺度上是不同等级、不同分工、不同功能之间相互补充的城市立体网络,二者之间的交互作用使得规模效应、集聚效应、辐射效应和联动效应达到最大化,从而分享尽可能高的"发展红利",完整实现区域发展动力、区域发展质量和区域发展公平三者在内涵上的统一。

资料来自:百度百科

思考题

1. 城市化的内涵有哪些?
2. 改革开放以来我国城市化分为几个阶段?
3. 我国城市群发展正面临什么问题?
4. 如何应对中国城市化的地区差异?
5. 中国城市化的环境与社会问题是由什么原因产生的?
6. 中国城市化可以从哪几方面进行制度创新?

推荐读物

1. 可持续城市化——城市设计结合自然. (美)法尔. 中国建筑工业出版社,2013.
2. 可持续城市化发展研究. 蔡竟. 科学出版社,2003.

参考文献

[1]叶裕民,2007,科学出版社,中国城市化与可持续发展[M].北京科学出版社,2007.
[2]国家统计局.中国统计年鉴[M].北京:中国统计出版社,2012.

第7章 可持续发展的系统构建与应用

【本章摘要】

本章在对可持续发展系统构建的方法与模型进行概述的基础上,重点介绍了可持续发展的指标体系,主要包括国内外指标体系构建与应用、城市的指标体系构建与应用,全面地阐述了可持续发展系统的构建与应用。

7.1 可持续发展的系统观产生的背景

可持续发展是一个包容自然、经济和社会要素的复杂巨系统,可持续发展理论的研究涉及许多学科,在20世纪90年代之前,研究主要集中在概念和内涵的讨论,自1992年以后,世界文化卫生发展组织(WCED)提出的可持续发展概念得到较为普遍的认可,关于概念的讨论日趋减少,人们的注意力转向如何建立可持续发展的理论体系,特别是关于其度量与评价问题。就目前国内外的研究成果来看,对于可持续发展的研究基本上集中在经济学社会学(包括人口学等)、生态学、地理学和系统工程学等几个主要领域,这从对于可持续发展概念和内涵理解视角的差异、研究领域和内容的各有侧重,研究手段和方法的各不相同等方面都可以得到反映。概括国内外可持续发展理论研究的现状,按照其研究目标和目的的不同可以划分为可持续发展理论和可持续发展应用研究;理论研究按照其研究对象、研究范围及研究方法的不同,大致可以划分为一般可持续发展理论、区域可持续发展理论和部门可持续发展理论三大类;也有学者认为包括一般可持续发展理论、区域可持续发展理论、部门可持续发展理论和全球可持续发展理论。一般可持续发展理论是以可持续发展系统作为研究对象,分析可持续发展系统的本质、结构和功能;区域可持续发展理论是以区域人口、资源、环境、经济和社会各子系统及各子系统之间的相互关系为研究对象,以各子系统之间的相互协调发展为研究目标;部门可持续发展又称为单系统内在可持续发展,其理论研究的目标是通过首先实现各部门自身的可持续发展,最终达到综合可持续发展。

20世纪的一个重大成就是系统科学的产生和迅速发展,它为人们提供了一种新的思维方式,系统论不但揭示了系统与系统、系统与子系统及其要素之间的普遍联系,还揭示了联系和发展之间的内在关系;一切事物、现象和过程一旦进入到某一特定的系统联系中,就构成了它真正的发展,发展是系统内部及其与环境的相互联系、相互作用的展现。可持续发展本身就构成一个系统,构建可持续发展的系统观是把可持续发展理论研究推向深入的重要举措,也是可持续发展理论或可持续发展学不断发展、完善之必然。

7.2　可持续发展的系统观

可持续发展的系统观是可持续发展理论的成熟和高级阶段,是可持续发展思想、理论和实践的凝练和升华。可持续发展是一个涉及自然、经济和社会要素的复杂问题,本身就构成一个系统。区域可持续发展系统有稳定的结构和独特的功能,其结构不仅包括可持续发展的要素观,如资源观、环境观、经济观、人口观、价值观和发展观等,还应包括各要素之间的相互组合观,如资源环境观、资源经济观、资源价值观、资源发展观、环境资源观、环境经济观、环境发展观、环境价值观、人口资源观、人口经济观、人口价值观、人口发展观和经济发展观等,其功能不仅包括各要素独立发挥的功能,还应包括各要素之间相互组合所发挥的整体功能和人与自然的协同发展。

我们可以从多维度、多侧面认识可持续发展系统:一方面,从要素、空间和阶段单维结构;另一方面,从两两组合和三维整体综合分析与把握。

(1)单维结构。从要素维上看,可持续发展系统不仅仅包括人口、资源、环境、经济、价值和发展等单要素,还包括各要素之间的组合(双重和多重)。从空间维上看,全球可持续发展系统由区域可持续发展系统构成,不同区域可持续发展系统因其处于可持续发展的不同阶段,发展战略、发展目标、主要任务和采取的措施各不相同:如发达地区可持续发展系统的发展目标主要是如何保持生态持续,在全球可持续发展上负有更重要的责任;欠发达地区可持续发展系统的发展目标主要是如何在人与环境协调的基础上促进经济发展。从阶段维上看,可持续发展系统仅仅经历了可持续发展理念—可持续发展理论—可持续发展实践的转变的一个轮回,随着历史演替还会进入一个新的轮回。

(2)多维综合分析。从因素(Factor)-空间(Space)平面上看,双重可持续发展系统的要素及要素组合观与多重可持续发展系统明显不同,如人口观,前一项对于人口的认识主要还停留在"物质"层面,主要关注的是群体人,如何提高其物质生活水平为其主要目标;后者则不仅仅关注"物质"层面,同时也关注"精神"层面,在一定程度上,关注"精神"超过"物质"层面,主张显示人的个性,其主要目标是实现个体人和群体人的全面发展。从因素(Factor)-阶段(Stage)平面上看,在可持续发展系统的不同阶段(I:idea;T:Theory;P:Practice),对于要素的认识和理解各不相同。如资源,Idea Stage"资源=自然资源",Theory Stage"资源=自然资源+经济资源",Practice Stage"资源=自然资源+经济资源+社会资源",但单自然资源来说,其内涵和外延在不同阶段也不尽相同,Idea Stage 主要是指当时可以利用的物质和能量,Theory Stage 包括潜在的物质和能量,Practice Stage 涵盖了环境、空间(包括大气)等内容。从空间(Space)-阶段(Stage)平面上看,不同可持续发展系统的 Idea,Theory 和 Practice 各不相同。从 Space - Stage - Factor 三维立体交叉来看,不同的区域、阶段和同一区域、不同阶段,对于可持续发展的组成要素及其组合认识不同;不同的要素及其组合、阶段和同一要素及其组合、不同阶段,在不同区域反映和表现形式不同,可以依此类推。

在对可持续发展要素、结构和空间系统认识不断深化的基础上产生的可持续发展系统观,是任何一种理论经过从实践—理论—实践循环的必然结果。可持续发展系统是指可持续发展本身就是一个具有一定结构和功能的自组织系统,是可持续发展系统的构成要素在其不同的发展阶段和区域相互吻合的结果。该系统具有整体性、层次性、协同性和动态性。

其结构一方面包括可持续发展的所有构成要素,另一方面还包括各构成要素的相互组合关系以及构成要素和相互组合关系的时空组合状态;其功能不仅是指各要素功能的集合,还包括可持续发展系统的整体功能——人与自然的协调。树立可持续发展系统观,应从 Space,Stage Factor 和 Factor - Space,Factor - Stage,Space - Stage 以及 Space - Stage - Factor 三维立体等方面进行思考。概括其基本内涵,主要包括可持续发展整体观、有限观、适度观、协调观和动态观等。

(1)整体观。可持续发展是一个系统,系统是一个有机的整体,整体性是系统最基本的特性,整体的观点符合马克思主义哲学关于事物普遍联系和相互作用的原理。把事物看作是相互联系、相互影响和相互作用的整体,从整体上考察事物,而不是把各类事物孤立、封闭起来,研究它们之间的互利、互动和协调一致,从而使系统整体健康运行和持续发展,是整体观的出发点和归宿点。可持续发展的各组成要素(人口、资源、环境和经济等)相互联系、相互依存构成一个具有一定结构和功能的有机整体,各个组成要素又是更低一级子要素相互联系所构成的整体;不同可持续发展系统相互依存、交融,共同构成一个整体的全球可持续发展系统,两者共同努力,全球可持续发展才能实现;Idea Stage,Theory Stage,Practice Stage 也是一个整体,只是为了认识和研究的便利而进行相对划分,对一个区域来说,绝对意义上的划分是不存在的;同样,Space,Stage 和 Factor 构成的三维立体也是一个整体,在这个立体中,Space,Stage 和 Factor 和两两构成的平面具有对应关系,共同表征三维立体的状态。对于可持续发展问题的认识,无论理论还是实践,都应树立整体观念,以整体效益最大化为原则,任何从个别因素、角度出发思考和处理问题的思路和做法都是错误甚至有害的。

(2)有限观。可持续发展是一个系统,任何系统在一定时空条件下,其构成要素、结构和功能都有一定的限制,没有任何范围限制的系统是不存在的。可持续发展系统的有限性包含如下含义:首先,人类生存的载体——地球在时空上是有限的,其有限性决定地球上的任何事物包括人类生存与发展的有限性,所谓可持续发展是指地球存在的时间范围内的可持续发展;其次,在一定时空条件下,地球的承载力是有限的,承载力的有限性使可持续发展的各个要素都存在极限,不可能无限发展;再次,在一定历史条件下,人类认识、适应、利用和改造自然的能力(生产力水平)是有限的,不可能使地球的容纳能力发挥到极致;最后,受科学技术自身的局限,科技的潜能也不可能完全得到发挥。例如资源,作为可持续发展系统的组成要素,无论区域还是全球,无论过去、现在还是未来,相对于社会经济发展需求而言,其数量、质量和空间分布都是有限的,尽管随着科技发展,人类开发利用资源的深度和广度不断增加,新资源、替代资源日益增多,但其增长速度和人类需求的增长相比仍然滞后,资源紧缺的矛盾不仅没有得到缓解,相反却变得日益尖锐、复杂和不可调和。总之,可持续发展是有限制的发展,不是无限制的膨胀,任何超越一定时空条件限制的盲目的发展观都是不现实的,也是不可取的。

(3)适度观。由于可持续发展系统的整体性和有限性,可持续发展系统必然是要适度发展的。一方面是因为各组成要素自身存在和发展的有限性,另一方面是各要素相互组合、彼此约束使得整个系统的存在和发展具有有限性。因此,可持续发展系统无论是各个要素还是各个要素组合形成的整体,其存在和发展必须适度,否则就无法保证系统内各要素之间的相互协调,从而影响系统功能的正常发挥,影响系统的存在和发展,更谈不上发展的持续性。如要保证经济发展的适度,既要适度生产,又要适度消费,否则就无从谈起适度的经济发展。

(4)协调观。系统的基本特征是协调,同时协调也是可持续发展的基本内涵之一,可持续发展作为一个系统,自然也不例外。可持续发展系统的协调不仅是指系统各要素内部(如人口发展中数量、质量和空间分布的协调)及其彼此之间的相互协调(即 PRED 系统的协调),可持续发展系统与其他相关系统的协调(如与自然生态系统、社会经济系统的协调),还包括可持续发展理论研究与实践应用、区域可持续发展与全球可持续发展之间的协调。系统辩证法认为,一个系统要实现整体目标,关键在于系统与系统之间、系统内部子系统及其要素(单元)之间,在一定条件下通过协同一致的行为,使之产生出多因果、正向反馈、多级嵌套吻合等非线性机制的交叉作用,从而形成有序的空间、时间和功能结构。协调是可持续发展的基本要义(或者说是主要目标),根据系统辩证法思想,它应包括人与人、人与自然和自然与自然之间的协调(一般理解只包括人与人和人与自然之间的协调),其实质就是人地关系协调,协调就是要解决人与人、人与自然和自然与自然之间的多重矛盾。地理学者理解的人地关系协调重在解决人与地(自然)之间的矛盾;社会学界理解的人地关系协调重在解决人与人之间的矛盾;而可持续发展系统观的协调则要解决上述三种矛盾。其中,人与人的矛盾占主导地位,人与自然和自然与自然之间的矛盾居次要地位,抓住人与人这一主要矛盾,次要矛盾就可以迎刃而解。当然,人与人、人与自然和自然与自然之间的矛盾密切相关。第一,人与自然之间的关系要受到人与人之间关系的制约,人与自然的关系直接表征着人与人的关系,人对自然的统治是人对人的统治关系在自然领域中的映射。第二,人与人、人与自然之间的关系严重影响自然与自然之间的关系。自古存在人类以来,人类活动就已影响和干预自然环境的演变,纯粹的自然环境只存在于人类诞生之前,自然环境的演变不仅是自然与自然之间的矛盾作用,而且是人与人、人与自然和自然与自然之间矛盾综合作用的结果。自然与自然之间的协调,实际上是在人与人、人与自然关系干预下的协调,是人与人、人与自然关系协调的极限和阈值(因为人最终也是自然的一员)。第三,人与人的关系和谐是人与自然关系和谐的前提和保证。人与自然关系的调适离不开人与人关系的调整,离不开人类解决人与自然关系的社会生产方式的变革。离开人与人关系的协调,空谈人与自然关系的协调是空洞的。

(5)动态观。从发展的历时性上看,可持续发展系统是一个不断延续和发展的动态系统,不断从外界吸收物质、能量和信息,成为动态的活结构,从而处于运动变化之中。从要素维上看,各要素及其组合因时空条件变化而变化;从阶段维上看,Idea Stage→Theory Stage→Practice Stage 更是一个连续的动态过程,如上所述,各阶段只是相对划分,无清晰界限;从空间维上看,不是一成不变的,只是在一定阶段内和一定条件下相对稳定。要实现可持续发展系统的协调,一是把握系统运行的科学规律,使人类的一切行为自觉遵守系统演变的规律性;二是要健全法律、法规,更新传统的伦理、价值观念,树立可持续发展的生态伦理和生态价值观,以约束人类的行为,保证可持续发展系统的协调。

资源的内涵随着时代发展而演进,资源系统(包括自然、经济和社会两个子系统)与人地系统的相互作用在人类发展的不同时期表现出不同的特征。要实现人类社会的可持续发展,首先必须树立全新的资源观,即资源系统观、辩证观、价值观和法制观等,因为伴随人类始终的资源危机是可持续发展思想的重要起点和直接诱因之一;同时,还必须将解决人类面临的资源危机放在极其重要的位置来看待,由于资源危机是可持续发展思想的重要起点(引发点),解决威胁人类发展的资源危机是可持续发展理论的落脚点和归宿。

人类早期对环境的认识蕴涵于对自然的认识之中,东西方先哲们基于不同的文化背景,对于人与自然关系的认识有本质的差别。现代环境观和环境学的诞生起因于近代工业革命的促动,马克思人化、互融以及在人化互融中达到整合的环境观,首开现代环境观之先河。环境保护论、环境开发论和环境整合论作为现代环境观的三种主流意识,在促使人们提高对环境和环境问题的认识、保护生态环境和解决环境问题等方面曾发挥积极的作用,但终因其认识问题的片面性而难免带有历史局限性。可持续发展理论的产生、发展和最终应用于实践,开创了人类对于人与环境关系哲学思考的新纪元。要从根本上解决困扰人类生存与发展的环境等问题,达到人与自然的和谐,实现人类社会的可持续发展,必须树立人与环境是一个有机整体的观念,是一个结构特殊、功能独到的复合系统,环境即资源,具有稀缺性、有限性和价值性;人与环境是主体与客体一对矛盾,共存共荣乃唯一选择等可持续发展的环境观。人口在可持续发展中具有重要地位,人口、物质资料和生态环境再生产之间的协调是可持续发展的中心内容。可持续发展的人口观应从人口数量、构成(质量)和协调等几个主要方面去认识,重在突出人与人、人与自然之间的协调关系,强调个体人与群体人的统一,核心是人的全面发展。人的全面发展包括两种生产并重的人口发展观、人是环境一员的生态伦理观、适度的人口数量观、高素质的人口质量观和 PRED 相协调的人口系统观。人口观随着历史发展而演进,可持续发展的人口观体现了人们对人类自身发展、人与自然关系的一种理性的认识。这种认识是不断深化的,而且还在继续发展之中。

基本经济观念经历了原始及农业社会的自给自足、商品经济发展初期的保本获利、市场经济日益完善的利润最大化和可持续经济发展的价值最大化,每一次深化都与社会生产力的发展和变革密切相关,都使得对于人与自然的关系及对社会经济活动影响的认识更进一步。可持续发展的经济观涉及社会经济领域的方方面面,但决定经济发展是否可持续,生产和消费两个方面的因素起着主要的、决定性的作用。可持续发展的生产观应以"三种生产"并重为理论基点,坚持"清洁生产""循环使用资源"和"适度生产",从源头做起,把社会生产同维护生态平衡紧密结合;可持续发展的消费观的核心内容就是适度消费和生态消费。

价值理论或称价值观是经济学的基本理论,随着时代发展而逐步演进。经济发展是可持续发展的基本要求,也是可持续发展的根本要义和归宿,可持续发展的价值观是可持续发展经济观的基石。从西方经济学的价值观、马克思主义的劳动价值观、生态经济的价值观到可持续发展的价值观是人类社会价值观认知史上的重大突破,具有划时代的意义。这一突破,为人类正确认识目前所面临的人口、资源、环境和发展等问题提供了一个思考的平台和基石,也为全面、彻底地解决这一困扰人类生存与发展的问题奠定了理论基础。

发展是人类永恒的主题。无论是传统的以物为核心单纯经济增长的发展观,还是以人为中心的综合发展观,乃至于可持续发展观,主题都是如何使人类生活得更好。从发展思想的演进来看,经历了从"注重财富增长"到"注重能力建设"的转变;从发展强调的内容来看,经历了从"一维"发展观(强调经济发展)到"三维"发展观(强调经济与环境协调发展),再到"二维"发展观(强调经济、社会与环境协调发展),最后再到"多维"发展观(强调可持续发展)的演进历程;从评判发展的指标来看,目前或将要经历从"GDP"到绿色"GDP"再到"扩展的财富",最后再到"可持续发展能力"的演进过程,发展观的演进标志着社会文明的进步和发展。从"发展＝增长"到可持续发展观的形成,是对以物为核心单纯经济增长的发展观和以人为核心的综合发展观的合理取舍,是对传统发展观的否定与升华。可持续发展是一个包含人口、资源、环境、经济和社会等要素的动态复杂系统,对它的认识经历了可持续发展理念—可持续发展理论—可持续发展实践的转变,经过近 30 年的发展,可持续发展理论实现了从可持续发展思想—可持续发展观—可持续发展系统观的理论跨越。

可持续发展系统观是随着可持续发展理论和实践的不断深化而形成的,对于其基本内涵的阐释尚无定论,从要素、空间和阶段三个维度推演系统观,提出可持续发展系统是一个整体,处于动态变化之中,其发展不仅是有限的,而且必须是适度的,协调不仅是系统内部的协调,还包括与相关系统的协调。

7.3　可持续发展系统的指标体系

7.3.1　指标体系的必要性

为了得到精确的信息,我们首先需要明确评价的对象是什么,同时我们还要划定研究的范围。如果我们将环境这个概念限定在大气中某些特定污染物的数量,那么我们在衡量环境时不会遇到什么问题。但是,当我们把定义扩展到包括所有的物理、生物及文化的成分时,描述的难度就会呈指数上升,这样我们在评定的时候就会遇到很严重的问题。

监测评价和衡量可持续发展进程具有重要意义,其最基本的目的是为决策者提供有价值的信息支持。因此,决策者们迫切需要指标来帮助他们监测评价过去和现在的发展,制定未来的目标。但到目前为止还没有一组指标得到世界一致的认可。并且,这些指标中大部分主要是用于国家级可持续发展的聚合指数,对于区域级,尤其是城市级评价而言可实用的指标研究并不多,关于试验区一级的指标研究更是凤毛麟角。这是因为,可持续发展系统(System for Sustainable Development,SSD)涉及了人口、社会、经济、生态等方面,而且其内涵还在不断扩展。对 SSD 这样的复杂系统进行全面和深入的研究还很缺乏,方法学上还很不成熟。同时,可持续发展的决策涉及的内容复杂、部门繁多,而且人们对于 SSD 不同子系统之间的关联尚未了解清楚,单纯依靠经验和感性认识来做出科学、合理的决策是十分困难。由于对 SSD 的机理研究不够,导致关于可持续发展模型的开发还存在很多困难。

一次衡量多个方面,并且找到一个精确的解释并不容易。对此,社会心理学家乔治·米勒大约在 50 年前提出了"七加或减二"法则。如果因素是部分的线性,一个普通人一次可以记住大约有 5~9 个这样相互独立的因素,一台计算机可以同时处理数千个不同的指标和变量,但是在某些阶段,需要人对数据进行解释,此时人们就会被前面所说的知觉法则限制。因此,这就需要减少问题的维度以及变量的个数,使其达到决策者能够控制的程度。

7.3.2　指标体系建立的过程

指标体系的建立是一个复杂的过程,但却是一个重要步骤,指标体系选择、建立的恰当与否,直接关系到对于可持续发展系统的正确评价,进而影响对系统发展的决策。但由于评价目的、目标、时段和区域的不同,很难用一种统一的方法去要求。以可持续发展系统观为理论依托,认为对于可持续发展系统的定量评价,建立相应的指标体系一般应遵循以下程序和步骤。

1. 指标的设置与筛选

可持续发展指标的设置要求能客观反映可持续发展系统的目标,同时能兼顾发展效率、公平和生态持续性。指标的设置要根据评价目标的不同、评价时段的不同、评价区域的不同和评价目的的不同,因地、因时而异。因此,要使指标的设置恰如其分,首先要对指标进行性质分类,一般来说,指标值与可持续发展有四种存在状态关系:指标值与可持续发展成正相关;指标值与可持续发展成负相关;指标值与可持续发展先成正相关,后成负相关;指标值与可持续发展先成负相关,后成正相关。根据可持续发展指标某一时期的发展趋势及当前的存在状态,可把指标分为两类:一是发展类指标,这类指标值的增加能促进可持续发展,指标值越高越好;二是限制性指标,这类指标值的增加若超过一定限度将制约可持续发展,指标值越小越好。

由于可持续发展指标体系涵盖范围广,内容全面,选用的指标数值往往较大。因此必须采用科学有效的筛选方法对指标进行筛选。筛选方法一般有两种:一是定性分析法,又称经验法或专家意见法,主要是凭借评价者个人的知识和经验,借鉴同行专家的意见,综合后进行筛选。这种方法的优点是简单易行,缺点是主观性较强。二是定量分析法,目前采用的主要有层次分析法、聚类分析法、相关分析法和模糊综合评判法等。这类方法的优点是客观性较强,缺点是比较机械且计算量大。具有较强的操作性应采用定性与定量相结合,这样既能避免定性方法的主观性和定量方法的繁琐计算,又能保证筛选指标的客观性,简单易行。

在主成分分析法基础上对指标体系进一步降维,对指标进行筛选。其原理及步骤如下:

(1)数据进行标准化变换,标准化公式为

$$x'_{ik} = \frac{x_{ik} - \bar{x}_i}{s_i} \tag{7-1}$$

其中,x_{ik} 为 i 指标第 k 年的数值;x'_{ik} 为 x_{ik} 标准化变换后的值;$\bar{x}_i$ 是 i 指标的多年平均值;S_i 为 i 指标的多年标准差。

(2)计算相关系数和合并重复指标。分别对发展类指标和限制性指标计算相关系数 γ_{ij},即

$$r_{ij} = \left(\sum_{k=1}^{n} x'_{ik} \cdot x'_{ik} \right) / (n-1) \tag{7-2}$$

定义真相关系数为 0.95 以上(包括 0.95)的指标为重复指标并加以合并,方法如下:辨识真假相关,对于同类指标,相关系数为正是真相关,相关系数为负是假相关;合并真相关系数大于 0.95 以上的指标,合并时优先保留高层次指标和综合性指标,这样就得到了可持续发展的初级指标体系。由初级指标体系构成的相关系数矩阵,除假相关外,相关系数均小于 0.95,满足了指标筛选的主成分性原则和独立性原则。

(3)计算特征值和特征向量。对由初级指标体系构成的相关系数矩阵 $\boldsymbol{R}$(式(7-3))求特征方程 $|\boldsymbol{R} - \lambda \boldsymbol{E}| = 0$ 的全部非负特征根共 K 个(另外 $P - K$ 个指标的特征根均为零),并依大小顺序排列 $\lambda_1 \geq \lambda_2 \geq \cdots \geq \lambda_k > 0$,显然 λ_k 是第 K 个主成分的方差,它反映了第 K 个主成分在描述被评价对象上所起作用的大小,第一个主成分的特征向量表明了当前的发展趋

势。根据特征向量的计算结果,可知各评价指标 x_i 在各主成分中的系数 α_{ij} 其绝对值表明该指标所起的作用大小。

$$R = \begin{vmatrix} r_{11} & R_{12} & \cdots & r_{1p} \\ R_{21} & R_{22} & \cdots & r_{2p} \\ \vdots & \vdots & & \vdots \\ r_{p1} & r_{p2} & \cdots & r_{pp} \end{vmatrix} \qquad (7-3)$$

(4)确定主成分个数。计算主成分的方差贡献率 α_k 及累积方差贡献率 $\alpha(q)$,公式为

$$\alpha_k = \frac{\lambda_k}{\sum\limits_{k=1}^{p} \lambda_k} \qquad (7-4)$$

$$\alpha(q) = \sum_{k=1}^{q} \alpha_k \qquad (7-5)$$

其中,α_k 表示第 k 个主成分提取的原始 p 个指标的信息量;$\alpha(q)$ 表示前 q 个主成分提取的原始 p 个指标的信息量。

当 $\alpha(q) \geqslant 85\%$ 时,前 q 个指标即所需的主成分,可满足研究的需要。

(5)确定主成分指标。计算各指标在 q 个主成分中的贡献率 α_i,即累积贡献率 $\alpha(q')$,其公式为

$$\alpha_i = \left| \sum_{t=1}^{q} | \alpha_k | \cdot \lambda_i \right| / \left| \sum_{i=1}^{p} \sum_{j=1}^{q} | \alpha_{ij} | \cdot \lambda_j \right| \qquad (7-6)$$

$$\alpha(q') = \sum_{i=1}^{q} \alpha_i \qquad (7-7)$$

其中,α_i 表示第 i 个指标所占的主成分信息量;$\alpha(q')$ 表示前 q' 个指标所占的主成分信息量。

当 $\alpha(q') \geqslant 85\%$ 时,前 q' 个指标即为主成分指标,构成了评价的最终指标体系。

2. 指标权重的确定

指标的权重是指标体系的重要因素,因此,权重的确定必须慎之又慎。一般来说,在确定指标的权重时,对于不同层次的指标通常采用不同的方法来确定。对于准则层(二级指标)指标权重确定采用交义影响分析和特尔菲法相结合的方法;而指标层(三级指标)指标权重确定则采用层次分析法来确定。计算步骤(设有 n 个指标分配权重)如下:

(1)构造主观比较矩阵。

$$C = [c_{ij}]_{n \times n} \qquad (7-8)$$

其中,$C_{ij} = \{1;0;-1\}$。1 表示指标 i 比指标 j 重要;0 表示指标 i 与指标 j 同等重要; -1 表示指标 i 不如指标 j 重要。

(2)建立感觉判断矩阵。

$$S = [s_{ij}]_{n \times n} \qquad (7-9)$$

其中,$s_{ij} = d_i - d_i$;$d_i = \sum c_{ij}$。

(3)计算客观判断矩阵。

$$r_{ij} = P^{(s_{ij}/s_m)};s_m = \max s_{ij}$$

$$R = [r_{ij}]_{n \times n} \qquad (7-10)$$

其中，r 为使用者定义的指标扩展值范围。

（4）确定权重值。

客观判断矩阵 R 的任一列的归一化即为 n 个指标的权重向量 $[W_1, W_2, \cdots, W_n]$。

从上述过程可以看出，AIHP 法有以下优点：三标度更方便于专家判断；实际标度值范围可自由定义；计算过程明显简便；理论上保证计算结果的完全一致性。

可持续发展指标体系的研究是可持续发展理论研究的重要组成部分，国内外不同学科的学者从不同的角度对此进行研究，并在不同的区域进行实践验证。但由于可持续发展问题本身的复杂性，对指标体系的理解和把握尚无统一认识。根据可持续发展系统观，指标体系应该包括三个系列，即要素系列、空间系列和阶段系列。对于要素系列，现有的指标体系基本属于此范畴，而对于空间和阶段系列，目前仅停留在概念探讨阶段。

指标体系的建立是一个复杂的过程，其中重要环节就是指标的设置、筛选和权重的确定，目前主要有两种方法，即定性分析和定量计算。采用定性与定量相结合的方法，既能避免定性方法的主观性和定量方法的繁琐计算，又能保证筛选指标的客观性，使所建立的指标体系简单易行且具有较强的操作性。

7.3.3　可持续发展评价指标及其选择

1. 国际上有代表性的可持续发展的指标

为了弥补 GNP/GDP 指标的不足，人们设计了许多其他可供选择的指数来弥补传统经济指标的缺陷，其中有些已经在有关国家和地区一级成功地运用。国际上一些关于可持续发展指标最有代表性的研究案例有：

（1）人类发展指数（Human Development Index，HDI）。联合国开发计划署（UNDP）自1990 年起每年都要发表一期《人类发展报告》，这种方法把预期寿命、教育程度和收入综合成一个指数。HDI 用于比较不同地区之间不同人群发展水平的差异，由 UNDP 设计。

（2）可持续进程指数（Sustainable Process Index，SPI）。主要用于生态评价。

（3）生态足迹（Ecological Footprint）。以土地面积为单位，通过生态承载力的计算来度量可持续发展程度。

（4）社会发展指数（Social Progress Index，SPI）。该指数主要关注社会福利的衡量。

（5）可持续经济福利指数（Index for Sustainable Economic Welfare，ISEW）。该指数是从GDP 扣除自然资本折旧、环境污染损失和防护支出得到的修正值。

（6）单位服务的生产资料。

2. 可持续发展评价中存在的误区及其改善

目前在可持续发展评价研究的方法学上存在以下两大误区：

（1）过于强调评价方法与模型的普遍适用性，试图建立一套既适应过去、现在和将来，也适应不同范围、不同发展程度和不同社会制度地区的指标体系。贪大求全，追求完备性，使得指标种类和数目不断增大。

（2）过于强调评价方法与模型的精细性，试图把可持续发展过程中的细微变化都详细刻画出来，总想建立一个包含变量更多、计算方法更复杂的精细模型。

建立可持续发展指标体系和评价模型的目的是为了指导管理与决策，具有很高的时效性，要求很高的实用性，无须过分追求普适性和精细性。因此，我们认为：

（1）先按可持续发展的思想对现行统计指标进行审视和分析，根据上述的指标选取标准建立起一套基于现行统计体系的初步评价方法与模型框架。

（2）该评价方法和模型能从总体上描述出自然、经济和社会复合生态系统的特征及其内部之间的联系和影响，尽可能是比较完善、综合的。

（3）该评价方法与模型需要不断完善以适应对于未来可持续发展情景的分析，需要推动统计体系和国民经济核算体系的改革。

当前的研究工作重点放在第一步和第二步上，为了进一步深入研究，统计改革等也需要适时开展，才能发展到第三步。

3.选取指标的标准

对指标的选择是建立在对大量文献的调研和对可持续发展理论的理解上，参考和研究国际上比较有影响和实践经验较多的指标体系，并结合中国的实际国情制定出来的。

（1）政策的相关性。指标的选择应尽可能体现可持续发展的原则，并能反映可持续发展的内涵和目标的实现程度。指标和变量的选择过程中必须与已有的政策目标和必须遵循的标准相关。

（2）易理解性。指标及其体系一定要简明，使公众更容易理解。指标体系中即使是非常复杂的模型和计算也应该用大众的语言表达出来。

（3）科学性。指标一定要能够反应实际情况，数据的采集一定要使用科学的测量技术，指标一定要是可证实的和可复制的。只有采用严格的方法，才能使这些数据无论对于专业还是非专业人士都是可信的。

（4）时间序列数据。指标必须是可以使用时间序列数据表示的，这样才能够反映一定时间内的变化趋势。如果所收集的指标数据只有一两个数据点，那么就不可能对将来的发展趋势做出合理的预测。

（5）数据成本合理。一定要以合理的成本搜集到高质量的数据，一些必须通过问卷调查的数据，也要考虑时间和资金的限制，否则应选择替代指标。

（6）集合信息的能力。这些指标要有很强的集成能力，仅使用少量指标就能反映评价对象的综合发展水平。

（7）敏感性。指标一定要能探测出系统细微的变化。

在筛选指标的时候采用频度统计法和理论分析法。建立基本指标之后，要分别进行相关系数计算、主成分分析和独立性分析，最后确定评价指标。在此基础上通过分析可持续发展系统的主要特征、基本原则，研究中国具体国情和统计体系（数据可得性），建立数量有限的、量化的、动态的核心指标。

可持续发展评价是一个多指标多层次系统评价问题。指标的合成是通过一定的算法，将多个指标对事物不同方面的评价值综合得到的一个整体性的评价，专家评价法包括：评分法、综合评分法、优序法；经济分析法包括：特定情况的综合指标和一般费用效益分析；运筹学等包括：多目标决策方法、DEA 方法、AHP 方法、模糊综合评价、可能满意度方法。概括起来，多指标综合评价的具体方法如图 7 - 1 所示。

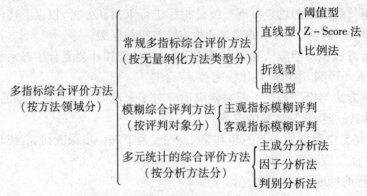

图 7 - 1　多指标综合评价的基本方法分类

对于可持续发展系统,主成分分析法和层次分析法为常用的方法。

4. 构建可持续发展指标体系的基本原则

(1)科学性原则。

指标体系一定要建立在科学基础上,能充分反应可持续发展的内在机制。指标的物理意义必须明确,测量方法标准,统计计算方法规范,具体指标能够反映可持续发展的含义和目标的实现程度,这样才能保证测度结果的科学性、真实性和客观性。

(2)全面性原则。

指标体系必须能够全面地反映可持续发展的各个方面,既要有反映经济、社会、人口、环境、资源、科技各系统发展的指标,又要有反映以上各系统相互协调的指标。

(3)动态性原则。

可持续发展既是一个目标,又是一个过程,在一定时期应保持相对的稳定性,这就决定了指标体系应具有动态性。动态指标综合反映可持续发展的趋势和现状特点。

(4)可比性原则。

指标尽可能采用国际上通用的名称、概念与计算方法,做到与其他国家或国际组织制定的可持续发展指标具有可比性;同时,也要考虑与历史资料的可比性问题。

7.4　可持续发展系统构建的方法与模型概述

可持续发展是一个系统,对于可持续发展系统的分析研究,国内外尚不多见。类似的研究多以区域为依托,以区域可持续发展系统作为研究对象。区域可持续发展系统只是可持续发展系统的子系统之一,而可持续发展系统是一个三维空间的复杂系统,虽然两者从组成素(要素维)上看,内容几乎相同,但是若从对于要素把握的维度看,基于可持续发展系统理解的要素内涵和外延要比区域可持续发展系统丰富得多,如果是考虑空间维和阶段维,这两者的差别则更是显而易见。也正是因为如此,对于可持续发展系统的分析和研究难度陡然增加。

1. 理论分析方法

可持续发展系统分析的理论基础是系统科学和系统动力学,特别是系统科学。系统科学的产生和发展为人们思考系统问题提供了理论基础,本节从以下两个方面对可持续发系统进行理论分析。

（1）概念模型。可持续发展系统是自然—经济—社会复合系统,系统的发展是一个全方位（三维空间）趋向于结构合理、组织优化、高效运行和协调演化的过程。具体来说,包括系统内部人口的可持续性转变、资源的集约化经营和持续性利用、生态环境的良性循环、经济结构与产业结构的优化及经济的持续性增长和社会的持续稳定发展等方面的内容。因此,对于可持续发展系统的理论分析可以构造如下概念模型:

$$SDS = f(L_1, L_2, L_3, L_4, S, T) \tag{7-11}$$

约束条件
$$L_1 + L_2 + L_3 + L_4 \leqslant C \tag{7-12}$$

式中　SDS——可持续发展的程度;

　　　　L_1——系统的可持续发展水平,$L_1 = f(L_{11}, L_{12}, L_{13}, \cdots, L_{1n})$;

　　　　L_2——系统的可持续发展能力,$L_2 = f(L_{21}, L_{22}, L_{23}, \cdots, L_{2n})$;

　　　　L_3——系统的可持续发展协调度,$L_3 = f(L_{31}, L_{32}, L_{33}, \cdots, L_{3n})$;

　　　　L_4——系统发展的公平性,$L_4 = f(L_{41}, L_{42}, L_{43}, \cdots, L_{4n})$;

　　　　S——空间变量,即处于不同发展水平的区域;

　　　　T——时间（阶段）变量,即可持续发展系统的不同发展阶段;

　　　　C——环境所能承受人类活动的承载力。

式（7-11）和式（7-12）的基本内涵可以表述为:可持续发展系统的可持续发展程度取决于一定时空条件下系统的可持续发展水平、可持续发展能力、可持续发展协调度和发展的公平性,而发展的公平性又取决于环境所能承受人类活动的承载力。要提高可持续发展系统的可持续发展程度,一方面是要通过协调一定时空条件下人口、资源、环境、经济和社会等各要素之间的关系,进而提高系统的可持续发展水平、可持续发展能力、可持续发展协调度和发展的公平性;另一方面（也是更重要的方面）是要通过人们对可持续发展思想及理论认知水平的深化、对可持续发展在全球范围内实践的普及和能力的增强以及科学技术的发展提高整个人类生存环境的容量（即提高环境所能承受人类活动的承载力）来实现。

（2）可持续发展系统的发展轨迹参考区域可持续发展的理论模型,在一定时空条件下,可持续发展系统的发展过程可以用 Logistic 曲线表示（图 7-2）

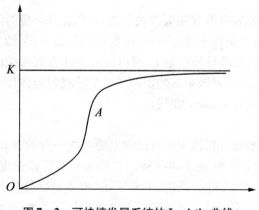

图 7-2　可持续发展系统的 Logistic 曲线

图 7-2 中,K 表示人口、资源和环境对于可持续发展系统发展的限制容量。在未达到

或超过这一限制容量的前提下,可持续发展系统的发展过程(轨迹)为"S"型增长曲线(A),即 Logistic 曲线,其微分表达方式为

$$dN/dT = rN(K - N)/K \qquad (7-13)$$

式中　N——可持续发展系统的发展水平;

　　　　r——可持续发展系统的内在增长率,是由人们对可持续发展思想及理论认知水平、可持续发展在全球范围内实践的普及水平和科学技术发展水平所决定,可以理解为科技进步;

　　　　K——人口、资源和环境的限制容量;

　　　　t——时间(或阶段),是可持续发展系统在时间上的延续。

对式(7-13)求积分,可得 Logistic 方程的积分形式:

$$N = K/(1 + ce - rt) \qquad (7-14)$$

$$e = (K - N_0)/N_0 \qquad (7-15)$$

将式(7-14)用曲线表示,如图7-3所示。在一定时空条件下,可持续发展系统的发展既可以是持续模式(曲线 A),也可以是不可持续模式(曲线 B);图7-3中,K由人口变化、资源消耗、环境容量和科学技术水平等因素所决定,要保证可持续发展系统的持续性发展,一方面要协调系统发展与人口、资源和环境的关系,另一方面要开拓和提高环境容量。

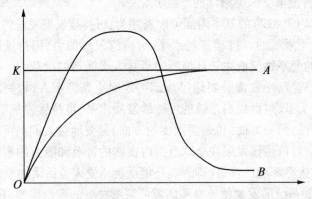

图7-3　可持续发展系统的两种理论轨迹

可持续发展系统的发展水平 N 主要取决于人口、资源和环境的限制容量 K 和内在增长率;这两个因素在一定时空条件下,鉴于环境容量 K 的限制,可持续发展系统的发展会逐渐趋于平缓;通过科技进步,提高环境容量 K,可以使可持续发展系统的发展从低层次跃升到较高层次。也就是说,可持续发展系统的发展是一个阶段的趋稳性与层次升迁性不断吻合而成,如图7-4所示的组合 Logistic 曲线。

2. 模型分析方法

可持续发展系统的量化分析模型是可持续发展系统分析的主要方法,有关模型分析方法的优点其他文献述及较多,在此不再赘述。首先从系统整体角度出发,对系统的整体状况(系统结构、功能和演变等)进行分析,主要采用"基于可持续发展的投入产出模型";其次,从系统要素维出发,分析系统主要构成要素之间的相互关系,主要采用"经济、环境与社会系统协调分析模型";第三,从区域系统的核心城市出发,分析案例区整个城市系统的生态适应性与可持续性,主要采用"生态城市系统评价的聚类分析模型";最后,以一个城市为

例,剖析城市系统的可持续发展状况,主要采用"城市可持续发展系统评价模型"

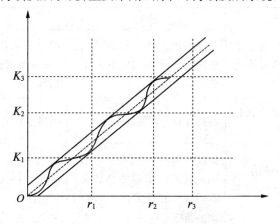

图 7 - 4 可持续发展系统的组合 Logistic 曲线

3. 现代技术手段

"3S"(GIS,RS,GPS)技术的形成和发展为地球科学及相关学科提供了新的分析和解决问题(特别是空间问题)的手段,不仅大大提高了研究成果的精度,而且也缩短了研究的周期。

7.5 国外可持续发展指标体系构建与应用

在可持续发展指标的研究与应用上,许多国际机构(如联合国可持续发展委员会、世界银行等)、非政府组织(环境问题科学委员会等)以及一些国家(英国、荷兰等)都提出了各自的指标体系。表 7 - 1 根据指标体系应用层次的不同介绍了国际上的研究进展。这些指标体系一般是与评价模型结合在一起的,不同的指标体系都有着较明显的特点和缺陷,可以按指标体系的结构进行分类(表 7 - 2),也可以按指标富集信息的程度分类(表 7 - 3)。

表 7 - 1 可持续发展指标体系研究的国际进展

分类	代表性案例	分类	代表性案例
国际层次	联合国可持续发展委员会指标 世界银行国家财富的衡量 对传统国民经济核算体系(SNA)的修正	省一级	加拿大阿尔伯塔可持续发展指标体系与美国俄勒冈基准
国家层次	加拿大的国家指标体系 加拿大的联系人类/生态系统福利的 NRTEE 荷兰的政策执行指标 美国总统委员会可持续发展指标	地方一级	美国可持续发展西雅图 英国的可持续性指标项目
		私营部门	北方电信环境业绩指数生态效率 加拿大安大略湖的全成本账户

表 7 – 2   不同结构的指标体系的对比

指标类型	特点	缺陷	代表例子
综合性	直观、简单,适合于宏观层次,与 GNP 密切相关	只能给出总体水平,不能反映地区差异和问题的症结;数据获取困难	1972,NodiEaus 的经济福利尺度;Christain 的调节 GNP;Pearce 的绿色核算
货币评价	通用性好,适宜比较和宏观分析	有些参数不容易货币化	世界银行国家财富的新指标
层次结构	包含了更多的信息,反映了复杂性和多样性	持续性、直辖市性研究不够,因地区不同指标差异较大;有些缺少社会发展、环境方面的指标	联合国社会与人口统计体系(SSPS);SCOPE 提出的含有 25 个指标的体系;美国的 PCSD;中国科学院牛文元的可持续发展战略报告
多维矩阵	反映指标间的关系,形成了一个有机整体	庞大而分散,很多矩阵空缺;"压力"和"状态"不容易明确界定	UNEP 提出的 PSR 模型,以及之后 UNCSD 提出的 DSR 模型

表 7 – 3   指标信息富集程度不同的指标对比

指标类型	特点	缺陷	代表例子
单项指标	综合性强,容易进行国家之间、地区之间的比较	反映的内容少,估算中有多种假设条件,大量可持续发展信息难以得到	联合国开发的人文发展指标(HDI);世界银行的新国家财富
综合核算体系	解决度量问题,各个指标直接相加	人口、资源、环境与社会等指标难以货币化,实施困难	联合国开发的环境经济综合体系;荷兰的 3E 综合的核算体系
菜单式	覆盖面宽,很强的描述能力,灵活性和通用性好,反映了经济、环境、资源间的关系	综合程度低,许多指标之间并不存在压力 – 状态 – 反应的关系,进行整体上的比较还很困难	UNCSD 包含 142 个指标的体系;英国政府 118 个指标的体系

7.5.1   国际层次的可持续发展指标体系

1. UNCSD 指标体系框架

联合国可持续发展委员会(UNCSD)设计的指标体系在当前国际上影响较大。指标体系使用了"驱动力 – 状态 – 响应"(DSR)模型,共有 134 个指标。经过实验测试,UNCSD 2001 年设计了一个新的核心指标框架,包括 15 项 38 个子项,见表 7 – 4。

表 7 - 4　联合国可持续发展委员会（UNCSD）新的指标体系框架

社会		
项	子项	指标
公平	贫困	贫困人口百分比 收入不均的基尼系数 失业率
	性别平等	女性对男性平均工资比
健康	营养状况	儿童的营养状况
	死亡率	5 岁以下儿童死亡率中儿童出生时的预期寿命
	卫生	适宜污水设施受益人口
	饮用水	获得安全饮用水的人口
	保健	获得初级保健的人口中儿童预防传染免疫注射普及率
教育	教育水平	儿童小学 5 年级达到率 成人二次教育水平
	识字	成人识字率
住房	居住条件	人均住房面积
安全	犯罪	每 10 万人犯罪次数
人口	人口变化	人口增长率 城市常住与流动人口

环境		
项	子项	指标
海洋与 海岸带	海岸带	海岸带水域的藻类浓度 海岸带居民的百分比
	渔业	主要水产每年捕获量
淡水	水量	地下地表年取水占可取水比
	水质	水体中的生化需氧量 BOD 淡水中的粪便大肠杆菌浓度
生物 多样性	生态系统	选定的关键生态系统的面积 保护面积占总面积的百分比
	物种	选定的关键物种的丰富程度
大气	气候变化 臭氧层 空气质量	温室气体的排放 破坏臭氧层物质的消费 城区空气污染环境浓度

续表 7-4

环境

项	子项	指标
土地	农业	可耕地与永久性耕地面积 肥料使用情况 农药使用情况
	林业	森林面积占土地面积比例 木材采伐强度
	荒漠化	受荒漠化影响的土地
	城市化	城市常住与流动人口的居住面积

经济

项	子项	指标
经济结构	经济运作	人均国内生产总值 GDP GDP 中的投资份额
	贸易	商品与服务的贸易平衡
	财政状况	债务占 GDP 的比率 进出的政府发展援助占 GNP 的比例
消费与生产方式	原料消费	原材料利用强度
	能源利用	人均年能源消费量 可再生能源消费所占份额 能源利用强度
	废物的产生与管理	工业与城市固体废物的产生 危险废物的产生 放射性废物的产生
	交通运输	废物的循环与再利用 通过运输方式的人均旅行里程

机制

项	子项	指标
机制框架	战略实施	国家的可持续发展战略
	国际合作	已批准的全球协议的履行
机制能力	信息获取	每千人因特网上网人数
	通信设施	每千人电话线路数
	科学技术	研究开发费用占 GDP 的百分比
	防灾抗灾	天灾造成的生命财产损失

改革后的 UNCSD 新框架的特点是：

(1)强调了面向政策的主题,以服务于决策需求;

(2)保留了可持续发展的四个重要方面——社会、经济、环境与体制;

（3）并没有严格按照《21 世纪议程》中的章节来组织，但也有一定的对应关系；

（4）取消了对"驱动力－状态－响应"的对应分类，尽管最终所选指标仍为对其综合。

7.5.2　国家层次的可持续发展指标体系

1. 加拿大关于联系人类/生态系统福利的 NRTEE 方法

加拿大 NRTEE 方法，即联系人类/生态系统福利方法（The linked human/ecosystem well-being approach），已经在不列颠哥伦比亚省（British Columbia）的可持续性进展评价项目中进行测试。测试中，5 个主要因素被用于评价生态系统的状况，它们是土壤、水、空气、生物多样性和资源等。有 5 个主要因素被用于评价广义的人类福利，它们是个人、家庭和家族的幸福，社区的稳定和团结，事务活动的丰富和成功，政府的效率与生态系统的活力等。NRTEE 指标体系针对每个问题都设计了许多指标来衡量其运行状况。

指标得分是根据每个指标的取值同国家或国际上的标准值相比较而得到的。单个指标的取值范围是 0～100，0 是最差，100 是最好。然后通过综合单个指标的得分来计算生态系统、人类福利、人类与生态系统间的相互作用以及系统整合与关联这 4 个方面的值。最后，由 NRTEE 指标体系的 245 个指标最终可以计算出一个反映加拿大生态系统状态的指数。

2. 荷兰的政策业绩指标 PPI 体系

气候变化、环境酸化、环境富营养化、有毒物质的扩散、固体废弃物 5 个子系统的选择是基于荷兰国际环境规划（National Environmental Policy Plan，NEPP）中的政策优先性，同时也反映了人们对环境状况及其变化对人类健康的影响等方面的日益关注。政策业绩指标中的每个系统都是通过许多指标并对主要指标进行综合后来衡量的。例如，气候变化系统是对许多重要的温室效应气体排放量指标的综合（二氧化碳、甲烷、氮氧化物、氟氯甲烷和氟氯碳化合物的溴化物等）；环境富营养化系统是对磷酸盐和硝酸盐排放量等指标的综合；有毒物质扩散系统是对诸如农业及其他用途的杀虫剂、有害物质（镉、汞和二氧呋哚等）和放射性物质排放量指标的综合。这种综合方法同样地也应用于其他系统的计算。这种综合方法值得特别关注，因为它是荷兰政策业绩指标最显著的特征之一。它的出发点是：认为环境负担不是由某个单独的某种物质造成的，而是由许多事物形成的复合影响造成的。每个指标的权重根据它们同系统之间的相关性的大小来确定。例如，一定体积的哈龙 1301（Halon 1301）对臭氧层的破坏是同样体积的标准参考物 CFC－11 的 10 倍，因此哈龙 1301 在系统计算中被赋予 10 倍于 CFC－11 的权重。

为了方便比较和综合，荷兰政策业绩指标使用了一个所谓指标等价物的变量来计算各个系统值。例如，在气候变化系统，各种温室气体的影响被换算成温室气体的等价物——二氧化碳的排放，从而能够计算每种温室气体等价的二氧化碳当量及其总排放量。虽然对于系统值的计算看起来很复杂，但是结果却很简单。它们可以在单独的图表中表示，显示出某一时间段内的总环境压力。环境压力变化的百分率是通过比较某一时点的环境压力值与事先选取的某标准年份的环境压力值而得到的。通过计算 6 个系统的环境压力，可以使每个系统都用统一的单位来衡量，因此对不同系统的综合就变得相对容易。所有系统值之和便是环境压力指数。为了对经济部门提供综合的环境经济分析，系统包括了 7 个方面的指标：农业（年产值衡量）、交通和运输（道路交通的年运输量）、工业（年产值）、能源部门

（年发电量）、精炼厂（年产油量）、建筑业（年产值）和消费者（年消费值），每个系统能够从多个方面体现其对环境造成的压力。

3. 英国政府的可持续发展指标体系

1996 年 3 月，英国环境部依据可持续发展战略目标推出了英国可持续发展指标体系（图 7 – 5），该指标体系的组织框架是世界文化教育发展组织关于可持续发展的定义在英国可持续发展战略环境白皮书中的详细阐述，即可持续发展意味着靠地球的收入为生，而不是侵蚀它的自然资本。这意味着消耗可再生自然资源一定要在它的可更新量的范围内，就是不仅要留给后代人造资本，而且要留给后代自然资本。

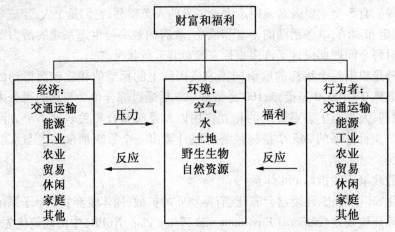

图 7 – 5　英国可持续发展指标体系的基础模型

英国的可持续发展指标的目标如下：

（1）保持经济健康发展，以提高生活质量，同时保护人类健康和环境；

（2）不可再生资源必须优化利用；

（3）可再生资源必须可持续利用；

（4）必须使人类活动对环境承载力所造成的损害及对人类健康和生物多样性构成的危险最小化。在每一个大目标之下又包含几个专题，共有 21 个专题。在每一个专题下面又包括若干关键目标和关键问题，在关键目标和问题下面再选择关键指标，共计有 118 个指标。

7.6　国内可持续发展评价指标体系构建与应用

中国政府制定了《中国 21 世纪议程——中国 21 世纪人口、环境和发展白皮书》，已将可持续发展作为一项重大战略在全国实施。一些政府部门和研究机构在可持续发展指标体系和评价模型方面也开展了研究，在不同层次和不同地区取得了一些成果（表 7 – 5）。

表 7 - 5　中国可持续发展指标体系的研究进展

层次类型		组织单位	基本情况
国家层次		科技部	根据《中国 21 世纪议程》,建立描述性指标 196 个,评价性指标 100 个
		中国科学院	建立了 5 大系统组成的指标体系:生存支持系统、发展支持系统、环境支持系统、社会支持系统、智力支持系统
地方和部门层次	省级	山东省	包括:经济增长、社会进步、资源环境支持、可持续发展能力 4 部分,分 15 类,共 90 个指标
		海南省	包括:发展潜力、发展潜力变化水平、发展效能、发展活力、发展水平,共近 40 个指标
	区域性	清华大学	针对长白山地区,分为系统发展水平和系统协调性,共 38 项指标
	部门	国家环保总局、清华大学、北京大学	按"压力 - 状态 - 响应"框架,建立综合性的环境经济学指标——真实储蓄率

　　20 世纪 80 年代,尤其是 20 世纪 90 年代初以来,我国有一批专家学者开展了有关可持续发展指标体系的一系列研究。例如,北京大学叶文虎等人的《可持续发展的衡量与指标体系》研究了可持续发展和指标体系的概念、指标体系建立的原则以及框架建议,提出了全球、国家和地区可持续发展指标体系的框架图。国家计划发展委员会国土开发与地区经济研究所按照社会发展、经济发展、资源和环境 4 个领域分别列出了重点指标,共计有 59 个,另有非货币指标 12 个。国家统计局统计科学研究所和《中国 21 世纪议程》管理中心尝试建立一套国家级的可持续发展指标体系,其总体结构是将可持续发展的指标体系分成经济、社会、人口、资源、环境和科教 6 个子系统,在每个子系统内,分别根据不同的侧重点建立一些描述性指标,共计 83 个。

　　尽管这些指标体系在经济、社会方面做过不少努力,但主要是以描述性的环境指标为主体,与可持续发展的相关性不够全面,难以满足综合决策和公众参与的要求。因此,很需要建立一种指标体系,以期综合、完整地体现可持续发展的经济、社会、环境和制度诸方面,既能够看清其变化发展趋势,又能够在一定程度上进行横向比较。然而,这些指标体系都存在着指标庞大,指标的量化、权重的分配不够合理,数据的获取比较困难,指标的可比性与同一性不够协调等问题。

　　国内在追踪国际理论前沿的同时,注意加强了指标可操作性的研究,力求所设立的指标具有层次性、开放性和动态性等特点。所建立的国家层次的可持续发展指标体系一方面结合了我国特点,另一方面努力做到普遍性与特殊性的统一。各省区和地方的可持续发展指标体系既反映了区域间的差异,又突出了各自的特色。但是通过文献调研可以发现,无论是在理论上还是在方法学上,我国这类研究的水平在总体上与国际前沿尚有距离,实证研究对实施可持续发展战略的决策支持能力较差。特别是至今还没有大家一致公认和接受的指标体系。

7.6.1　国家层次的指标体系

人口、资源、环境、发展与管理决策五位一体的高度综合,是可持续发展战略实施的基本核心和关键所在。中国的可持续发展必须建立在人口、资源、环境、社会经济发展与管理综合协调的基础上。由于我国自然地域及社会经济地区差异很大,如何评价、监测、督导不同地区可持续发展的状态、水平与进展是研究的重点。研究可持续发展问题,应该以空间分布与时间过程两条主线的交叉与耦合为脉络,以"自然－经济－社会"复杂系统的综合分析为核心,以自然过程与人文过程的有机结合为基础,以理论开拓与实际应用的全方位视野为其出发点。我们认为,作为反映可持续发展状态与水平的指标具有以下基本功能:

(1)描述和反映任何一个时点或时期内经济、环境、社会等各方面可持续发展的现实状况;

(2)描述和反映一定时期各方面可持续发展的变化趋势;

(3)综合测度一个国家或地区可持续发展整体的各部分之间的协调性。依据可持续发展指标,可以建立多种多样的评价模型和评价方法,并通过这些模型、方法和指标从多方面评价一个地区、一个国家是否真正实现了可持续发展战略。

根据我们对可持续发展的认识和国情,并借鉴国外的经验,中国的可持续发展指标体系宜采用"菜单式"多指标类型。因为这种类型的指标基本上是按照可持续发展的战略目标、关键领域、关键问题等来设计的,有利于监测和评价可持续发展的进展情况;能够反映可持续发展的各个领域、各个层次的发展变化,从整体上反映可持续发展的状况。同时,这种指标体系比较易于推广。评价指标的设置应体现可持续发展状态测度的 3 个视角,即协调度、发展度、持续度。协调度反映各子系统之间或各要素之间的协调程度,属于可持续发展对象系统的"结构状态";发展度反映区域发展水平,属于可持续发展对象系统的"数量状态";持续度反映各子系统的变化趋势,属于可持续发展对象系统的"时间状态"。各项评价指标在定量化基础上,均应设置反映质变的阈值,体现量变与质变相统一的规律。

7.6.2　省级层次可持续发展指标体系

1.山东省城市可持续发展指标体系

2001 年 6 月,山东师范大学山东省可持续发展研究中心提出了山东省城市可持续发展指标体系。该体系呈明显的层次结构,它认为城市生态系统由自然、经济、社会 3 个基本层次组成,它们之间相互作用、相互依赖。指标体系包括了 1 个目标层、4 个系统层、13 个指数和 31 个指标。首先,收集每项指标需要的数据,通过给定的上、下限标准来计算每项指标的得分。其中,指标上下限标准的制定参照了国内有关的研究成果,个别指标则通过咨询建设主管部门和专家的意见后确定。其次,采用层次分析方法确定指标的权重,选择加权求和评价方法,最终得到一个城市可持续发展指数。根据这一套指标体系的模型和方法,山东师范大学对 14 个地级以上城市在 1998 年的可持续发展进程做了定量评价(图 7 - 6)。

2.江西省社会经济可持续发展评价指标体系

南京大学数理与管理科学学院设计了江西省社会经济可持续发展评价指标体系,构造了两种类型的指标体系:一是系统要素型,包含了经济、人口、科技教育、社会、资源和环境 6 个子系统;二是发展特征型,包含了发展水平、发展质量、发展潜力、发展调控度和发展均衡度5个方面。根据所用评价方法的特点,以某地区某年的数据为评价对象,进行纵向评价、横向评价及综合评价。在评价方法上,除采用常用的算术加权法外,还采用主成分分析法(PCA法)以及加权的主成分分析法。在确定权重时,采用主观赋权法和客观赋权法。其中,主观赋权法主要采用层次分析法(AHP)和直接打分法;而主成分分析法是一种客观赋权法;加权的主成分分析法则综合了主观赋权和客观赋权。在集成评价结果方面,采用叠代组合评价法,使多指标体系的多种评价方法的评价排序结果集成统一,从而提高评价结果的可靠性和准确性。

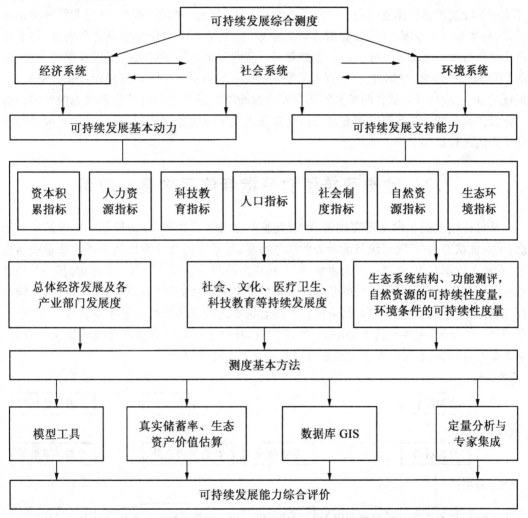

图7-6 中国可持续发展能力综合测度(指标体系)框架

7.6.3 地方和部门层次可持续发展指标体系

1.区域可持续发展指标体系

清华大学21世纪发展研究院建立的长白山地区区域可持续发展指标体系,分为系统发展水平和系统协调性两个方面。系统发展水平包括资源潜力、经济绩效、社会生活质量、生态环境质量 4 个专题;系统协调性包括资源转换效率、生态环境治理力度、经济社会发展相关性、政策与管理水平 4 个专题。整个指标体系包括了 2 个准则、8 个子准则,共 38 项指标。此外,湖北省计委与湖北省 21 世纪议程管理中心基于人类发展指数(HDI)探索,建构评价长江流域省级可持续发展水平;河北省发展计划委员会和河北师范大学基于真实储蓄测算方法,完成了河北省立项课题,建构了首都周围山区可持续发展指标体系。

2. 部门可持续发展指标体系

1998 年,国家环保总局环境与经济政策研究中心、清华大学、北京大学联合开展了中国环境可持续发展指标体系研究。该体系按照"压力 - 状态 - 响应"框架,从描述性环境指标展开,具体描述了经济、环境和资源方面的主题;建立了一组综合环境经济学指标,并最终合成为可持续发展政策指标——真实储蓄率。该课题组组织研究人员同世界银行合作,采纳"真实储蓄"概念,在烟台、三明开展了案例研究。研究估算了城市环境污染损失和资源、损耗的价值,利用真实储蓄的长期时间序列来判断城市是否在朝可持续发展方向发展。这一指标体系的建立为各级城市衡量可持续发展提供了方法论和范例,为城市之间可持续发展进程的比较提供了统一的尺度。

7.7　城市可持续发展指标体系构建与应用

从可持续发展观角度研究城市系统,其基本运行模式如图 7 - 7 所示。它包括 4 个层次:①系统状态,它反映系统目前所处的状态水平,是系统可持续发展的基础。②系统运行层,它包含资源利用、经济 - 社会系统运行、污染防治与生态维护 3 个主要过程,其中经济系统运行是核心。从可持续发展的角度评价区域社会大系统的运行,应主要评价经济系统运行与资源利用,社会系统运行、污染防治及生态维护之间的协调性。③系统表现层次,它是系统运行的结果,主要包括资源潜力、经济绩效、社会生活质量和生态环境质量 4 个方面。④系统的目标层,它反映系统发展的方向及系统内人的期望。

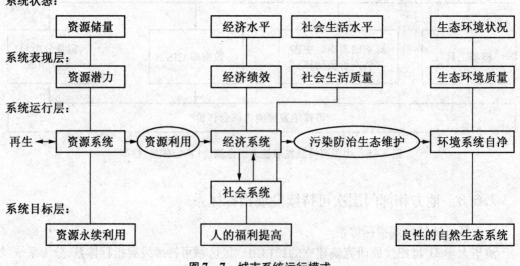

图 7 - 7　城市系统运行模式

建立城市可持续发展评价指标体系的目的在于寻求城市及周边地区生态维护、资源合理开发利用、产业合理布局以及环境保护的模式,以促进该区域的可持续发展。建立可持续发展评价指标体系的具体步骤如下:

(1)可持续发展的概念分析,从理论上研究可持续发展的内涵以及它对城市协调发展的要求;

(2)可持续发展目标的分解描述,按照可持续发展的内涵和要求,将城市可持续发展的总体目标分解为对城市发展诸方面(如资源利用与维护、经济和社会发展、生态环境治理及其相互之间的协调性)的具体要求,从而指导指标体系框架的设计和指标的选取;

(3)数据调研和特点分析,通过对实地考察及有关资料、数据的搜集、分析,研究该城市的典型特征、面临的主要问题,使所研制的指标体系做到一般性与特殊性的统一;

(4)城市、区域大系统运行模式描述与分析,即运用系统的观点对区域社会大系统中资源、经济、社会、生态环境子系统之间的相互作用关系进行分析,为指标体系框架设计和指标选取提供理论依据;

(5)通过上述研究、调查和对比分析,初步确定指标体系框架和指标;

(6)通过专家(包括地区各方面的管理人员和有关学科的专家)咨询,修改、完善指标体系框架和指标的设置;

(7)运用层次分析法(AHP)确定各指标及准则的权重系数;

(8)确定指标标准值,运用指标体系和所搜集的数据,对城市可持续发展的水平做出定量评价,分析其发展趋势和存在的问题。

7.7.1　2层7维城市发展可持续性评价模型建构

为正确测度评价城市发展是否是可持续性的,我们设计了如图7-8所示的2层7维评价模型(SD代表可持续发展)。

1.第1层评价:7维不可持续的阈分析

第1层的7维为经济、社会、科技、政府行为、人口、资源、环境。这7维中的任何维如果突破了某指标的阈值,发展将无法维系下去。具体分析如下:

(1)经济维中,应考虑指标的阈值。

①GNP(或GDP)超高速增长率的不可持续性,例如连续几年超过10%的增长,将导致全面紧缩,会出现"软着陆""滑坡""衰退"。

②税负率过高,如厉以宁教授研究指出,英国战后经济多年的"走走停停"的根源之一就是税负率过高。

③通货膨胀率超出"温和膨胀"的水平。

(2)社会维中,应考虑指标的阈值。

①东中西部发展或收入的差距扩大化。

②基尼系数过高,如超过0.5。

③腐败行为严重损害政府形象,超出公众的心理承受能力。

(3)科技维中,应考虑以下指标的阈值。

①重大的、有益的但对环境负面影响更大的科技进步(如氟利昂、敌敌畏的过量使用)。

②大规模杀伤性武器的研制和销售。

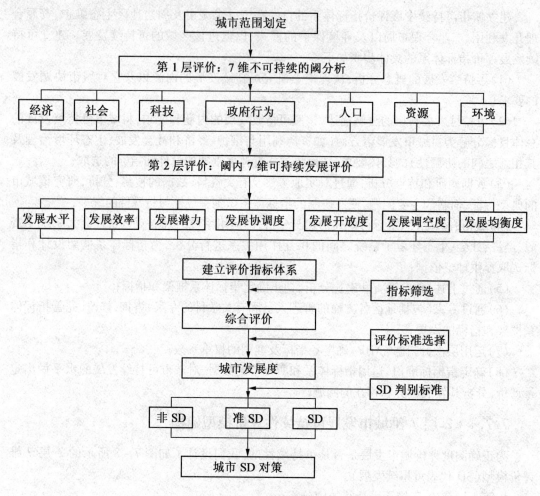

图7-8　2层7维城市可持续发展评价程序框图

（4）政府行为维中，应考虑指标的阈值。

①政府社会政策、外交政策等与广大民众的意愿发生冲突、对抗。

②政府机构过于庞大，冗员过多，超过财政承受能力和社会负担能力。

（5）人口维中，应考虑指标的阈值。

①人口数量过大。

②人口增长率过高。

③人口的教育水平长期落后。

④性别比例失常，人口老龄化问题严重。

（6）资源和环境维中，应考虑指标的阈值比较明显，如石化产品的过度消耗、土地荒漠化、水资源枯竭等问题。因此，第1层的7维指标值为0~1变量，由专家或舆论调查得出。7个变量间为相乘关系，即只有7维均取值1时才是可以发展下去的社会，才能进入第2层评价。

2.第2层评价：7维城市可持续发展评价

第2层7维为城市发展水平、发展效率、发展潜力、发展协调度、发展开放度、发展调控度、发展均衡度，每一维又由若干评价指标予以测度，如图7-9所示。

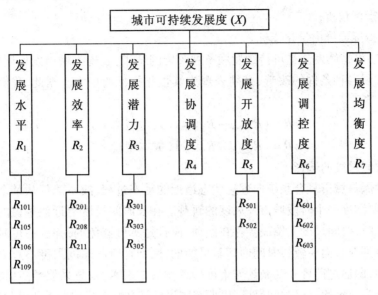

图 7－9　评价指标体系构成

7.7.2　第 2 层 7 维城市可持续发展评价

1. 评价标准的选择

评价标准的选择取决于评价目的。如果评价目的是要建立不同城市可持续发展的序列谱,那么可选择某一时间断面不同城市相同指标的平均值作为评价标准;如果评价的目的是要了解某一城市可持续发展水平的变化状况,发现问题,从而推进可持续发展的规划和管理服务,则可选择该城市某一年的指标数据作为评价标准,观测某一段时间的发展变化情况,以判断可持续进程。

2. 指标权重的确定

指标权重的合理与否在很大程度上影响综合评价的正确性和科学性。可持续发展评价属于多目标决策问题,各指标的权重应反映其对可持续发展的重要程度,因此,我们利用层次分析法(AHP)确定各层次的权重,其主要步骤如下:

(1) 建立层次结构,将评价指标层次化;

(2) 构造判断矩阵;

(3) 层次单排序;

(4) 层次总排序;

(5) 一致性检验。

3. 评价模型的建立和指标的量化

在第 2 层评价时,可持续发展的各项评价指标在一定程度上存在可替代性(当生态破坏、环境污染达到威胁人类生存的阈限值时,它们是不可替代的),故可建立如下的递阶多层次综合评价模型:

$$X = \sum_{i=1}^{m} B_i R_i = \sum_{i=1}^{m} \sum_{j=1}^{k} B_{ij} R_i = \sum_{i=1}^{m} \sum_{j=1}^{k} \sum_{v=1}^{n} B_{ij}^{v} R_i^{v}$$

式中　X——可持续发展度;

B——指标权重；

R——指标或维内量化指标。

根据定义,可持续发展是可持续发展条件改善的结果,表现为城市发展度的持续增大,因此可持续发展各种条件的改善,必须表现为其量化指标的增大。据此,我们对指标做如下量化:

$$R = (R_{\text{评价年}} - R_{\text{基准年}})(\text{效益型指标})$$
$$R = (R_{\text{基准年}} - R_{\text{评价年}})(\text{成本型指标})$$

4. 评价时间尺度的选择

可持续发展是城市复合系统向理想状态逼近的动态过程,故不能仅从某个时点值评价可持续性,而要测度一个时段城市发展度的轨迹。在长时间尺度上近似平稳的发展过程才是可持续的,在短时间尺度上发展会存在波动,而且是不可避免的,并且在短时间内评价指标不可能都得到改善而在较长时间内却是可能的,因而评价的时间尺度不宜太短。评价是为规划服务的,即通过评价发现制约城市可持续发展的因素,及早采取预防措施加以克服,最好以 5 年作为评价的起码时间尺度,以期与国民经济和社会发展的 5 年计划同步,以利于城市可持续发展规划的制定。当然,评价的时间尺度越长越能反映城市的发展趋势,能否做出长时间尺度的评价,取决于资料数据的可得性。

5. 可持续发展判据

在确定评价基准年和评价时间尺度(m 年)之后,计算城市发展度 $X_i (i = 1, 2, 3, \cdots, m)$。参照城市发展的判据,我们认为城市可持续发展是城市发展条件改善的结果,表现为城市发展度 X 的增大,即 $\mathrm{d}X > 0$。在此给出可持续发展的判据如下:

(1) $\mathrm{d}X > 0$,可持续发展;

(2) $\mathrm{d}X = 0$,准可持续发展;

(3) $\mathrm{d}X < 0$,不可持续发展。

对于可持续发展来说,其发展曲线基本上可分为两类:平稳型可持续发展(图 7 − 10)和波动型可持续发展(图 7 − 11),根据 X 的值,画出城市发展度曲线,对照图 7 − 10 和图 7 − 11,可进一步判断城市可持续发展是平稳型可持续发展还是波动性可持续发展。

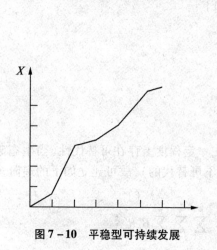

图 7 − 10　平稳型可持续发展

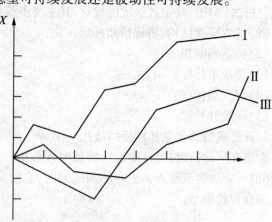

图 7 − 11　波动型可持续发展

【案例】

武汉城市圈可持续发展的总体评估

武汉城市圈可持续发展指数在 2003 年到 2007 年是不断上升的,整个系统处于一种缓慢但稳定的可持续发展状态。经济子系统与社会子系统的协调性最好,与环境子系统的协调性次之,与资源子系统的协调性最差。为了协调圈域内人口、资源、环境、经济、社会的关系,使"两型社会"综合实验区的建设取得实效,实现武汉城市圈的可持续发展,必须做到以下几点:

(1)继续控制人口增长,不断提高人口素质;

(2)加强自然资源基础的养护,优化能源结构,逐步形成与社会、经济、环境相协调的能源综合规划体系;

(3)政府努力和公众参与相结合,不断改善生态环境,提高城乡居民的人居环境质量;

(4)加强农业基础设施和农业产业化建设,利用高新技术改造和提升传统产业,大力发展现代服务业,因地制宜地推进区域产业结构调整,努力实现经济发展方式的转变;

(5)大力发展各项社会事业,推进城乡经济社会一体化进程;

(6)严格区域职能分工,加强区域间的协调与合作,加快城市圈一体化的建设步伐。

资料引自:中共湖北省委社会科学工作领导小组办公室,湖北省社科基金成果摘编,2009.

思考题

1.什么是可持续发展系统观?

2.可持续发展指标体系一般的步骤是什么?

3.可持续发展指标体系筛选的方法有哪些?

4.如何选取可持续发展指标体系?

5.国际层次的可持续发展指标体系有哪些?

推荐读物

1.生态经济学. 梁山,赵金龙. 中国物价出版社,2008.

2.民族地区可持续发展论. 马林. 民族出版社,2006.

参考文献

[1]王锋. 环太湖生态农业旅游圈综合评价与可持续发展研究[D]. 南京:南京大学,2010.

[2]梁吉义. 经济与人口、资源、环境系统要素的错位及可持续发展系统的构建[J]. 系统辩证学学报,1997,5(4):64-66.

[3]罗慧,霍有光,胡彦华,等. 可持续发展理论综述[J]. 西北农林科技大学学报(社会科学版),2004,4(1):36-37.

[4]张志强,程国栋,徐中民. 可持续发展评估指标、方法及应用研究[J]. 冰川冻土,2002,24(4):345-360.

第 8 章　可持续发展的测度方法

【本章提要】

本章通过介绍可持续发展测度的主旨,对自然资源与环境经济价值测定理论和方法进行研究,并且通过对代际公平的经济解释,对可持续发展综合评价方法进行系统分析。

8.1　可持续发展测度的主旨

可持续发展是近年来一个十分引人注目的研究领域,可以说,经过这十年的研究和探索,人们在运用可持续发展相关理论解决社会经济问题方面已经取得了一定的成果。对可持续发展测度的研究从来不能与可持续发展内涵的认识拆分开来,如果将可持续发展内涵理解为环境上的可持续抑制经济发展的话,对可持续发展测度的研究则建立在自然资源与环境为经济系统提供服务的经济价值的定量化测度上。

研究这个问题,首先要从可持续发展的"三分法"研究思路出发。我们分析了我国可持续发展研究的现状,现在有必要重新整理我国可持续发展问题的研究思路,我们认为,"三分法"对于我国的可持续发展研究有着特殊的意义。这里所说的三分法有两个层面的意义,即研究领域的三分法与观念实施的三分。

1. 研究领域的三分法

中国台湾统计学者谢邦昌教授曾经有过这样的认识:"任何领域都有其上中下游,在其上游中,一些'功力高强'的学者不见得愿意帮助中下游解决问题,而中下游又感到上游遥不可及,不敢把问题告诉上游,觉得上游的理论太过于高深,于是该研究领域上中下游出现了断层,影响了研究的发展。"我们认为,目前可持续发展研究中遇到的各种阻碍与此是相关的。

一般的,我们可以把可持续发展研究可以分为以下三个层次:理论研究、应用方法研究和实证研究。

所谓理论研究是指可持续发展纯理论研究,该方面的研究人员是 KNOW – WHY 型人才,他们需要专门的智慧,处于可持续发展研究的上游;而可持续发展实证研究人员则属于KNOW – HOW 型人才,处于研究的下游,他们不需要考虑具体理论的论证,而只要知道所用方法的基本思想,掌握最基本的应用知识就可以了,他们不必从事方法库方面的建设,而只需采用拿来主义的态度从方法库里选取合适的工具就可以了。

处于两者中间的是应用方法研究。这种研究是对可持续发展理论方法如何应用的研究,是客观上为发展理论方法论而做的工作,它至少应该包括以下重要内容:①从解决实际问题的角度出发,对现有可持续发展理论方法的评判,包括对其缺陷的发现或质疑,对理论方法的改进等;②对采用某理论方法所需条件的分析,如对数据的要求,内含假设前提的分析,假设条件放宽后对分析结论的影响等;③对理论方法应用场合或范围的探索;④对不同理论方法应用于同一事物分析时的比较研究;⑤不同学科间的不同方法交叉应用可能性的探讨。

可见,可持续发展应用方法研究处于可持续发展研究的中游地带,它是联结可持续发展理论研究与实证研究的纽带,起着非常重要的传导与协调作用。

从目前可持续发展研究需求的分布上来看,对实证分析的需求远远多于对应用方法研究的需求,而对应用方法研究的需求又远远多于进行纯理论研究的需求,这是一个从特殊到一般的过程,需求的偏态分布是显而易见的。相比较起来,从供给分布上看,我国的可持续发展研究现状却恰恰相反,更多的人从事的是理论研究,而应用方法研究和实证研究的力量明显不足。并且,在研究中存在着明显的"断档"现象,理论研究与实证研究没有形成良好的信息反馈机制,处于相对封闭的状态,这是一个令人担忧的现象。

基于对可持续发展研究领域的"三分法"的分析,我们认为,当前迫切需要加强可持续发展应用方法研究的力量。在诸多可持续发展应用方法的研究中,可持续发展测度研究是一个主要内容。

2. 观念实施的三分法

从可持续发展的理论到实践,我们认为至少要经过以下三个环节:

(1)观念创新。观念创新是一切新生事物产生和发展的出发点,它决定着可持续发展能不能被实施,能实施到什么程度。近 20 年来,可持续发展在观念创新方面取得了很大的成就,提出了与以前不同的崭新的发展观,极大地改变了人们对经济与社会发展的看法,并且作为一种观念被引入到许多国家的发展战略中去。这是可持续发展受到普遍肯定的基本原因。

(2)政策实践。可以说,如今的可持续发展问题已经不再限于一种观念、思想与理论,而是成为被世界各国普遍认可的原则、战略,甚至是人类发展的目标,被广泛地付诸实践。在这种情况下,该如何实现可持续的发展模式? 这就涉及可持续发展政策实践的问题,即如何使现行的宏观政策与可持续发展观相融合,从而实现可持续发展的政策效果,这是可持续发展管理部门需要迫切解决的问题。

(3)状态测度。在可持续发展观念创新与政策实践之间,有一个重要的环节被长期地忽视了,那就是观念实施"三分法"中的另一个部分——状态测度。人们通常认为,理论可以直接用于指导实践,这是对的;但在理论指导实践的过程中需要大量的信息,而这种信息是可持续发展理论本身所不能提供的,因此必须要有详尽的可持续发展状态测度的内容。这里的状态测度可以起到以下两方面的作用:

一是提供参数。任何一个理论指导实践的过程都是要有适用条件的,而判断一个实践方案应使用何种理论模型,要取决于实践所处的环境参数以及实践本身的起点参数、现状参数等。可持续发展的测度,可以为可持续发展从理论到实践提供各种参数支持。

二是动态监测。这主要服务于政策管理部门。对于可持续发展的政策管理部门来说,对可持续发展政策的推行取决于前期或当期的政策效果,只有根据现有的可持续发展状态才能制订下一步的工作方案,可以说,没有这种对可持续发展的动态监测,任何可持续发展战略的施行都将是一句空话。总的说来,在可持续发展理论与实践之间,测度工作扮演着一个重要的角色,我们必须从观念实施的"三分法"的高度来认识这个问题。

上述研究领域的三分法和观念实施的三分法既有共性,又有不同。其共性在于:都力求突破原有的理论到实践的二分法思路,为从理论到实践的过渡提供更好的信息或应用方法支持。不同之处在于:研究领域的三分法是横向的,是研究分工上的要求,即要加强可持续发展应用方法的研究,使得现有的可持续发展理论成果更好地为实证研究服务;而观念实施的三分法是纵向的,它指出了一个重要的独立的研究领域——可持续发展测度。

8.2　自然资源与环境经济价值测定理论和方法

可持续发展要求自然资本不能减少,这一准则是伴随着没有理想的方法来核算自然资本总价值的基本问题而出现的,所以,研究自然资源与环境经济价值测度的理论和方法对可持续发展的测度的研究是很有必要的。

8.2.1　自然资源与环境经济价值的内涵

自然资源是指自然环境中与人类社会发展有关的,能被利用来产生使用价值并影响劳动生产率的自然诸要素。它包括有形的土地、水体、动植物、矿产和无形的光、热等资源。环境是指围绕着人群空间,可以直接、间接影响人类生活和发展的各种因素及其相互关系的总和。它是一个具有一定结构和功能,处于动态发展中的有机统一的系统整体,其实质就是人类以外一切与其有关的自然、社会因素的集合。其中,直接或间接影响人类生存和发展的各种各种自然构成的集合叫自然环境,例如大气圈、生物圈等;人类所创造的各种物质文化要素构成的集合叫社会环境,如村落、医疗场所等。

长期以来,在经济学科中盛行的自然资源与环境之间的区别已经不再具有实际意义。自然资源与环境之间的联系表现在,很多直接构成生产要素的自然资源,必须同时具备一定的自然环境质量,也就是说,自然环境质量已成为自然资源内容的一部分。另一方面,一些自然资源的现存量和再生量的多少,也直接影响一定区域的自然环境质量的高低。正是由于自然资源和自然环境质量间存在着上述的内在联系,所以才把自然资源与环境的经济价值问题作为同一个问题来加以研究,这时自然资源与环境价值之间的区别就显得不再重要。将自然资源和环境均作为有价资产,因为它们都为人类提供了同样有价值的服务。

自然资源与环境可以看作是一个有多种产出及其关联产品的复合系统,该系统为经济系统提供的服务包括以下几个方面:

(1)自然资源与环境系统是经济系统中原材料输入的来源,如天然气,木材等;

(2)自然资源与环境系统为维持生命系统提供了必要的服务,如可供呼吸的空气,赖以生存的气候条件等;

(3)自然资源与环境系统为人们直接提供福利与效用,良好的环境为人们提供了欢愉的景观生态,而恶劣的环境则会导致人们生活水平下降;

(4)自然资源与环境系统能够分解、转移、容纳经济活动的副产品,即所产生的废物和残留物。

自然资源与环境经济价值是把自然资源与环境系统视为资产而对其功能和存在所做

的综合。从构成上看,自然资源与环境经济价值包括利用价值和非利用价值两部分。利用价值包括直接利用价值和间接利用价值,是指以物品被使用时满足某种需要或偏好的能力。比如对热带森林来说,它的直接利用价值是为当代人提供木材、其他非林木产品以及供休闲娱乐等;其间接利用价值则是它对于保证生态平衡所起的作用——营养循环、水域保护、减少空气污染、调节气候等。非利用价值被生态学视为物品内在性的东西,包括存在价值和选择价值。存在价值是指人们不是出于任何功利性目的,仅仅为了某一环节资产的存在而表现出的价值。选择价值则代表对未来效益损坏的认知价值。在概念上,自然资源与环境经济价值是直接利用价值、间接利用价值和非利用价值之和。

8.2.2　自然资源与环境经济价值的测度方法

经济活动对自然资源的非实物消耗引起了环境质量的下降,人们对环境恶化的成本提出了不同的方法。这些方法从不同侧面测度人类经济活动的环境成本和代价。测度的基本方法可以分为两类:直接测度法和间接测度法。这两类方法均基于一个事实,即由于环境服务具有非排他性和不可分割性的特点,环境服务的市场不存在。间接测度法是通过观察人们对可在市场上交易的商品的行为而获得环境效益或成本的估计值,直接测度法是就被影响的环境服务询问人们问题而获得其估计值。

1. 间接测度法

环境经济价值间接测度法包含若干种方法,根据这些方法对环境成本分析和处理的不同角度,将其分为两大类,并分别称之为收入损失型估价方法和维护成本型估价方法。

(1)收入损失型估价方法。

这类方法是从经济活动引起的环境质量下降、给人类经济福利带来的损失和代价的角度出发,估计经济活动带来的环境恶化的社会成本。

①生产率下降法。

生产率下降法将自然环境作为传统生产要素看待。人类经济活动向自然环境排放废物,引起环境质量下降,使环境要素的服务功能下降,即环境资产的生产率下降,其直接表现是,同样的其他初始投入条件下,产出量的下降。我们可以利用减少的产出量的市场价值,作为缓解资产质量恶化的成本。比如,菲律宾曾就巴克尤特湾的伐木行为进行价值评估:如果不禁止伐木,可产生伐木收入 980 万美元,但却会因此增大该海湾的沉积率,影响珊瑚礁和渔业资源,进而影响到它所支撑的旅游、海洋捕捞这两个赚取外汇的行业。两个行业分别减收 1 920 万美元和 810 万美元。由此可以认为,伐木所造成的环境损害价值相当于 1 750(1 920 + 810 - 980)万美元,这也就是禁止伐木从而保护环境的效益价值。

生产率下降法具有易于理解和操作的优点。然而,该方法在有效获取环境资产质量下降致引的产品减少量资料时,存在两个问题:第一,确定环境因素的减产。实际观察到的产品产量由多种因素决定,例如,农产量的大小取决于地力、种子、施肥量和降雨量等,在土地受到轻度污染时,如果其他因素改善,农产量也有可能增加。这时,要确定土地受到污染的减产量是一件很费力的事。第二,产量减少滞后性。模型中的环境恶化成本、产品产出减少量均为本期数值,而实际上产品减少量并不是由当期经济活动造成的。

②人类健康损害法。

经济活动的外部不经济性不仅表现为环境质量的下降,而且还会对人类健康造成损害,引起发病率上升,寿命减短,使劳动力水平下降或提前丧失。人类健康损害法部分地类似于前面讨论过的生产率下降法,它将人看作劳动力,用环境污染引起的人类劳动力损失的价值作为环境质量下降成本的估计值。因此,这种方法也可称为"人力资本"法。

可以将环境污染带给人类健康的危害造成的经济损失分为两大类:一是人类健康受损后为了治疗疾病和恢复健康,需花费的医疗费用,可称为第一类损失;二是由于劳动力的暂时丧失、永久性丧失和提前丧失等,以及劳动力生产率下降等造成 GDP 减少,称为第二类损失。

这两类损失从表面上看都给国家或个人带来了收入减少的后果,但从宏观角度看,它们对国家收入或 GDP 的影响是不同的。对于人类健康损害的估价,人们已提出了不少方法,然而从国民经济核算角度出发,它们均具有理论上和方法论上的缺陷。对下面估价公式分析如下:

$$L = L_1 + L_2 = L_1 + L_{21} + L_{22} + L_{23} \tag{8-1}$$

式中　L——环境污染对人体健康损害的经济损失;

　　　L_1——治疗因污染而患病人员的支出;

　　　L_2——污染引起劳动生产率下降造成的经济损失;

　　　L_{21}——因污染而引起患病的劳动力患病期间的收入损失;

　　　L_{22}——因污染而引起患病,出院后致残和提前退休而损失的收入;

　　　L_{23}——因污染而过早死亡的收入减少额。

对年龄为 X 的劳动力因过早死亡的收入损失可由下式估价:

$$V_x = \sum_{n=x}^{\infty} \frac{(P_x^n)_1 (P_x^n)_2 (P_x^n)_3 Y_n}{(1+r)^{n-x}} \tag{8-2}$$

式中　V_x——年龄为 x 的人未来收入的现值;

　　　$(P_x^n)_1$——年龄为 x 的人活到年龄 n 的概率;

　　　$(P_x^n)_2$——年龄为 x 的人活到年龄 n 且有劳动能力的概率;

　　　$(P_x^n)_3$——年龄为 x 的人活到年龄 n 且有劳动能力,同时又被雇佣的概率;

　　　Y_n——年龄为 x 的人活到年龄 n 时的平均收入;

　　　r——贴现率。

从上面的估算公式可以看出,污染对人类健康造成的损失可分为两类,其总额就是这两类损失之和。从居民个人角度出发,这两类损失都会带收入和福利的减少:一方面要支付额外的医疗费用;另一方面劳动力生产率下降,减少个人收入。但是,这两类损失对 GDP 或 NDP 带来的影响是截然不同的。此类估价公式的提出者认为环境污染给人类健康带来的这两类损失,均属于环境污染的成本,在对全国经济总量指标 GDP 或 NDP 进行调整时,应将该损失总额减去。

从国民经济核算的角度出发,这种处理方法是不科学的,可以通过分析这两类损失的特点,说明它们对经济总量指标 GDP 的影响。第一类损失是额外的医疗费用,这类费用是为了恢复健康的额外支出,与为治理污染、恢复环境质量的工程支出的性质是类似的。由环境污染引起的这类支出使 GDP 增加,此时的 GDP 与没有发生污染而对应着较少的医疗费支出和较少的 GDP 时相比,并没有体现人类经济福利的任何增加。也就是说,环境污染引起健康损失,健康损失引起医疗支出增加,医疗支出增加又引起 GDP 的增加。对个人来说的第一类损失,在宏观上导致反映宏观经济福利总量的指标 GDP 的增加。这种虚假的对人类没有任何益处的 GDP 增加部分,应该从 GDP 中减去。

第二类损失是劳动力丧失带来的收入损失。这种损失不能从 GDP 中减去,假如没有环境污染这部分劳动力就不会丧失,会给社会创造出更多的增加值。由此可见,第二类损失对 GDP 的影响与第一类损失正好相反,它使 GDP 减少。也就是说,实际的 GDP 已经是减少了的。假如说要用第二类损失对 GDP 进行修正的话,应该是将这部分损失加入 GDP,而不是将其减去。

除了上述两方面以外,该方法还有两处需要商讨:a. 这种方法不是基于消费者的支付意愿,而是基于另外一种生命评价的方法,即一个人的生命价值等于他所创造的价值;b. 忽略了风险的因素。

③数学模型法。

利用数学模型方法,可以帮助人们确定环境质量下降的成本。以空气污染对农产量的影响分析,单位面积农产量与降雨量、播种量、施肥量、除草次数、空气污染程度等因素有关,其关系一般数学表达式为

$$Q = f(x_1, x_2, \cdots, x_n, x_{n+1}, x_{n+2}, \cdots, x_{n+m}) \tag{8-3}$$

式中 Q——单位面积农产量,是因变量;

　　$x_1, x_2, \cdots, x_n$——各种污染物浓度;

　　$x_{n+1}, x_{n+2}, \cdots, x_{n+m}$——污染因素以外的其他因素。

若上述关系为线性,则单位面积农产量数学模型为

$$Q = \alpha_0 + \alpha_1 x_1 + \alpha_2 x_2 + \cdots + \alpha_n x_n + \alpha_{n+1} x_{n+1} + \cdots + \alpha_{n+m} x_{n+m} \tag{8-4}$$

上式中 $\alpha_i (i = 0, 1, 2, \cdots, n+m)$ 为待定参数,若能获得不同地块农产量和各解释变量观察值,即可估计出 α_i,求出污染物浓度与单位面积农产量之间的相关程度。其中,α_i 为第 i 种污染物浓度每上升 1 单位,单位面积农产量的减少量。

当其他因素不变时,第 i 种污染物浓度上升 Δx_i 个单位时,单位面积农产量减少量为

$$\Delta Q_i = \alpha_i \times \Delta x_i$$

用 ΔQ_i 乘该种污染加重的受害面积 S_i 与农作物单位价格,则得该种污染物加重的环境恶化成本为

$$C = \Delta Q_i \times S_i \times P_i$$

数学模型法在应用中的最大限制之一是对模型参数的估计需要收集多种变量的大量统计资料,此项工作目前比较欠缺,但是随着统计资料的日益完善,此方法必将得到较多的应用。

(2)维护成本型方法。

这类方法是从环境资产经过使用后,维护其质量不下降所需的补偿费用角度出发,评估经济活动对非实物型自然资源消耗的环境成本,即环境恶化成本。

环境资产维护成本的估算有不同于生产资产之处。生产资产经过一段时间的使用之后,其功能或质量肯定会或多或少地降低。这就是要对其提取折旧的原因,这一折旧额就是对该生产资产的消耗成本。然而对于环境资产则不尽如此。虽然同样把环境资产的维护成本作为对环境资产的消耗成本,但是根据环境资产维护成本的定义,如果对自然环境资产的使用没有影响到其将来的使用,则此时环境资产的维护成本为零。对于海洋捕鱼和

森林伐木来说,如果它们的自然增加量能补偿人类对其的使用量,则此时的使用没有维护成本,即折旧值为零。此外,如果自然环境能安全地吸收、同化和分解经济活动产生的废物,则对自然资产使用的维护成本也为零。

环境资产维护成本的具体估算方法,取决于维护环境资产质量的各种活动的选择,如防护活动、恢复活动、重置活动等,包括防护成本法、恢复成本法和影子工程法等。防护成本法是用防护或避免环境资产质量下降所需要消耗的活劳动和物化劳动价值,作为经济活动的环境成本估价。影子工程法又称替代工程法,它是恢复成本法的一种特殊形式。如果经济活动使某一环境资产的功能永久性失去,则用建造一个与原来环境资产功能相似的替代工程的成本,作为经济活动对原来环境资产的消耗成本。

上述三种方法都是针对人类经济活动对环境资产消耗的成本估价提出的,其中的防护成本法和恢复成本法也可用于估算由于自然因素造成自然资源质量下降的成本。

(3)估价方法的选择问题。

目前,尽管人们已经探讨了许多环境成本的估价方法,但是对究竟应该采用哪种估价方法对环境成本进行估价,尚未形成一致的意见。在进行自然资源与环境的经济评价时,采用维护成本型方法,较采用收入损失型方法更具有合理性。原因如下:

①关于经济活动的外部不经济性对自然环境和人类健康等造成的损害,目前尚不完全了解,因此若要对这些损害进行全面估算评价时非常困难,甚至是不可能的,例如,对全球温室效应和臭氧层变薄给人类带来的潜在危害,人们尚不能完全估计。虽然已提出了健康损害估算法,但由于缺乏了解各种污染物成分和浓度与发病率之间的确切关系,因而难以明确地找出某一特定的污染物与健康和福利之间的数量关系。

②维护成本型估价方法符合马克思再生产补偿理论和可持续发展的要求。将自然环境资产与生产资产同样看待,对一定时期环境资产使用后的维护成本进行估算,这与固定资产提取折旧额的估算思想相一致,能够对环境成本做出合理的估算,从而实现对环境的科学估价。

综上所述,就目前对环境核算理论与方法的研究水平而言,对经济活动的自然资源与环境恶化成本的估算,采用维护成本型方法较理想。

2. 直接测度法

最典型的直接测度法就是意愿调查评估法。

意愿调查评估法(CVM)就是通过调查人们对环境商品或服务的支付意愿来评估环境经济价值的方法。这种方法通常先给被调查者一个关于中国环境服务的假定条件的描述提纲,然后询问被调查者:在特定的条件和情形下,若有机会获得这种服务,将如何为其定价,以其所愿支付的价格作为环境经济价值的估计。

意愿调查评估法可以估算利用价值,也可以估算非利用价值,它是目前估算环境服务的非利用价值的几乎唯一的方法。一方面,与间接测度法相比,很多经济学家认为这种方法问的是假设的问题,而间接测度法获得的是实际的数据,因此意愿调查评估法存在不足。但另一方面,意愿调查评估法与间接测试法相比又具有两方面的优势:①它可同时用于利用价值和非利用价值问题,而间接测度法只能用于利用价值问题,并且包含弱互补性的假设;②从原则上看,与间接测度法不同的是,意愿调查评估法回答的是支付意愿或补偿意愿的问题,直接得到理论上效用变化的准确货币计量。

8.3　代际公平的经济解释

8.3.1　代际公平的内涵界定

代际公平(Intergenerational Equity)的概念最早是由塔尔博特·R·佩奇(T. R. Page)在社会选择和分配公平两个基础上提出的,它主要涉及当代人和后代之间的福利和资源分配问题。1984 年,美国的爱迪·B·维思(Edith. B. Weiss)教授系统阐释了这一概念的含义。她提出了"行星托管"的概念,指出人类的每一代人都是后代人地球权益的托管人,并提出实现每代人之间在开发、利用自然资源方面权利的平等。她提出,代际公平应由以下三项原则组成。

(1)选择原则。即每一代人既应为后代人保存自然和文化资源的多样性,以避免不适当地限制后代人在解决他们的问题和满足他们的价值时可进行的各种选择,又享有拥有可与他们的前代人相对应的多样性的权利。

(2)质量原则。即每一代人既应保持地球生态环境的质量,以便使它以不比从前代人手里接下来时更坏的状况传递给下一代人,又享有前代人所享有的那种生态环境质量的权利。

(3)接触和使用原则。即每一代人应对其成员提供平等地接触和使用前代人遗产的权利,并为后代人保存这项接触和使用的权力。

可持续发展的标准概念是,"可持续发展是指既能满足当代人的需求,又不损害后代人满足其需求之能力的发展",把它与代际公平的基本内涵对照着研究,我们发现,可持续发展其实就是指代际公平意义上的发展。从这个意义上讲,对代际公平的解释就是对可持续发展内涵的解释。

因此,可持续发展的内涵可以重新表述为:"能够保证当代人的福利增加,也不会使后代人的福利减少时的发展"。

这个叙述使我们想起了经济学上的帕累托改进(Pareto Improvement)的思想:在没有使任何其他人的情况变得更坏的前提下,至少有一人变得更好(福利得到提高)。进一步地,如果在不减少其他人的福利条件下,就没有任何一种变化可以改善某些人的福利,我们就会得到帕累托最优(Pareto Optimun)。

应该指出的是,帕累托最优不是唯一的。事实上,由于帕累托改进不关心对收入和损失均衡的限制,它只告诉我们从无效率的一点移向有效率的一点是值得的,而不是说它是从许多有效率的资源配置的可能性中挑出来的一种特定的资源配置方式,因此存在一系列的帕累托最优。

采用帕累托改进准则(Pareto Improvement Criterion)来确定社会是否会获得福利在应用上是有局限性的。具体地说,它太过于严格,在许多情况下,一个给定的政策总会使一些人受损,而另一些人受益,根本达不到帕累托改进的标准,但这并不是说该政策本身就没有意义。

比如:一项政策有 10 个单位的成本,但甲集团可因此获得 20 个单位的福利,乙集团则要损失 8 个单位。显然,这个政策并不符合帕累托改进的标准,但我们看到,整个社会却可以因此受益 2 个单位(20 - 10 - 8)。

为了对付这种情况,经济学家修正了帕累托改进的标准,以使它可以应用于一些人有所得而另一些人有所失的情况。修正时主要是考虑了假设补偿的思想,即如果在某一政策的执行中一方获得的收益可以补偿另一方的损失,并且还有一定的剩余的话,该项政策就是帕累托有效的。

对应到可持续发展领域,在前文所述的"可持续发展是指既能满足当代人的需求,又不损害后代人满足其需求之能力的发展"这一概念下,我们得到经济学中的可持续代际关系:

(1)可持续发展下的代际关系其实是要维持一种"帕累托改进"的代际关系;

(2)由于代际之间不可避免地存在上代人对下代人利益的损害(比如不可再生资源的耗减),所以,代际之间应遵循修正后的帕累托改进标准。即当代人在可持续发展政策执行中获得的收益应该能够补偿后代人因此获得的损失,并且只有在当代人的利益扣除支付的补偿后还有剩余的情况下,可持续的代际公平关系才可能得到保持。

8.3.2　代际不公平的经济福利损失分析

如上文所述,如果在代际之间不存在"代际补偿",则人类发展必将是不可持续的。我们可以用图 8 - 1 进行分析。

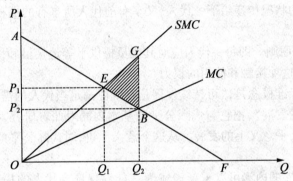

图 8 - 1　代际不公平的经济净福利损失图(一)

在图 8 - 1 中,我们用 OP 表示价格,OQ 表示数量,用 AF 线表示需求曲线,SMC 表示考虑了代际补偿的社会边际成本,MC 是没有考虑代际补偿关系的社会边际成本,显然,由于代际补偿的存在,SMC 应严格处于 MC 之上。

在包含了代际补偿成本的 SMC 系统中,均衡的价格与需求量分别为 P_1 与 Q_1,显然 E 为均衡点。在不包含代际补偿成本的 MC 系统中,均衡的价格与需求量分别为 P_2 与 Q_2,B 为均衡点。

我们知道,在图 8 - 1 中,边际成本曲线以下的面积是总成本,需求曲线下的面积可以看作总收益。

第一种情况:当均衡点在 E 点时,总收益是图中的 AOQ_1E,总成本是 OQ_1E,创造的净福利(生产者剩余加消费者剩余)是 OAE。此时,均衡交易量是 Q_1。

第二种情况:当均衡点在 B 点时,也就是说,由于人类经济行为未考虑代际经济补偿问题,所以均衡交易量由 Q_1 变为 Q_2,即当代人实现了超额的资源需求,代际不公平问题开始凸现。此时总收益进一步增加,增加额为 Q_1Q_2BE 那么大的面积,而总成本增加的幅度更大,为 Q_1Q_2GE,与第一情况比较起来,净减少福利水平为 $-EBG$(图中的阴影面积)。

通过这个对比我们发现,代际不公平的资源分配会使得人类整体的福利水平变小。**这是代际不公平的必然代价,也是我们的一个重要结论。对于一些容易引起自然垄断的行业而言**,上述问题更加复杂。由于在这些行业里,资源的定价甚至会低于私人生产的边际**成本**,因此还会进一步引发更严重的代际不公平问题。

在图 8-2 中,我们引入了一个新的有关公平的问题——代内公平,出于代内公平的考虑,政府对资源价格进行管制,以防止资源被少数人所垄断,在图中体现为直线 GC。GC 与需求曲线相交出现了一个新的均衡点 H,在这个均衡点处,对资源的使用达到了 Q_3,这意味着政府压低资源价格会进一步侵害后代人的权利。同时,与图 8-1 相比,净福利损失进一步加大,面积为 $BHJG$,这部分面积与三角形 EBG 加在一起,即 EHJ,是政府为了增加代内公平造成的经济净福利的损失。

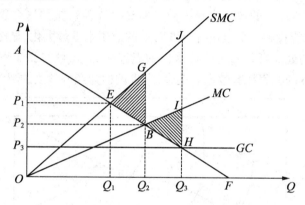

图 8-2 代际不公平的经济净福利损失图(二)

图 8-2 告诉我们:

(1)政府增强代内公平的努力会进一步损害代际公平。从这个意义上讲,代内公平与代际公平并不会自动契合。

(2)在政府管制价格的情况下,经济净福利损失是由两方面共同作用的结果。其一是政府对价格体系干涉引起的效率损失(图中三角形 BHI 的面积),其二是代际不公平造成的福利水平损失(四边形 $EBIJ$ 的面积)。

(3)图 8-2 中,Q_3 与 Q_2 之间的距离反映了因价格控制导致的个人需求过度与不公平,它与图 8-1 中的 Q_2 与 Q_1 之间的距离加在一起反映了由于代际缺位引起的当代人对后代人利益的侵害。

通过以上分析我们发现,用经济学理论对可持续发展的内涵进行解释,有很大的研究空间,比起泛泛地用文字论述可持续发展的内涵具有更大的逻辑上的优势。这一点长期以来一直被忽视,亟待加强。

8.3.3 埃奇沃思方盒中的代际不公平

1.埃奇沃思方盒中的资源配置

经济学中经常使用埃奇沃思方盒(Edgeworth Box)来研究资源配置,我们受此启发,用它分析可持续发展中代际资源的配置问题。为了方便,我们假定分析框架中只有两种商品和两个当事人。我们可以在一个二维平面图中使用一种方便的方式来表达分配、偏好和禀赋,如图 8-3 所示。

假定商品 1 的全部数量是 w^1,商品 2 的全部数量是 w^2,很显然 $w^1 = w_1^1 + w_2^1, w^2 = w_2^1 + w_2^2$(图 8-3 中,埃奇沃思方盒的宽就是 w^1,高就是 w^2),方盒中的点 (x_1^1, x_1^2) 表示当事人 1 对两种商品各自的持有量。由于系统中只有两个当事人,所以当事人 2 对两种商品的持有量为 $(x_2^1, x_2^2) = (w^1 - x_1^1, w^2 - x_1^2)$

在图中,我们是从方盒的左下角开始来度量当事人 1 的消费束(商品 1 与商品 2 的持有组合),从方盒的右上角开始来度量当事人 2 的消费束,用较细的曲线分别代表当事人 1 与当事人 2 的无差异曲线。

显然,图中的 A 点没有能形成经济学上的帕累托最优(显然,在图中的 B 点,消费者 2 的效用没减少,而当事人 1 的效用水平得到了明显的改善),按照这个思路,任意给定当事人 2 的效用水平,总能找到一个点使得当事人 1 的效用水平最大化,显然,这个点必定在两条无差异曲线的相切处。当我们把所有这样的点连接起来,就得到了图中较粗的曲线,这条曲线就是资源配置的帕累托有效点的集合,它也被称为经济学上的契约曲线。

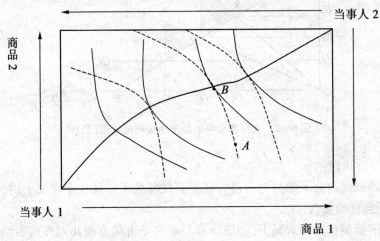

图 8-3　埃奇沃思方盒的基本结构

对于资源配置来说,这条线上的每个点均可作为初始的资源禀赋,也就是说,当当事人试图在其预算集中最大化其偏好,则他们将恰好在帕累托有效点上达到(显然,如果不在这条线上,那么当事人双方就有积极性进行交换,以移动到这条线上)。

契约曲线在经济学上有重要的意义,它是资源配置的稳定状态点的集合,只要在这个曲线上的配置方式都可以被当事人双方认可。

2. 契约曲线上的公平配置分析

下面我们来分析契约曲线上的资源配置状态。以图 8-3 为基础,我们移去无差异曲线,其他含义不变,得到图 8-4。

在图 8-4 中,我们用几条分界线把整个埃奇沃思方盒分成了 5 个部分。由左下至右上,分别称为 1,2,3,4,5 区。

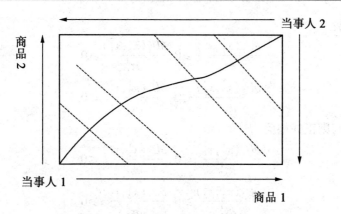

图 8 − 4　埃奇沃思方盒的分区化处理

对于图中任意一点(x_1^1, x_2^1),我们设当事人 1 的效用水平为 $U_1(x_1^1, x_2^1)$,相应地,对于(x_2^1, x_2^2),当事人 2 的效用水平为 $U_2(x_2^1, x_2^2)$。

由上文可知,埃奇沃思方盒中的点,在市场机制的作用下有向契约曲线移动的趋势,那么我们只要分析 5 个区中的契约曲线即可。

显然,在 5 个区中的契约曲线,资源分配不公平的程度是不同的,相对来说,3 区最公平,2,4 区次之,1,5 区最不公平。下面我们分别来研究这几个区域资源配置的不公平问题。

在第 3 区中,当事人 1 的效用函数符合以下条件:

$$\frac{\partial U_1(x_1^1, x_1^2)}{\partial x_1^1} \geq 0, \frac{\partial U_1(x_1^1, x_1^2)}{\partial x_1^2} \geq 0$$

同理,对于当事人 2,有

$$\frac{\partial U_2(x_2^1, x_2^2)}{\partial x_2^1} \geq 0, \frac{\partial U_1(x_2^1, x_2^2)}{\partial x_2^2} \geq 0$$

这个假设与古典经济学的假设是一致的。也就是说,当事人 1 与当事人 2 对商品 1 与商品 2 的需求都呈正偏好。由于这个区域中当事人在资源配置上的差别最小,尚不需要对资源进行再分配,所以我们可以把这个区域称为资源公平配置的免调整区。第 2,4 区与第 3 区比起来,在资源配置上略显不公平,在第 2 区当事人 1 明显少于当事人 2 的配置,在第 4 区则正好相反。

在这两个区中,当事人的效用函数的特征没发生变化,仍然是:

$$\frac{\partial U_1(x_1^1, x_1^2)}{\partial x_1^1} \geq 0, \frac{\partial U_1(x_1^1, x_1^2)}{\partial x_1^2} \geq 0$$

$$\frac{\partial U_2(x_2^1, x_2^2)}{\partial x_2^1} \geq 0, \frac{\partial U_1(x_2^1, x_2^2)}{\partial x_2^2} \geq 0$$

但此时,对商品 1 与商品 2 的分配已经开始与社会公众的公平标准相背离,在这个区域中,政府要出面干预经济了。如对这一区域的高收入人群收税,并把它转移给低收入人群。但由于当事人的效用函数仍然是正偏好,所以当事人不会主动调整资源配置的不公平状态。从这个意义上,我们可以把 2,4 区称为资源公平配置的被动调整区。

第 1 区与第 5 区是资源配置最不公平的区域,此时,资源已经被极端地不公平配置,甚至已经影响到了当事人的效用函数特征。

在第 1 区中:

$$\frac{\partial U_1(x_1^1, x_1^2)}{\partial x_1^1} \geqslant 0, \frac{\partial U_1(x_1^1, x_1^2)}{\partial x_1^2} \geqslant 0$$

$$\frac{\partial U_2(x_2^1, x_2^2)}{\partial x_2^1} \leqslant 0, \frac{\partial U_1(x_2^1, x_2^2)}{\partial x_2^2} \leqslant 0$$

在第 5 区中,则正好相反:

$$\frac{\partial U_1(x_1^1, x_1^2)}{\partial x_1^1} \leqslant 0, \frac{\partial U_1(x_1^1, x_1^2)}{\partial x_1^2} \leqslant 0$$

$$\frac{\partial U_2(x_2^1, x_2^2)}{\partial x_2^1} \geqslant 0, \frac{\partial U_1(x_2^1, x_2^2)}{\partial x_2^2} \geqslant 0$$

也就是说,在这两个区域中,"穷人"的效用函数仍呈正偏好,而"富人"的效用函数已经呈现负偏好。合理的解释是:随着掌握资源的增多,富人的需求层次开始上升到非物质需求上来,他们已经出于虚荣心或减轻伦理道德上的痛苦而乐于减少对物质的占有。

由于"富人"的效用函数发生了变化,所以在这个区域,"富人"有积极性向资源配置的"穷人"转移资源。这样,除了政府对资源配置的干预外,当事人的主动调整也开始了。有鉴于此,我们可以把 1,5 区称为资源公平配置的主动调整区。

3. 代际不公平的图形解释

上面我们对契约曲线按公平程度及其性质进行了划分,总的说来,契约曲线上的公平性两端最差,是主动调整区;中间最好,是免调整区;在主动调整区与免调整区之间是被动调整区。

现在我们把图 8 - 4 中的当事人 1 与当事人 2 分别换成当代人与代际人,我们就可以用它来分析代际不公平问题了。由于后代人不可能参与到当代的资源初始配置中,也就是说它不可能使得当代人在资源配置中处于劣势,所以图 8 - 4 可以简化成图 8 - 5。

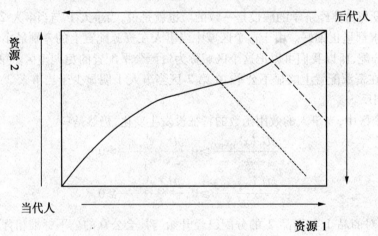

图 8 - 5　代际埃奇沃思方盒

从图 8 - 5 中我们可以得到以下结论:

(1)在后代与当代人之间,资源的不公平配置是难免的,因为后代人不可能像图 8 - 4 中的当事人 2 一样直接参与到与当事人 1 的资源制衡中,这使得当代人在资源使用上会沿着契约曲线尽可能地向右上方移动；

（2）在契约曲线上，随着当代人不断地向右上方移动（侵占后代人的资源），它会由免调整区过渡到被动调整区以至主动调整区，这样，对代际不公平的调整需求就出现了。

由这两个结论，我们便推导出想要得到的 3 个重要的有关代际公平的经济解释了：

（1）代际公平问题其实是契约曲线公平问题上的一个特例，可以用经济均衡理论及效用理论解释代际公平问题；

（2）政府对代际不公平的干预是在第 4 区开始的，也就是说，政府是可持续发展的必然倡导者；

（3）第 5 区最有可能是公众可持续发展观成长的阶段。

综上所述，可持续发展问题中的代际不公平是当代人追求自身效用的必然结果，而代际不公平有其"内在的平衡器"，它不可能沿契约曲线一直向右上移动，全社会的可持续理性最终会使它在某一点停下来。

8.3.4　对一种代际公平观点的批评

代际公平是可持续发展理论的内核，理解好代际公平问题，对于我们准确把握并进而测度可持续发展有着至关重要的作用。但是目前国内外有些观点对代公平的认识并不准确，我们有必要对其进行纠偏处理。

《中国人口·资源与环境》1999 年发表了一篇题为《可持续发展公平性问题研究》的论文，其中的观点值得商榷。该研究从一个主要用于描述财富在代际之间转移方式的代际财富转移模型出发。很显然，财富在两代人之间有三种转移方式：后代继承前一代的遗产，本代对后代的抚养费用，后代对本代的赡养费用。代际财富输入与输出如图 8－6 所示。

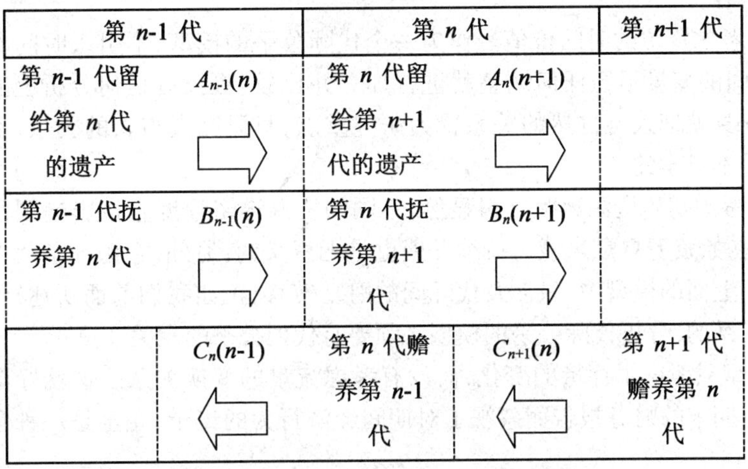

第 n-1 代	第 n 代	第 n+1 代
第 n-1 代留给第 n 代的遗产　$A_{n-1}(n)$ ⇨	第 n 代留给第 n+1 代的遗产　$A_n(n+1)$ ⇨	
第 n-1 代抚养第 n 代　$B_{n-1}(n)$ ⇨	第 n 代抚养第 n+1 代　$B_n(n+1)$ ⇨	
$C_n(n-1)$ ⇦	第 n 代赡养第 n-1 代　　$C_{n+1}(n)$ ⇦	第 n+1 代赡养第 n 代

图 8－6　代际财富输入与输出图

如图 8－6 所示，以第 n 代为例，其接受的财富转移如下：

$$T^+(n) = A_{n-1}(n) + B_{n-1}(n) + C_{n+1}(n)$$

公式中的下标表示财富来源于某一代，括号中的 n 表示财富转移到第 n 代。

同理，其转移出的财富如下：

$$T^+(n) = \sum_i X_i(n); \quad T^-(n) = \sum_i X_n(i)$$

如果考虑到多代之间的财富转移，则上两式可以变成下面的形式：

$$T^+(n) = \sum_i X_i(n); \quad T^-(n) = \sum_i X_n(i)$$

其中，$i = \cdots, n-2, n-1, n+1, n+2, \cdots$

由上述两个式子，作者得出一个代际公平的判别标准：

（1）若 $T^+(n) = T^-(n)$，则称地球各代之间是完全公平的；

（2）若 $T^+(n) > T^-(n)$，则说明第 n 代人消耗了过多的财富，即代际不公，则可持续发展是不可能实现的；

（3）若 $T^+(n) < T^-(n)$，则说明第 n 代人转移出去的财富多于其消耗的财富，若这种状况代代延续，同样是代际不公的。

我们认为，这种判别代际公平与否的方法存在多处缺陷，没有准确理解可持续发展的内涵，主要表现在以下几方面：

（1）该方法错误地把代际公平理解为代际之间的经济财富输入与输出的公平。我们知道，可持续发展的代际公平是代际之间对资源输入与输出的公平，而财富的输入与输出只反映了人的再生产的投入产出关系，把人的再生产与代际公平等同起来的处理方法有欠妥当。显然，某一代人转移出去的大于所接受的，不一定说明他们采取了可持续发展的资源方式，相反，倒有可能是对当代资源极大掠夺的结果。

（2）该标准不能满足可持续发展的要求。可持续性（Sustainability）与可生存性（Survivability）是根本不同的，上述标准应对照于可生存发展，而可持续发展始终着眼于发展，要求福利水平不断地随时间而增长，这是当代人的需要，也是后代人的需要，是可持续发展代际公平的重要内容。

（3）没有考虑资源的时间价值。作为一个代际公平的模型，不引入时间参数是毫无意义的，不同时间的变量不经任何调整就进行加总并比较，更没有任何分析上的价值；而且，可持续发展本身就把人与自然的关系置为研究重点，只研究人与人的关系，不研究自然资源的配置也是不科学的。

（4）没有考虑初始资源禀赋。很显然，不同的资源丰裕程度直接影响到代际之间的契约曲线，抛开初始资源禀赋来谈可持续发展也是无意义的；另外，它抛开了代内的公平来谈代际的公平。上面的模型中，只涉及代际间的财富转移，正如我们前面所述，代内公平与代际公平是相联系的，分析代际公平的模型必须要有代内公平的相关变量。

（5）本模型只考虑了存量的变化，而没有考虑流量的变换关系。这就好像观察经济运行只看期初与期末的财务报告而忽视了对期间经济行为的记录，完全是一种舍本逐末的行为。

总之，可持续发展代际公平观的含义十分深远，作为可持续发展的理论内核，有必要系统地掌握它的准确内涵，否则我们就会陷入似是而非的逻辑陷阱，迷失了可持续发展测度研究所指向的研究目标。

8.4　可持续发展综合评价方法的系统分析

对于可持续发展的综合评价,一直存在着很大的争论。从国外研究者的工作来看,他们大都没有把注意力倾注于对可持续发展的综合评价。

国内也有这方面的意见,总的说来,经济学、生态学等方面对可持续发展的测度通常没有综合评价这一阶段,这些研究本身就不追求对可持续发展的总体测度,而是从某一个侧面来反映可持续发展的状态。对于可持续发展这样的大系统而言,这种做法是相当务实的,与国外的研究比较相近。

8.4.1　多指标综合评价的合成方法在可持续发展综合评价中的应用

在这方面,邱东教授的学术专著《多指标综合评价方法的系统分析》在国内有着较大的影响,许多成果都参考了邱东教授的观点。

邱东教授认为,可以根据指标评价值之间数据差异的大小和评价指标重要程度的差别大小选取不同的合成方法,见表 8 – 1。

表 8 – 1　合成方法的选取原则

		指标评价值间的差别	
		小	大
指标间重要程度差别	小	加法或乘法	乘法合成
	大	加法合成	加乘法混合法

在可持续发展领域,用得比较多的是加法合成法或乘法合成法。公式分别如下:

$$x = \sum_{i=1}^{n} w_i x_i$$

$$x = \left(\prod_{i=1}^{n} x_i^{w_i} \right)^{\frac{1}{\sum w_i}}$$

其中,x 为被评价事物得到的综合评价值;w 为各评价指标的权数;x_i 为无量纲化后的指标值;n 为评价指标的个数。一般的,根据可持续发展指标体系的结构,可以采用加权求和与加权求积相结合的综合合成方法。

在具体操作中,要根据不同的指标体系结构决定采用什么样的综合合成方法,本书第 4 章中曾介绍了模块式可持续发展指标体系的结构,很显然,平行式与垂直式的指标体系中各指标间的关系是不同的。当然,即使是同一种类型的指标体系,其指标间的关系也会因所选的指标不同而发生变化。从这个角度说,每一个指标体系的合成方法必然要根据其体系结构量体裁衣,这个工作并不简单。

举例来说,在对农业土地资源可持续利用评估指标体系进行综合合成时,就混合运用了加法合成与乘法合成两种方法:在指标层采用乘法合成,以强调指标的独立性和不可代替性;在准则层采用加法合成,以强调系统的叠加性。在对南京可持续发展指标体系综合评价时,所做的处理恰恰相反,在指标层采用加法合成,在准则层采用乘法合成。之所以存在这样的差别,主要是因为二者的指标体系结构不同。前者是接近于平行式的指标体系结构,而后者更接近于垂直式的指标体系结构。

在可持续评价中,还出现了一些用多指标综合评价方法建立的综合指标。比如,有的研究者构建了一个发展度评价模型:

$$D = K \frac{q \cdot E/E_0}{(1-q) \cdot (N/N_0) \cdot (S/S_0) \cdot e^{P/P_0}}$$

式中,E 为评价年经济指数;E_0 为基准年经济指数;N 为评价年人口指数;N_0 为基准年人口指数;S 为评价年资源指数;S_0 为基准年资源指数;P 为评价年环境指数;P_0 为基准年环境指数;q 为评价年恩格尔系数;K 为常数。

很显然,它与社会经济统计中常用的 ASHA 指标、痛苦指数等指标的原理是一致的,都是通过把指标值转化成相对数的方法来消除指标量纲的影响,并且在线性假定的基础上简单综合。式中更多考虑的是指标的正负导向,把正指标(相对于发展度来说)放到分子中,把逆指标放在分母中。相对于可持续发展指标体系的综合合成来说,这种“发展度”的综合合成方法无疑是十分简捷的(类似于一种乘法合成方法);但另一方面,由于没有考虑权数的作用,它只能是一种比较粗略的方法。我们认为,这种方法可以在可持续发展指标体系综合评价中应用,但它只适用于功能型的指标体系。

8.4.2　其他多指标综合评价方法在可持续发展综合评价中的应用

其他多指标综合评价方法是指模糊综合评判与多元统计方法等。相对于常规多指标综合评价方法来说,它们是比较复杂的。

有人认为,在可持续发展综合评价领域,方法越复杂就越有效,对此,我们应该有一个清醒的认识。

李政道博士讲了一番有关艺术与科学的话,他讲道:“艺术是用创新的手法去唤醒每个人的意识或潜意识中深藏着的已经存在的情感。情感越珍贵、唤起越强烈、反映越普遍、艺术越优秀。科学是对自然界的现象进行新的、准确的抽象。科学家抽象的叙述越简单、推测的结论越准确、应用越广泛,科学创造就越深刻。科学和艺术的共同基础是人类的创造,它们追求的目标都是真理的普遍性。它们像一枚硬币的两面,是不可分割的。”

这段话对我们很有启发。一方面,在科学研究上,不能为了追求方法上的华美性而忽视了方法的应用性,一个方法往往是由于它的简单才容易得到比较广泛的应用,而那些复杂方法,相对来说则更专业化一些,只能用于某个具体的问题,并且其得出的结论也很难有很广泛的应用,有时甚至妨碍我们得出正确的结论;另一方面,对于复杂的方法,我们要找到它们最本质的东西,只有深入浅出地把握住这些方法的抽象叙述,才能最大限度地发挥它们的作用。

在可持续发展测度领域,以模糊综合评判与多元统计方法为代表的综合评价方法有着一定的应用,对这些方法的系统分析是很有必要的。但从本质上讲,这些方法在可持续发展测度上的应用与其在其他领域的应用并无二致,它们并没有因为在可持续发展的应用而呈现出新的特征。比如有研究者(崔振才等,2000;樊建林等,1999)把模糊综合评判模式的基本方法用于可持续发展的综合评价中,取得了比较好的效果;还有研究者(王黎明等,

2000;周国华,1998;王玉亮,1996)在可持续发展综合评价领域应用了因子分析、主成分分析的方法。但归结起来,这些研究只是在可持续发展研究中应用了这种方法,属于相关综合评价理论在可持续发展领域的统计实证研究。

8.4.3　其他综合评价方法

联合国《21 世纪议程》在"改善数据评价和分析的方法"栏目下指出:"应当建立连续和精确的数据收集系统,并利用地理信息系统、专家系统、模型等评价与分析数据的其他各种技术。"我们认为,这句话基本上可以说明国际上对可持续发展综合评价工作的新动向。也就是说,对于可持续发展的综合评价问题,并不单纯是指可持续发展多指标综合评价技术,而是指在完备的数据收集系统的基础上,运用多种方法手段来挖掘数据中所蕴含的各种信息。这里面有主观方法,也有客观方法,甚至可以是纯技术手段(如遥感、地理信息系统等)。这些方法的应用不及多指标综合评价方法那么广泛,主要有以下几类:

1. 以地理信息资源为依托的可持续发展状态总体评价

这是一个涉及多学科、多领域、多技术方法的综合评价技术。它与前面的综合评价思路不同,是本着一种"所见即所感"的综合评价思路进行直接的综合评价。该方法建立在强大的可持续发展信息搜集系统的基础上,包含了遥感(Remote Sensing,RS)、全球定位系统(Global Positioning System,GPS)、地理信息系统(Geographic Information System,GIS)等先进技术。

该技术方法有着广泛的应用,具有数据采集、编辑、数据转换、图形操作、统计分析等一系列的强大功能模块,可以很方便地用于区域分析和评价。与前面的综合评价方法不同,它不只是输出数字信息,还可以给出图形信息。其配合图形给出的动态的空间分析结果是常规可持续发展综合评价方法所不能比拟的。当然,该技术方法也是要借助于数学模型的,但它的重点已经不在于此,而在于图形化、立体化的测度结果,给人一个逼真的印象。这与国外的可持续发展测度"重描述、轻评价"的思路是十分吻合的。

2. 可持续发展调研

可持续发展调研可以分成两种,一种是专家调研,还有一种是面向公众的可持续发展主观评估,它通过提问的方式,间接地取得人们对某个可持续发展问题的综合评价值。

这是一种全新的思路,与我们通常所感觉的综合评价不太一致。它把公众对可持续发展的评价值作为可持续发展本身的状态评价值,这种综合评价方法有时是有效的,尤其当它被用于可持续发展公共决策支持时更是这样。

有研究者在这方面进行了尝试,从方法上说,这与一般的社会调研没有什么区别,均要通过一系列的调研技术手段确保调查结果尽可能地准确。其调研报告通常无法给出总的可持续发展状态评估值,但会详尽地对每一个问题的公众总体意见进行分析。如前所述,人的行为本身正是可持续发展测度的重要研究内容,我们认为,这种调研型的研究方法应该得到进一步推广。

3. 可持续发展模型分析

以线性规划的方法为例,这是一种数学味道很浓的可持续发展综合评价方法。该方法通常是先把某一个可持续发展问题用数学语言转化为一个多目标线性规划模型,把各指标按照一定的数学关系置于约束条件中,然后设定一个目标函数进行求解。这个模型可以回答两个问题:一是是否可持续,二是如何发展。在模型的求解过程中,若无可行解(这是经常出现的),则说明该系统在此模型下是不可持续的,否则在此模型下就是可持续的,并且模型的解就是其可持续发展的最佳模式。

显然,这种方法是一种理想状态下的分析方法,它在模型构建初期要受到研究者对可持续发展系统的系统关系认识程度的影响,而且它的评价结果也直接建立在这种认识的基础上。有鉴于此,我们认为,这种方法用于数据充分的可持续发展问题研究(如某资源的可持续性利用)比较好,用到其他方面就会遇到相当大的麻烦。还有很多研究者用其他可以利用的模型工具对可持续发展评价问题开展了颇有建树的研究,比如可持续发展神经网络评价研究、可持续发展的物元模型评价等。限于篇幅和水平所限,不在此介绍。

总而言之,可持续发展综合评价问题是可持续发展测度中一个非常重要的问题,各个领域的研究者都提出了一些较好的研究方法。这既可以反映出可持续发展综合评价研究的热门程度,也足以反映出可持续发展系统的多样性和可持续发展系统评价的复杂性。

【案例】

人均资本法

世界银行的专家提出了使用"人均资本"这一概念来对发展的可持续性进行测度的方法。这里的"资本"是广义的,它是影响人类生存和发展的所有人类财富。它包括四个部分:

(1)人造资本(Man-made Capital)。人造资本指的是经济统计和核算中的资本,包括机械设备、运输设备、建筑物等固定资产。

(2)自然资本(Natural Capital)。自然资本指的是大自然为人类提供的可供人类享用的自然财富,如土地、森林、空气、水、矿产资源等。

(3)人力资本(Human Capital)。人力资本指的是人的生产能力,它包括了人的体力、受教育程度、身体状况、能力水平等各个方面。

(4)社会资本(Social Capital)。社会资本指社会正常运转的社会基础,它包括社会中体制、文化、信息的搜集、知识等。

根据各种资本的保育程度的要求,世界银行专家把可持续性划分为三个层次:弱的可持续性、适中的可持续性、强的可持续性。

弱的可持续性只要求总的资本量不减少而不考虑资本的结构,这暗含着各种资本量之间存在着完全替代。适中的可持续性不但要求总的资本量不减少外,而且还要考虑资本的结构。每种资本都有一个下限,资本的存量不能低于这一下限。如果资本的结构不合理,整个系统就不能有效地运转,适中的可持续性肯定了资本之间的部分可替代关系。强的可持续性要求各种资本都不能减少。例如,对于自然资本而言,消耗石油所得到的收益应该全部用于新能源和可再生能源开发,而不能用于其他地方。

资料引自:《生态农业与职业教育》,刘艳华,2007

思考题

1. 在可持续发展测度中,状态测度起到了什么作用?

2. 自然资源与环境为经济系统提供了哪些服务?

3. 收入损失型估价方法都有哪些？

4. 代际公平由哪些原则组成？

5. 代际公平有哪些重要的经济解释？

6. 可持续发展的综合评价有哪些？（最少写出三种）

推荐读物

1. 可持续发展的理论与测度方法. 韩英. 中国建筑出版社, 2007.

2. 可持续发展测度方法的系统分析. 张二勋. 东北财经大学出版社, 2003.

参考文献

[1]宋旭光. 可持续发展测度方法的系统分析 [D]. 大连:东北财经大学, 2001.

[2]赵毓梅. 区域生态经济系统可持续发展测度方法及案例研究 [D]. 西安:陕西师范大学, 2008.

[3]冯之浚. 树立科学发展观 实现可持续发展[J]. 中国软科学, 2004(1):5-12.

[4]王飞儿. 生态城市理论及其可持续发展研究[D]. 杭州:浙江大学, 2004.

[5]章家恩, 骆世明. 现阶段中国生态农业可持续发展面临的实践和理论问题探讨 [J]. 生态学杂志, 2005, 24(11):1366-1370.

第 9 章 可持续发展的评估体系与方法

【本章提要】

本章在对可持续发展评估的现状及评估原则进行概述的基础上,重点介绍了可持续发展评估体系和评估方法,主要包括可持续发展评估指标的筛选原则及筛选方法,指标体系的类型、模式及国际上有代表性的指标体系。

9.1 可持续发展评估概述

可持续发展作为一种概念和发展战略出现以来,已经在世界范围内得到了广泛的接受和认可,国内外学者也在宏观上对可持续发展进行了多方面、多角度的研究和探讨。但在将可持续发展从概念和理论逐步推向实践的过程中,人们认识到一个亟待研究和解决的问题就是如何评估可持续发展。缺乏这一连接理论与实践的纽带,可持续发展理论只能是动听的言语,或停留在道德原则的概念上被束之高阁,难以真实考察和把握可持续发展的方向和效果,从而也无法有效地指导可持续发展的具体实践。因此,可持续发展评估的研究成为可持续发展领域的前沿课题之一,受到许多国家和地区的高度重视。

评估就是以客观、特定的方法或步骤去测度某活动或过程的状况,包括已完成的、正在进行的或刚被提出的活动或过程。诊断、监测和评价是评估的三个组成部分。评估可以是人们知道什么是可持续发展、可持续发展的目标及向可持续发展迈进过程中的轨迹。可持续发展的评估是将可持续发展从概念和理论逐步推向实践的一个重要环节,是可持续发展定量评估研究的基础,是实施可持续发展管理的依据。它有助于决策者和公众定义可持续发展的目标,有助于评估实现目标所取得的进步、所选择政策的正确性,也为不同地域、不同时期进行性能比较和评估提供一种经验上或数量上的依据。

如何判断某种发展战略是否是可持续的方法之一是建立一套可持续发展的测量指标(指数)。例如,Meadows 呼吁设计这样一个指数,"该指数由一些简单的数据组成,从而能够与 GDP、道-琼斯指数一样在晚间新闻中出现。我们需要这样的指数来告诉人们,他们的环境是变好了还是变坏了。"对决策者来说,这些指标(指数)可以作为是否可持续的信号,以避免不可持续的发展模式。

由于传统的国民经济核算指标 GNP(及 GDP)在测算发展的可持续性方面存在明显缺陷,为此一些国际组织及有关研究人员从 1980 年代开始就努力探寻能定量衡量一个国家或地区发展的可持续性指标。联合国开发计划署(UNDP)于 1990 年 5 月在其第一份《人类发展报告》中首次公布了人文发展指数(HDI),1992 年联合国环境与发展大会后,建立"可持续发展指标体系"被正式提上国际可持续发展研究的议事日程。联合国可持续发展委员会（UNCSD）也于1995年正式启动了"可持续发展指标工作计划（1995—2000）"。

随着可持续发展评估指标（体系）设计和应用研究的不断深入，可持续发展定量评估的各种指标（体系）/指数不断提出，有涵盖可持续发展所涉及的社会、经济、环境和制度等四维问题的系统性指标体系；有主要侧重于一个方面可持续发展评估的指标/指数，如社会发展类指标、经济发展类指标、生态环境类指标等。把握国际上有代表性的可持续发展的系统性指标体系的最新研究进展，以及国际上典型的可持续发展的社会发展类、经济发展类、生态环境类指标（指数）的研究、开发与实际评估应用的进展情况，对促进我国开展相关领域的研究具有重要的理论和现实意义。

9.2 可持续发展评估的原则

任何评估均需要一个参考标准，用于确定一些变化是否会发生或判断这种变化是好是坏。尽管评估不需要知道确切的目标值，但是评估的基本条件是能确定所希望的变化趋势，比如贫困和饥饿的人越来越少，环境质量状况越来越少，清洁水的供应越来越充足，人民生活水平越来越高等。所有这些信息反映系统状况是符合可持续发展方向还是背离可持续发展方向。符合可持续发展是能长期保持下去，表明人类和生态水平等将得到改善。可持续发展的评估应坚持以下原则：

1. 可持续发展的评估要以远景规划和目标为指导

可持续发展的概念把人与环境联系在一起，所以，评估可持续发展意味着必须收集人和环境的相关信息，也就是将人与环境作为一个整体进行考虑。

2. 可持续发展的评估要有全局观念

按全局的观点对人类活动进行评估时，不仅要考虑人的承受能力，而且要考虑生态环境的承受能力。可持续发展的评估应该包括：对整个系统及其组成部分的评价；考虑社会、生态环境、经济子系统及其组成部分以及相关关系的状态、发展趋势和发展速度；既要考虑对人类社会福利做出贡献的经济发展，又要考虑其他非市场行为。

有全局的观念也意味着应树立跨越人类和生态系统的时间观。人和生态系统的时间差异是把可持续发展理论推向实践过程中最大的挑战。从生态系统看，时间将长达几十年甚至几个世纪，而进行经济分析则是建立在现有能力的基础上的。可持续发展的一个中心议题就是既要考虑当代人又要考虑后代人，既关心生态系统又关心人类本身，因此要树立长期的几代人的时间观。

同样，可持续发展也需要转变空间的观念，在某一区域人类所发生的活动也可能对另一区域的人或生态系统产生影响，这是由于：

（1）国际贸易的进行使得成本和利益在世界各地进行转移。

（2）国际援助活动，通过利益的转移使得某一地方的条件得到改善。

（3）污染物排入环境中，通过径流、大气循环等形式扩散到另一个地方，或者引起外太空的状态变化。

3. 可持续发展的评估应该有时空观念

评估可持续发展应该：

（1）采用足够的时间跨度，注意包括人类及生态系统，以便从当代人短期决策及后代人需求的满足的反应中确定人类及生态系统的时间尺度。

（2）从空间上讲，评估不仅应该包括本地，而且要包括对本地的人及生态系统有影响的较远的地方。

评估的时空观念在于拓展视野，使分析变得容易。但是从技术上讲，对每件事的每一个细节进行处理是不可能的，况且某一项决定不可能等上几十年才得出结论，而必须采用概念的方法来确定其界限。为了改进评估的过程，必须清楚地看到：人类活动和生态系统之间的联系；需要进一步努力，保证在对某些条件及其变化进行评估时有一定的透明度，提高从过失中吸取教训的能力；加强计算技术和数据有效性的研究；即使数据有效，也应该有一种有效的比较机制；即使时点数据有效，也需要有用于趋势分析的时间序列；应该用更加合适费用分析技术，特别是涉及多因素的综合影响和在考虑将来的条件时，更是如此；为了能够弥补学科之间的空隙，需要多学科方法的交叉进行综合。

4. 可持续发展的评估需要有一个聚焦点

因为人力、资金、时间、资源等极为有限，所以我们不能奢望掌握所有数据，需要有一个聚焦点；把远景规划、目标与评估标准建立在相联系的组织框架之上；用于分析的主要论点要有限；有能对发展提供明显信号的一组指标体系或指标组合；无论何时均可进行比较的计量方法；能将指标值同目标、参考值、趋势进行分析比较。

5. 可持续发展的评估要有开放性

为了能被广泛地接收，评估过程必须开放。为了能使评估可信，评估必须要描述判断的基本原理，确定一些假设和不确定性。不确定性是影响评估正确性的最大因素。在解释数据和交流结果时，应成为决策的必要部分加以详细考虑。

使用的方法和数据对所有人均易理解。对所有的判断和假设必须清楚。交流是评估过程的一个中心内容，要是评估工作能接受公众的检验，其结果能影响决策，评估过程和指标设计必须做到公开化、文件化，并进行广泛的教育宣传。为了使这些观点能够渗透到社会的各个角落，渗入公众和决策者，评估过程也要建立在有效的交流基础上，同时一些概念的表述必须简单。

6. 可持续发展的评估要进行有效的宣传

不同的社会必然存在着不同的文化差异，不同的文化层次具有不同的价值观和不同的动机，需要不同的数据和信息；每一文化层次在推动可持续发展的过程中又扮演不同的角色，发挥不同的作用。要使具有层次结构的指标体系能敏感地反映这些差异，需要进行有效的宣传工作。

被设计成满足使用者的需求；能从指标及使用的工具中提取信息，服务于决策；结构要简单，使用的语言要清楚、简洁。

7. 可持续发展的评估需要公众参与

评估的过程通过广泛参与，融合了"价值专家"的意见和"技术专家"的意见，通过自上而下、自下而上的评价过程，确保各种价值观被体现。

吸收普通市民、专业人员、技术人员及社会团体包括年轻人、妇女等主要人员的广泛参与。保证决策者参与，从而使采用的政策和取得的效果可靠与可信。

8.可持续发展评估应不断反复地进行

在可持续发展的评估中,制作一次单独的评估是不够的,需要不断地测试评估,才能保证其结论可靠、可信;只有不断地评估,才能检验出企业、政府所采取的措施是否正确。需要不断进行评估主要是:为了计量行动的正确性的需要。为了充实知识库的需要。人类作为动态系统的一部分,其中的很多东西有可能被错误地理解。评估可持续发展必然涉及该系统中一些非常不确定的因素,只有不断地评估,才能揭示新的现象,识别一些不能被理解的东西。为了能进行不断地评估,需要一定的连续资源,因此,必须不断搜集数据和信息,并进行综合交流。必须建立一套制度来支持资源库。只有资源得以保证,可持续发展工作才能进行。

9.能力建设

保证足够的评估能力的最好办法是采用可持续发展的责任制,它使评估工作制度化,并报告其进展情况,这类似于现有的财政预算报告。本原则要求组建机构,转变责任和职责,建立信息管理系统,审计、报告并交流采取的策略及其他活动,如专业人员的发展与培训,从而为评估提供内部的支持。

9.3 可持续发展评估指标体系

可持续发展评估研究是生态经济学研究的前沿领域。1992 年里约环境与发展大会认识到,指标在帮助国家做出有关可持续发展的决策方面发挥着重要作用,指标(体系)是可持续发展评估的工具。在《21 世纪议程》中第 40 章中号召各国、国际组织、政府组织、非政府组织开发和应用可持续发展的指标,以便为各层次的决策提供坚实基础。可持续发展指标应当具有三个方面的功能:一是描述和反映某一时间(或时期内)各方面可持续发展的水平和状况;二是评价和监测某一时期内各方面可持续发展的趋势和速度;三是综合衡量各领域整体可持续发展的协调程度。可持续发展评估指标不仅可以给决策者一个了解和认识可持续发展进程的有效信息工具,而且可以帮助决策者确定可持续发展问题的优先性顺序。

9.3.1 指标与指数

指标(Indicators)是复杂事件和系统的信号或标志,它是指示系统特征或事件发生的信息集。指标可以是变量或变量的函数,可以是定性的变量、排序的变量、定量的变量。指标用于指示、描述某种现象、环境、领域的状态,以提供其信息,具有超出于参数值本身的意义。运用指标的目的是简化关于复杂现象(如可持续发展)的信息,以使交流变得容易、便捷和定量化。指数(Index)是一类特殊的指标,是一组集成的或经过权重化处理的参数或指标,它能提供经过数据综合而获得的高度凝聚的信息。能够从多方面为决策提供决定性的指导,能够将自然科学和社会科学的知识转变为便于决策过程使用的、可管理的信息单元;指标能够帮助衡量可持续发展状况并促进向可持续发展目标迈进;指标可以提供早期预警,及时发出警报以防止经济、社会和环境的损失。同时,指标也是交流方法、思想和价值观的重要工具。

尽管建立可持续发展测量指标(体系)的方法很诱人,但很显然,由于可持续发展的概念范围是如此之大,必然产生了所建立的可持续发展指标(体系)的适宜性问题及数据的可获得性问题。指标的开发涉及的问题还包括:指标的维数、测量的相关尺度、测量中的可能误差、测量数据的权重、测量方法的可靠性等。Anderson 提出,一个好的可持续发展指标应具备以下条件:

(1)计算出指标的数据是可以获得的;

(2)指标是易于理解的;

(3)指标是可以测量的;

(4)指标计量的内容是重要的和有意义的;

(5)指标描述的事件状态与其获取的时间间隔是短暂的;

(6)指标所依据的数据可以进行不同区域的比较;

(7)可以进行国际比较。

9.3.2 指标选取的原则

1. 联合国可持续发展委员会(UNCSD)可持续发展指标选择原则

联合国可持续发展委员会(UNCSD)的"可持续发展指标工作计划"(1995—2000)确定的可持续发展指标选择原则是,指标应当:

(1)在尺度和范围上是国家级的;

(2)与评价可持续发展进程的主要目标相关;

(3)是可以理解的、清楚的、简单的、含义明确的;

(4)在国家政府可发展的能力范围内;

(5)概念上是合理的;

(6)数量上是有限的,但应保持开放并可根据未来的需要修改;

(7)全面反映《21 世纪议程》和可持续发展的各个方面;

(8)具有国际一致的代表性;

(9)基于已知质量和恰当建档的现有数据,或者以合理成本可获得的(有效成本)数据,并且可以定期更新。

2. OECD 可持续发展指标选择原则

OECD 可持续发展指标的选择遵循以下基本原则:

(1)政策的相关性。

①指标要提供环境状况、环境压力或社会响应的代表性图景。

②简单、易于解释并能够揭示随时间的变化趋势。

③对环境和相关人类活动的变化敏感。

④提供国际比较的基础。

⑤或者是国家尺度的或者能够应用于具有国家重要性的区域环境问题。

⑥具有一个可与之相比较的阈值或参照值,据此使用者可以评估其数值所表达的重要意义。

(2)分析的合理性。

①在理论上应当是用技术或科学术语严格定义。

②基于国际标准和国际共识的基础上。

③可以与经济模型、预测、信息系统相联系。

（3）指标的可测量性。

①指标所需要的数据应当是已经具备或者能够以合理的成本/效益比取得。

②适当的建档。

③可以依据可靠的程序定期更新。

3.国际可持续发展研究所（IISD）可持续发展指标体系选择原则——Bellagio 原则

加拿大国际可持续发展研究所（IISD）1996 年在意大利 Bellagio 会议上提出了可持续发展评价的原则——Bellagio 原则（Bellagio Principle）。Bellagio 原则共有 10 点，包括指导前景与目标、整体的观点、关键的要素、适当的尺度、实际的焦点、公开性、有效的信息交流、广泛的参与、进行中的评价、制度能力等 10 个方面，是关于可持续发展进程评价的指导原则，其中涵盖了可持续发展评价的指标体系选择原则。从可持续发展评估的内在要求及国际上可持续发展评估指标体系发展的实践来看，可持续发展指标的选择应当考虑：与可持续发展目标的密切相关性；内涵和概念的准确性；可测量性和数据的易获得性；可理解性和简明性；适当的时空尺度；区域的可比性；代表性和数量的有限性；预测性和预警性；测量方法的科学性；与政策的相关性等。

4.城市可持续发展评价指标体系选取的原则

城市可持续发展评价指标体系要体现城市可持续发展的状态、过程和实力，反映城市经济、环境、生态和社会等方面的建设情况。建立指标体系时应遵守以下基本原则：

（1）完备性。可持续发展指标体系中，社会、经济、生态、环境、机制等方面都应该得到体现，而且应得到同样的重视，并相对比较完备。

（2）客观性。指标体系应当客观体现可持续发展的科学内涵，特别是要体现人们需求的系统性和代际公平性。

（3）独立性。各项指标意义上应互相独立，避免指标之间的包容和重叠。

（4）可测性。指标应可以定量测度，定性指标也应有一定的量化手段进行处理。

（5）数据可获得性。要充分考虑到数据的采集和指标量化的难易程度。

（6）动态性。指标体系中的指标对时间、空间或系统结构的变化应具有一定的灵敏度，可以反映社会的努力和重视程度、可持续发展的态势。

（7）相对稳定性。指标体系中的指标应在相当长一个时段内具有引导和存在意义，短期问题应不予考虑。但绝对不变的指标是不可能的，指标体系将随着时间的推移和情况的改变有所变化。

5.农业发展可持续性指标体系选择原则

针对我国农业发展的特点与目标要求，结合一般指标体系设置的原则，我国农业可持续发展指标体系设置需遵循以下原则：

（1）体现农业可持续发展的内涵，突出农业可持续发展的系统目标。由前面的分析可知，农业可持续发展涵盖的范围很广，对其评价几乎涉及农业与农村经济社会生活及其环境的各个方面。因此，农业可持续发展的指标体系必须以一定的统计核算体系为基础，但指标体系又不能局限于统计指标本身，更应有综合性指标体现可持续发展中涉及的新概念、新内容，如环境质量、资源存量、协调指数等，以体现农业发展可持续性的评估指标体系及其应用研究可持续发展的内涵和目标。

(2)指标体系要全面但不可包罗万象。统计指标体系是数据搜集的基准,因此明确界定指标体系的统计范围是必要的。农业可持续发展的评价指标体系应该能够反映人口、经济、社会、资源、环境发展的各个方面及其协调状况。可是,尽管农业可持续发展几乎涉及农业与农村活动的各个领域,但指标体系却不可能是包罗万象的,有些在统计上无法量化或数据不易获得的指标可暂不列入指标体系中。

(3)实用性和可操作性原则。指标体系最终要被决策者乃至公众所使用,要反映发展的现状和趋势,为政策制定和科学管理服务,指标只有对使用者具有实用性才具有实践意义。可使用的指标体系应易于被使用者理解和接受,易于数据搜集,易于量化,具有可比较性等特点。

(4)层次性和简洁性原则。指标体系是众多指标构成的一个完整的体系,它由不同层次、不同要素组成。为便于识别和比较,按照系统论原理,需要将指标体系按系统性、层次性构筑。同时,指标体系的功能之一是简单明了,以不重复为前提。

(5)规范性和完整性原则。作为农业可持续发展指标体系的一般模式,规范性和完整性是极其重要的,这不仅有利于指导不同地区的发展实践,也有利于地区间的比较。

(6)动态性与静态性相联系的原则。农业可持续发展是一个不断变化的过程,是动态与静态的统一。农业可持续发展指标体系也应是动态与静态的统一,既要有静态指标,也要有动态指标。根据农业可持续发展的内涵、目标,结合上述理论框架和原则,我们将以现有的统计资料和数据为基础,按可持续发展思想构建一个层次结构的评价系统。

9.3.3 可持续发展评估指标体系类型

由于可持续发展问题的宽泛性和复杂性,迄今提出的可持续发展评估指标(体系)/指数类型多种多样。从不同的研究角度出发,可持续发展的指标体系、指标/指数可以有不同的分类。指标分类的依据有:指标的功能、指标的计量单位、指标的信息集成度、指标与时间的相关性、指标的空间尺度、指标的重要性、指标的学科属性、指标体系框架模式、指标对可持续发展的涵盖程度等。

1. 单一指标类型

联合国开发计划署提出的人文发展指数(HDI)是由三个指标组成的综合指标:平均寿命、成人识字率和平均受教育年限、人均国内生产总值。平均寿命用以衡量居民的健康状况,成人识字率和平均受教育年限用以衡量居民的文化知识水平,购买力平价调整后的人均国内生产总值用以衡量居民掌握财富的程度。有人主张用该综合指标来衡量可持续发展。人文发展指数用以综合衡量社会发展还是比较好的,但用来衡量可持续发展就不适宜了,因为它不能反映资源、环境等方面的情况,社会、经济人口等方面也仅仅反映了很少一部分。世界银行开发的新国家财富指标虽然由生产资本、自然资本、人力资本、社会资本组成,但它仍属于单个指标——国家财富,通过它来反映可持续发展的状况。新国家财富指标是一个全新的指标,既包括生产积累的资本,还包括天然的自然资本;既包括物方面的资本,还包括人力、社会组织方面的资本,应该说是比较完整的。但是用新国家财富指标来衡量可持续发展仍然有不足之处,主要表现在可持续发展涉及的方面和内容很多,四种资本无论如何也不能把它们的大部分内容都包括进去,甚至连主要的方面也不能包括进去;同时四种资本之间可以互相替代,反映的仅仅是弱可持续发展。这种类型的指标优点是综合性强,容易进行国家之间、地区之间的比较;缺点是反映的内容少,估算中有许多假设的条件,大量的可持续发展的信息难以得到,难以从整体上反映可持续发展的全貌。

2.综合核算体系类型

联合国组织开发的环境经济综合核算体系(SEEA)就是将经济增长与环境核算纳入一个核算体系,借以反映可持续发展状况。该方法的研究取得一定的进展,但仍有许多问题难于推行。荷兰将国民经济核算、环境资源核算、社会核算有机地结合在一起,建立了国家核算体系,反映一个国家的可持续发展状况。社会核算的主要内容有食物在家庭中的分配、时间的利用和劳务市场的作用;环境核算方面建立了环境压力投入产出模型,将资源投入、增加值、污染物排放量分行业进行对比分析,计算出经济增长与资源消耗、污染物排放量之间的比率关系及其变化,借以反映可持续发展状况。这些都属于综合核算体系型指标。这种类型的指标优点是基本上解决了同度量问题,也就是各个指标可以直接相加;缺点是人口、环境、资源、社会等指标的货币化问题,许多人还难以接受,实施起来还有相当的难度。

3.菜单式多指标类型

联合国可持续发展委员会(CSD)提出的可持续发展指标一览表(计有 142 个指标)、英国政府提出的可持续发展指标(计有 118 个指标)、美国政府在可持续发展目标基础上提出的可持续发展进展指标等都属于这种类型,它是根据可持续发展的目标、关键领域、关键问题而选择若干指标组成的指标体系。为了反映可持续发展的方方面面,指标一般较多,少的也有几十个,多的超过一百个。目前有比利时、巴西、加拿大、中国、德国、匈牙利等 16 个国家自愿参与联合国可持续发展委员会菜单式多指标类型指标的测试工作。这种类型指标的优点是覆盖面宽,具有很强的描述功能,灵活性、通用性较强,许多指标容易做到国际一致性和可比性等;缺点是指标的综合程度低,从可持续发展整体上进行比较尚有一定的难度。

4.菜单式少指标类型

针对联合国可持续发展委员会提出的指标较多的状况,环境问题科学委员会提出的可持续发展指标就比较少,只有十几个指标,其中经济方面的指标有经济增长率(GDP)、存款率、收支平衡、国家债务等,社会方面的指标有失业指数、贫困指数、居住指数、人力资本投资等,环境方面的指标有资源净消耗、混合污染、生态系统风险/生命支持、对人类福利影响等,荷兰国际城市环境研究所建立了一套以环境健康、绿地、资源使用效率、开放空间与可入性、经济及社会文化活力、社区参与、社会公平性、社会稳定性、居民生活福利等 9 个指标组成的评价模型,用以评价城市的可持续发展。北欧国家、荷兰、加拿大等根据多少不等的几个专题,在每个专题下选择 2,3 或 4 个指标,组成指标体系。这类指标多是综合指数,直观性差一些,与可持续发展的目标、关键问题联系不太密切。

5."压力—状态—反应"指标类型

这是由加拿大统计学家最先提出、欧洲统计局和经合组织进一步开发使用的一套指标。他们认为,人类的社会经济活动同自然环境之间存在相互作用的关系:人类从自然环境取得各种资源,通过生产、消费又向环境排放废弃物,从而改变资源的数量与环境的质量,进而又影响人类的社会经济活动及其福利,如此循环往复,形成了人类活动同自然环境污染之间存在着"压力—状态—反应"的关系。压力是指人类活动、大自然的作用造成的环境状态、环境质量的变化;状态是指环境的质量、自然资源的质量和数量;反应是人类为改善环境状态而采取的行动。压力、状态、反应三者之间存在一定的关系,例如人类的生产活动带来氮氧化物、二氧化硫、灰尘等的排放(压力),上述排放物影响空气质量、湖泊和土壤酸碱度等(状态),环境污染必然引来人类的治理,需要投入资金费用(反应)。压力、状态、反应都可以通过一组指标来反映。一些机构借用类似的框架模式来反映可持续发展中经济、社会、环境、资源、人口之间的关系。这类指标的优点是较好地反映了经济、环境、资源之间的相互依存、相互制约的关系,但是可持续发展中还有许多方面之间的关系并不存在着上述压力、状态、反应的关系,从而不能都纳入该指标体系。

9.3.4 指标体系框架模式

指标体系框架是指标体系组织的概念模式,它有助于选择和管理指标所要测量的问题,即使它没有抓住现实世界的本质,它也提供了一种便于研究真实世界的机制。不同的指标体系框架之间的区别在于它们鉴别可以测量的问题、选择并组织要测量的问题的方法和途径以及它们证明这种鉴别和选择程序的概念

目前,可持续发展指标体系框架模式可以归为 5 种,它们是压力—响应模式(Stress-response Model)、基于经济的模式(Economics-based Model)、社会—经济—环境三分量模式或主题模式(Three-component or Theme Model)、人类—生态系统福利模式(Linked Human-ecosystem Well being Model)、多种资本模式(Multiple Capital Model)等。

1. 压力—响应指标体系框架模式

压力—响应指标体系框架模式的典型例子是 OECD 的压力—状态—响应(PSR)指标框架模式。PSR 指标框架模式的结构是,人类活动对环境施以"压力",影响到环境的质量和自然资源的数量("状态"),社会通过环境政策、一般经济政策和部门政策,以及通过意识和行为的变化而对这些变化做出反映("社会响应")。PSR 框架模式是在构建环境指标时发展起来的,对于环境类指标,它能突出环境受到的压力和环境退化之间的因果联系,从而通过政策手段(如减轻环境受到的压力的措施)来维持环境质量,因而与可持续的环境目标密切相关。但对社会和经济类指标,压力指标和状态指标之间没有本质的联系。

依据 PSR 框架模式使用的目的不同,它可以很容易被调整以反映更多的细节或针对专门的特征。PSR 框架模式的调整版本的例子如 UNCSD 的驱动力—状态—响应(DFSR)框架模式、OECD 部门指标体系使用的指标体系框架模式、欧洲环境局(EEA)使用的驱动力—压力—状态—影响—响应(DPSIR)框架模式。

2. 社会—经济—环境三分量模式或主题框架模式

社会—经济—环境三分量指标体系框架模式或主题指标体系框架模式在可持续发展研究文献中也占相当分量。在三分量指标体系框架模式中,社会、经济、环境领域也常常存在变化和不一致性,例如,就社会主题而言,可能涉及社会、文化、社区、健康或公平的某些方面或所有方面;在环境主题方面,或只涉及严格限定的环境问题,也可以涉及生态、自然资源和环境发展。许多社区可持续发展指标体系采用的是主题指标体系框架模式,这些模式中的指标一般并非相互关联但却构成反映社区关注的不同问题(主题)的一组指标。Alberta 可持续性指数、Oregon Benchmarks 指标体系、可持续的 Seattle 指标体系等都是这一模式的具体体现。

3.人类—生态系统福利指标体系框架模式

人类—生态系统福利指标体系框架模式的提出是为了将系统思想应用于维持和改善人类与生态系统的福利的目标。这种模式有 4 类指标:生态系统指标(用于评估生态系统的福利)、相互作用指标(用于评估人类和生态系统界面处产生的效益和压力流)、人口指标(用于评估人类的福利)、综合指标(用于评估系统特征,以及为当前和预测分析提供综合观点)。这种模式的原形是加拿大国家环境与经济圆桌会议(NRTEE)的可持续发展指标体系。可持续性晴雨表(Barometer of Sustainability)指数是应用这种模式的一个例子。

4.多种资本指标体系框架模式

多种资本模式的最好应用例子是世界银行的国家财富指标体系,包括自然资本、人造资本(生产资本)、人力资本和社会资本等指标体系。

9.3.5　国际上代表性的可持续发展系统性指标体系

1.联合国可持续发展委员会(UNCSD)可持续发展指标体系

联合国可持续发展委员会(UNCSD)在 1995 年批准实施了为期 5 年的"可持续发展指标工作计划"(CSD Work Programme on Indicators of Sustainable Development)(1995—2000),专门研究可持续发展评价的指标体系,该计划分 3 个阶段进行,于 2001 年出版《可持续发展指标:指导原则和方法》报告,详细介绍了其指标体系,阐述了指标概念及其方法。

该指标体系的构建对应于《21 世纪议程》有关章节,分经济、社会、环境、制度四维,以"驱动力—状态—响应"(DFSR)模式构建指标。1996 年提出的初步指标体系有 134 个指标(其中,经济指标23 个、社会指标41 个、环境指标55 个、制度指标15 个)。初步指标体系的特点是突出了环境受到的压力与环境退化之间的因果联系,因此与可持续的环境目标之间的联系较为密切;但对社会、经济指标,这种分类方法有一定缺陷,即驱动力指标与状态指标之间没有必然的逻辑联系,有些指标属于"驱动力指标"还是"状态指标"界定不尽合理,指标数目众多,粗细分解不均。

1996—1998 年,世界上 22 个国家(非洲 6 个国家,亚太地区 4 个国家,欧洲 8 个国家,美洲 6 个国家)对有 134 个指标的初步指标体系在国家尺度上进行了检验和应用,评价了DFSR 指标模式的恰当性、这些指标在国家尺度的决策中的适用性。在国家检验和评价的基础上,最终确定了经济、社会、环境、制度四个维度、15 个主题(Theme)、38 个子主题(Subtheme) 的主题) 指标框架(Theme Indicator Framework),并确定了核心指标体系(Core Indicators Set)。核心指标体系包含58 个核心指标(Core Indicators),其中,社会指标 19 个、环境指标 19 个、经济指标 14 个、制度指标 6 个。

UNCSD 的主题、子主题和核心指标体系为所有国家提供了一套广泛接受的可持续发展指标体系,对 2001 年以后各国开发国家可持续发展指标体系具有重要指导意义。该核心指标体系克服了 UNCSD 的初步指标体系存在的指标重复、缺乏相关性和明确含义、缺乏经检验并广泛接受的计量方法等弊病,清楚地反映了国家和国际可持续发展的共同优先性,体现了与国家政策制定、实施和评价密切相关的可持续发展主题之间的较好平衡,为各国发展各自国家的指标计划及指标检测进程提供了坚实基础,并且为各国政府向国际组织提供满足国际报告要求(包括向 UNCSD 的报告)的国家可持续发展报告提供了一套共同工具,其广泛采纳和使用将有助于改进国际范围可持续发展信息的一致性。同时,该核心指标体系也为国际及国家研究机构开发可持续发展的集成化指标(Aggregated Indicator)提供了基础。

2. 经济合作与发展组织(OECD)可持续发展指标体系

成立于 1961 年的经济合作与发展组织(OECD) 现有包括美国、加拿大、英国、德国、澳大利亚、日本、韩国等在内的 30 个成员国,在环境指标的研究中一直走在国际前列。从 1989 年开始,OECD 即实施其"OECD 环境指标工作计划",该计划的目标是:

(1)跟踪环境进程;

(2)保证在各部门(运输、能源、农业等)的政策形成与实施中考虑环境问题;

(3)主要通过环境核算等保证在经济政策中综合考虑环境问题。

并于 1991 年就提出了其初步环境指标体系(世界上第一套环境指标体系),1994 年出版了其核心环境指标体系,1998 年开始发布 OECD 成员国指标测量结果。在环境指标的重要性凸显的 20 世纪 90 年代,环境指标在 OECD 国家的环境报告、规划、确定政策目标和优先性、评价环境行为等方面得到了广泛应用。

"OECD 环境指标工作计划"迄今取得的主要成果有:

(1)成员国一致接受"压力—状态—响应"(PSR)模型作为指标体系的共同框架;

(2)基于政策的相关性、分析的合理性、指标的可测量性等,遴选和定义环境指标体系;

(3)为各成员国进行指标测量并出版测量结果。

OECD 可持续发展指标体系包括以下指标体系:

(1)OECD 核心环境指标体系:约 50 个指标,涵盖了 OECD 成员国家反映出来的主要环境问题,以 PSR 模型为框架,分为环境压力指标(直接的和间接的)、环境状况指标和社会响应指标等 3 类,主要用于跟踪、监测环境变化的趋势。

(2)OECD 部门指标体系:着眼于专门部门,包括反映部门环境变化趋势、部门与环境相互作用(正面的与负面的)、经济与政策等 3 个方面的指标,其框架类似于 PRS 模型。

(3)环境核算类指标:与自然资源可持续管理有关的自然资源核算指标,以及环境费用支出指标,如自然资源利用强度、污染减轻的程度与结构、污染控制支出。

为便于社会了解,以及更广泛地与公众交流,在核心环境指标的基础上,OECD 又遴选出了"关键环境指标"(Key Environmental Indicators)(10~13 个),意在提高公众环境意识,引导公众和决策部门聚焦关键环境问题。

3. 瑞士洛桑国际管理开发学院国际竞争力评估指标体系

瑞士洛桑国际管理开发学院(International Institute for Management and Development, IMD)从 1989 年开始出版《世界竞争力年度报告》(World Competitiveness Yearbook),对世界上主要国家和地区的国际竞争力进行评估和排序。该年度报告已经成为世界上对国家的环境如何支撑其竞争力的领导性分析报告。《世界竞争力年度报告》使用的评价指标体系不断有所变化,目前包括经济表现、政府效率、企业效率和基础设施等 4 大类指标,每个大类指标又分为 5 类指标,一共 20 类共 314 项指标。依据该指标体系,《世界竞争力年度报告》对世界上 49 个主要国家和地区(30 个 OECD 成员国家,19 个工业化国家和新兴经济国家)的国际竞争力进行研究和排序,见表 9 - 1。

表 9 - 1　国家的国际竞争力评估指标体系

经济表现(74)	政府效率(84)	企业效率(66)	基础设施(90)
国内经济(33)	公共财政(11)	管理生产率(11)	基本基础设施(20)
国际贸易(20)	财政政策(14)	劳动力市场(20)	技术基础设施(20)
国际投资(10)	制度框架(22)	财政(19)	科学基础设施(22)
就业(7)	商业立法(24)	管理实践(11)	健康与环境(18)
价格(4)	教育(13)	全球化的影响(5)	价值体系(10)

注:括号内的数字为指标个数

据《世界竞争力年度报告 2002》,从 1998 年至 2002 年的 5 年,美国的国际竞争力一直排名世界第一;中国的国际竞争力排名分别为第 21,29,30,33,31 位。由于该指标体系的约 1/3 指标是主观指标,因而其评价结果受人为因素影响较大,导致评价结果的波动比较明显。

4. 世界保护同盟(IUCN)"可持续性晴雨表"评估指标体系

世界保护同盟(IUCN)与国际开发研究中心(IDRC)联合于 1994 年开始支持对可持续发展评估方法的研究,并于 1995 年提出了"可持续性晴雨表"(Barometer of Sustainability)评估指标及方法,用于评估人类与环境的状况以及向可持续发展迈进的进程,该方法最初被称为"系统评估",现在被称为"可持续性评估"或"福利评估"。

该评估指标和方法建立的理论依据是,可持续发展是人类福利和生态系统福利的结合,并将其表述为"福利卵"(Egg of Well-being),即:生态系统环绕并支撑着人类,正如蛋白环绕并支撑着蛋黄;而且,正如只有蛋白和蛋黄都好时鸡蛋才是好的一样,只有当人类和生态系统都好时,社会才能是好的和可持续的。在这些假说的基础上,IUCN"福利评估"指标和方法将人类福利与生态系统福利同等对待。首先确定需要测量的人类福利和生态系统福利的主要特征,然后选定这些特征的主要指标,最后将这些指标集成为指数。

人类福利与生态系统福利两个子系统各包括 5 个要素方面,每个要素方面又有若干指标。人类福利子系统包括:健康与人口(2 个指标)、财富(14 个指标)、知识与文化(6 个指标)、社区(10 个指标)、公平(4 个指标)等 5 个要素方面的 36 个指标。生态系统福利子系统包括:土地(5 个指标)、水资源(20 个指标)、空气(11 个指标)、物种与基因(4 个指标)、资源利用(11 个指标)等 5 个要素方面的 51 个指标。10 个要素方面的 87 个指标被按同等权重平均而分别集成为人类福利指数(HWI)、生态系统福利指数(EWI)、福利指数(WI)和福利/压力指数(WSI,人类福利对生态系统压力的比率)。

"可持续性晴雨表"评估指标和方法将结果以可视化图表形式表示(图 9 - 1),以人类福利指数作为横坐标、生态系统福利指数作为纵坐标,划分出 5 个坐标区域以反映可持续发展状况:可持续发展、基本可持续发展、中等可持续发展、基本不可持续发展、不可持续发展。图中HWI和EWI相交的点为"福利指数"(Well-being Index)。"可持续性晴雨表"清楚地显示了 3 种指数。

Prescott - Allen 用"可持续性晴雨表"指标方法,通过分析和合成 87 个指标,计算了世界上 180 个国家的可持续性状况,这是首次对全球的可持续性状况的评估。评估结果显示,世界上 2/3 的人口生活在差 HWI 的国家,不到 1/6 的人口生活在较好或好 HWI 的国家;

HWI 排名最前的 10% 的国家的平均 HWI 是排名处于末尾的 10% 的国家的平均 HWI 的 8 倍。环境退化在全球普遍存在,具有差和较差 EWI 的国家占据了全球陆地和内陆水域面积的将近一半(48%),具有中等 EWI 的国家占据了 43%,具有好的 EWI 的国家只占据了 9%。

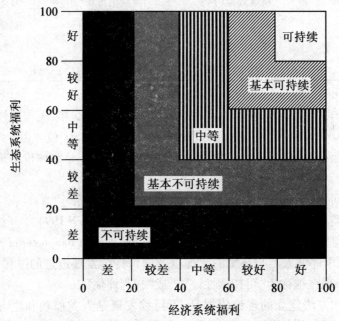

图 9 – 1　福利评估的可持续性晴雨表

与其他可持续性评估方法形成对照的是,IUCN 的"可持续性晴雨表"评估方法是一个评估可持续发展的结构化分析程序,它同等地对待人类系统和生态系统,"福利卵"的概念清楚地表明了人类与其环境的相互依赖性。同时,该方法提供了测量可持续发展状况的综合方法,并且是一个以用户为中心的评估方法,可以在国际、国家、区域、地方尺度上应用。

这种指标体系及评估方法的不足之处是,指标的权重化处理取决于研究人员而且没有科学上通用的标准,计算过程比较复杂而且只有当有数字化的目标值或标准时才可以计算,另外,百分比尺度任意性太大,计算中的不确定性明显。

5. 联合国统计局(UNSD)可持续发展指标体系

联合国统计局(UNSD) 1995 年与政府间环境统计促进工作组合作,提出了一套环境与相关社会经济指标,于 1995 年 2 月第 4 次工作组会议上通过,并于 1995 年在联合国统计委员会第 28 次会议上同意由联合国统计局(UNSD)进行国际汇编。

联合国统计局(UNSD)的可持续发展指标体系在指标的框架模式上类似于联合国可持续发展委员会(UNCSD)的 DFSR 指标体系,指标按《21 世纪议程》中的问题——经济问题、社会 – 统计问题,空气 – 气候、土地 – 土壤、水资源、其他自然资源、废弃物、人类居住区、自然灾害等 9 个方面的问题,分"社会经济活动,事件""影响与结果""对影响的响应""存量,背景条件"等 4 个方面组织指标。指标数目达 88 个,而且对环境方面反映较多,社会经济方面反映较少,制度方面没有涉及,指标数目较多且较混乱。

9.4　可持续发展评估方法

9.4.1　指标筛选的方法

可持续发展指标体系是进行可持续发展评价的基础和关键,必须要能反映可持续发展的本质、内涵和区域社会—经济—环境系统的发展水平、能力及协调状况。由于区域系统的复杂性、开放性、非线性等特征,使指标的选择和指标关系、结构的确定成为困难,再加上由于缺乏科学有效的筛选方法,评价指标体系普遍存在着信息覆盖不全和信息重叠的现象,影响了评价的科学性。因此,有必要对目前研究中指标筛选的方法进行讨论。

目前,在可持续发展评价研究过程中,指标筛选的方法可以分为两类:主观方法和客观方法。

1. 主观方法

主观方法包括频度统计法、理论分析法和专家咨询法。频度统计法是对目前有关可持续发展评价研究的报告、论文进行频度统计,选择那些使用频度较高的指标;理论分析法是对区域可持续发展的内涵、特征进行分析综合,选择那些重要的发展特征指标;专家咨询法是在初步提出评价指标的基础上,征询有关专家的意见,对指标进行调整。这几种方法主要用于建立"一般"意义的指标体系。

2. 客观方法

(1)主成分分析法。主成分分析法是目前使用较多的方法,是研究用变量族的少数几个线性组合来解释多维变量的协方差结构,挑选最佳变量子集,简化数据,揭示变量间关系的一种多元统计分析方法。从数学角度看,这是一种降维处理技术,即用较少的几个综合指标代替原来较多的变量指标,而且使这些较少的综合指标既能尽量地反映原来较多变量指标所反映的信息,同时,它们之间又是相互独立的。其基本原理是取原来变量的线性组合,适当调整组合系数,使新的变量之间相互独立且代表性最好。这种方法对于可持续发展系统指标的建立是一种强有力的工具。

(2)因子分析法。因子分析法是主成分分析法的推广和发展,它们是将具有错综复杂的变量综合为少数的几个因子,以再现原始变量与因子之间的相互关系,也是属于多元统计分析处理降维的一种统计方法。因子分析法与主成分分析法有很多相似的地方,也有许多不同之处:虽然两者的基本思想都是通过变量的相关系数矩阵的研究,找出能控制所有变量的少数几个随机变量去描述多个变量之间的相关关系。但是,在主成分分析中,找出的少数几个随机变量是明确的,即是从众多个原始变量中筛选出的。而对于因子分析而言,这几个少数的随机变量是不可观测的,是从原始变量中抽象出的,可通过因子旋转手段得出其明确的定义和命名。因此,具有对变量进行分类的另一大功能。在可持续发展评价研究中,因子分析法不仅可以对可持续发展系统中的复杂变量(指标)进行降维处理,而且可以在通过主成分分析筛选出主要指标的基础上,建立指标的结构。

(3)灰色关联分析法。灰色关联分析从其思想方法上来看,属于几何处理的范畴,其实质是对反映各因素变化特征的数据序列进行的几何比较。用于度量因素之间关联程度的灰色关联度,就是通过因素之间的关联曲线的比较而得到的。灰色关联数学模型为: $r_{ij} = \frac{1}{M}\sum_{i=1}^{M}e_{ij}(t)$。可持续发展系统由于其复杂性、开放性、多层次性和非线性以及人们认识的局限性,导致对其内部各因素之间的关系,以及各因素与整个系统的关系、机理把握得不够,因此,就目前而言,可持续发展系统是一类典型的灰色系统,用灰色关联系统理论中的灰色关联分析法来筛选指标是极为恰当的。再者,目前的统计相关分析具有这样的性质:即因素 Y 对因素 X 的相关程度与因素 X 对因素 Y 的相关程度相等,这与实际情况不相符,而灰色关联分析法成功地克服了统计分析的这一缺陷。最后,从灰色关联分析的数学模型可知,变量 x_i 对变量 x_i 的关联度 r_{ij} 取决于各时刻的关联系数的值,而又取决于各时刻 x_i 与 x_j 观测值之差 $v_{ij}(t)$。从此可以看出,用灰色关联分析法来分析评价具有层次性、动态性的可持续发展系统的确是一种强有力的方式。

(4)Rough 集的属性约简法。所谓属性约简,就是在保持信息系统原有功能不变的条件下,删除其中不相关或不重要的信息。这种方法的基本思想是:首先将研究对象看成一个信息系统 $S = (U, A, V, F)$(U 为研究个体集合,A 为属性集,V 为属性集 A 的值区域,F 为每个对象的每个属性赋予的信息值),信息系统的数据以关系表的形式表示,关系表的行对应要研究的对象,列对应对象的属性,对象的信息通过指定对象的各属性值来表示。其次,根据相应的属性约简算法约简出核心属性。对于可持续指标体系而言,可以用属性及属性值引入的分类来表示,于是指标筛选可转化为属性约简,而关系表可以看作是分类表。但是,这种方法要求同时对不同的区域进行研究,而且不同区域都要有完全相同的初始指标集,经筛选的指标也要完全相同,这是与可持续发展指标体系建立的区域性原则相矛盾的,再者,部分属性约简方法最后可能会得到几种约简的核心指标体系,而选择其中一种作为最终的评价指标存在太大的主观性。

9.4.2 综合评价的方法和模型

可持续发展评价研究中综合评价方法、模型的选择是极为重要的,因为它直接影响到评价结果的科学性和客观性,然而可持续发展系统的复杂性决定了评价方法、模型选择和建立的困难。因此,选择合适的方法、模型是当前研究的难点,而这方面的工作在已有研究中十分薄弱。

1. 指标值的标准化方法

由于各指标的含义不同,指标值的计算方法也不同,造成指标的量纲各异。因此,即使都定量化了,也不能直接计算。必须先对指标进行标准化处理,常用的方法有模糊隶属度函数,即 $y = (Z/Z_0)^A$(当 Z 为正作用指标);$y = (Z_0/Z)^A$(当 Z 为负作用指标),式中 A 刻划模糊度($A = 0 \sim 2$),当 $A = 1$ 时则等于常规的线性无量纲化方法。Z-Score 法:其标准化公式为 $X'_{ik} = (X_{ik} - X_i)/S_i$,其中 X_{ik} 为 i 指标第 K 年的数值;X'_{ik} 为 X_{ik} 标准变换后的值;X_i 为 i 指标的多年平均值;S_i 为 i 指标的多年标准差。常规无量纲化方法:对于发展类指标 $D_i = Q_i/S_i$;对于制约类指标 $D_i = 1 - |Q_i - S_i|/S_i$;其中 $D_i = i$ 指标评价指数值;$Q_i = i$ 指标的现状值;$S_i = i$ 指标的评价标准值。

2. 指标权重确定的方法

指标权重的合理与否在很大程度上影响综合评价的正确性和科学性,近年来,指标权重确定的主要方法有:层次分析法、德尔菲法、专家咨询法、主成分分析法、因子分析法。其中,主成分分析法和因子分析法主要是用主成分的贡献率和因子对系统的贡献率来确定权重,由于上文对这两种方法以及专家咨询法已有叙述,故不在赘述。

(1)层次分析法。层次分析法是近年来在确定指标权重时使用最多的一种方法,它是一种整理和综合专家们经验判断的方法,也是将分散的咨询意见数量化与集中化的有效途径。它将要识别的复杂问题分解成若干层,由专家和决策者对所列指标通过两两比较重要程度而逐层进行判断评分,利用计算判断矩阵的特征向量,确定下层指标对上层指标的贡献程度,从而得到基层指标对总体目标或综合评价指标重要性的排列结果。层次分析法的基本步骤是:首先建立判别矩阵,然后进行层次单排序、层次总排序和一致性检验,最终得出各项指标权重。这种多层次分别赋权法可避免大量指标同时赋权的混乱和失误,从而提高预测和评价的简便性和准确性。由于传统层次分析法级别差别较大(在 1~9 标度中为 1,3,5,7,9)以及众多的可持续发展指标往往不能满足相对完善的指标赋权,因此,部分研究采用了改进的层次分析法。改进的层次分析法有 3 种:9/9~9/1 标度法,10/10~18/2 标度法和指数标度法,对于非数量性指标以及与数量性指标的混合状态下的指标权重赋值,最宜采用 10/10~18/2 标度法,不但判断矩阵的最大特征值最小,一级性指标亦最小,因而指标权重的精度也最好;9/9~9/1 标度次之,传统的 1~9 标度最差。虽然层次分析法识别问题的系统性强,可靠性高,可提高评价的简便性和准确性,但在采用专家咨询时易产生标度把握不准或丢失部分信息的现象,因此,又产生了一种熵技术支持下的层次分析法以增大赋权结果信息,提高可信度。

(2)德尔菲法。德尔菲法是一种向专家反复函询、收集意见、进行预测的方法。这种方法克服了专家会议法中专家代表不足,收集意见的时间仓促,易受权威专家的影响,只能利用一次性征询意见等缺点。

3. 综合评价的方法和模型

(1)模糊综合评判方法。模糊综合评判方法是一种运用模糊变换原理分析和评价模糊系统的方法。它是一种以模糊推理为主的定性与定量相结合、精确与非精确相统一的分析评判方法。它能把社会经济现象中所出现的"亦此亦彼"的中介过渡状态采用概念内涵清晰、但外延界限不明确的模糊思想给以描述,并进行多因素的综合评定和估价。由于可持续发展是一个具有多层次的系统,因此,在综合评价过程中一般均采用多层次模糊综合评判模型。从数学角度来看,"可持续发展"是一种内涵清楚而外延不清楚的模糊概念,因此运用"模糊子集"和"隶属度"来描述可持续发展水平更具有科学性。此模型主要运用模糊变换和模糊综合评判方法主要解决两种问题,其一是可以对同级不同区域的可持续发展水平进行综合排序,使评价结果在整个区域的不同区域之间具有可比性;其二是对某一区域的可持续发展水平做出评价。需要注意的是,在区域可持续发展评价中,如何合理地确定各指标的五级(很差、差、中等、好、很好)是困难的;再者,在模糊变换中,用不同的算子进行综合评价对处理信息的效果是不同的。

(2)多维灰色评价模型。灰色评估是指基于灰色系统理论,对系统或因子在某一时段所处状态进行半定性、半定量的评价与描述,以便对系统的综合效果与整体水平进行识别和分类,如高、中、低、大、中、小、好、中、差等。显然这些识别和分类具有相对性和不确定性,可称为灰色性。目前,在可持续发展的评价研究中主要是应用灰色聚类评估法对某一背景区域下的各个次级区域进行综合和排序。多维灰色评估的特点是:先按样点计算出各指标的类别系数,再将各指标同类别的权系数按样点加权综合。得到样点的类别权系数向量,以避免常用的指数评分法中发生指标高分值掩盖低分值,出现以偏概全的弊端,从而可提高分类的精度;利用归一化综合权系数计算样点综合得分,将评估样点排序以便提高决策的准确性;最后利用三角坐标图进行分类划区,比简单排序提供了更多的信息,且清晰直观,灵活简便。这样,对于复杂的大系统或递阶调控系统,进行多目标、多层次的综合与归纳便能得出对系统的全貌与整体水平的评价。

除上述方法外,可持续发展的评价方法还涉及功效函数法、功效系数法、递阶多层次综合评价、线性加权求和主成分分析、回归分析共同集成的模型等。

【案例】

可持续发展评估体系建立的必要性

可持续发展的评估体系即可持续发展指标体系,具有目的性、科学性、关联性、系统性等特点。反映可持续发展状况的指标多种多样,有客观指标,也有主观指标;有经济指标,也有非经济指标;有描述性指标,也有评价性指标;有高指标、中指标,也有低指标;有投入指标,还有活动量指标与产出指标等。

可持续发展评估体系的建立是十分必要的,具体体现在:①评价可持续发展战略的实施效果并对其进行有效调控,需要一套完善的评价指标体系;②建立可持续发展评估体系,可对区域的社会、经济、资源、环境、人口、科技等的发展状况进行客观的评估,为决策提供依据;③通过评估体系,可以反映区域发展中存在的问题,找出其不足,分析其产生的原因,以便采取相应的对策;④可以使领导者真正贯彻可持续发展的思想;⑤可进行国家之间、地区之间、部门之间的比较,找出差距,明确发展方向;⑥可进行区域可持续发展的分析与预测,制定相应发展战略与规划,发挥宏观指导的作用。

资料引自:《可持续发展思想与中学地理教学》,陈龙飞等,2001

思考题

1. 可持续发展评估的原则是什么?
2. 可持续发展评估指标的筛选原则是什么?
3. 可持续发展评估体系的类型有哪些?
4. 目前国际上有代表性的指标体系有哪些?
5. 可持续发展评估指标的筛选方法有哪些?
6. 可持续发展评估的方法有哪些?

推荐读物

1. 可持续发展评估理论及实践. 叶正波. 环境科学出版社,2004.
2. 可持续发展概论. 李永峰,乔丽娜等. 哈尔滨工业大学出版社,2013.

参考文献

[1] 张志强、程国栋、徐中民.可持续发展评估指标、方法及应用研究 [J].冰川冻土,2002(2):28-32.

[2] 曹斌、林剑艺、崔胜辉.可持续发展评价指标体系研究综述[J].环境科学与技术,2010(1):1-6.

[3] 华红莲、潘玉君.可持续发展评价方法评述[J].云南师范大学学报,2005(3):225-227.

[4] 隆刚.可持续发展评估及预警系统[J].统计研究,2008(4):220-225.

[5] 李锋,刘旭升,胡聃,等.城市可持续发展评价方法及其应用[J].生态学报,2007(6):402-405.

第 3 编　可持续发展的生态学方面

第 10 章　自然资源与可持续发展

【本章提要】

自然资源是人类赖以生存的基础,资源量的多少及利用率深刻影响着人类的生活。本章将着重介绍水资源、土地资源、矿产资源、森林资源、草地资源以及能源资源等的分布状况、利用情况及保护措施。

10.1　概　　论

10.1.1　自然资源的定义

自然资源也称为资源。根据联合国环境规划署的定义,自然资源是指在一定时间条件下,能够产生经济价值以提高人类当前和未来福利的自然环境因素的总称,如阳光、空气、水、土地、森林、草原、海洋、矿物、野生动植物等。

自然资源的概念和范畴不是一成不变的,随着社会生产的发展和科学技术水平的提高,过去被视为不能利用的自然环境要素,将来也可能变成有一定经济利用价值的自然资源。

10.1.2　自然资源的分类

按照不同的要求和目的,可将自然资源进行多种分类。但目前大多按照自然资源的有限性,将自然资源分为有限自然资源和无限自然资源,如图 10-1 所示。

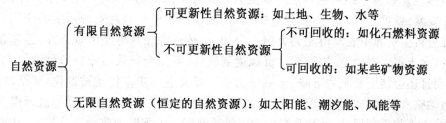

图 10-1　自然资源分类

1. 有限自然资源

有限自然资源又称耗竭性资源。这类资源是在地球演化过程中的特定阶段形成的,质与量都是有限的,空间分布不均。有限资源按其能否更新又可分为可更新资源和不可更新资源两大类。

可更新资源又称可再生资源。这类资源主要是指那些被人类开发利用后,能够依靠生态系统自身的运行力量得到恢复或再生的资源,如土地资源、生物资源、水资源等。只要其消耗速度不大于恢复速度,借助自然循环或生物的生长、繁殖,这些资源从理论上讲是可以被人类永续利用的。但各种可更新资源的恢复速度是不尽相同的,如岩石自然风化形成1 cm厚的土壤层大约需要 300~600 年的时间,森林的恢复一般需要数十年至百余年。因此,不合理的开发利用也会使这些可更新的资源变成不可更新资源,甚至使其耗竭。

不可更新资源又称不可再生资源。这类资源是在漫长的地球演化过程中形成的,它们的储量是固定的。被人类开发利用后,会逐渐减少以至枯竭,一旦被用尽,就无法再得到补充,如各种非金属矿物、金属矿物、化石燃料等。这些矿物都是由古代生物或非生物经过漫长的地质年代形成的,因而它们的储量是固定的,在开发利用过程中,只能不断减少,无法持续利用。

2. 无限自然资源

无限自然资源又称为恒定的自然资源或非耗竭性资源。这类资源随着地球形成及其运动而存在,基本上是持续稳定产生的,几乎不受人类活动的影响,也不会因为人类的利用而枯竭,如太阳能、风能、潮汐能等。

10.1.3　自然资源的属性

1. 有限性

有限性是自然资源最本质的特征。大多数资源在数量上是有限的。资源的有限性在矿产资源中尤其明显,任何一种矿物的形成不仅需要有特定的地质条件,还必须经过千百万年甚至上亿年漫长的物理、化学以及生物作用过程,因此,矿产资源相对于人类而言是不可再生的,消耗一点就减少一点。其他的可再生资源如动物、植物,由于受自身遗传因素的制约,其再生能力也是有限的,过度利用将会使其稳定的结构遭到破坏而丧失再生能力,成为非再生资源。

资源的有限性要求人类在开发利用自然资源时必须从长计议,珍惜一切自然资源,注意合理开发利用与保护,绝不能只顾眼前利益,掠夺式地开发资源,甚至肆意破坏资源。

2. 整体性

整体性是指每个地区的自然资源要素存在着生态上的联系,形成一个整体,触动其中的一个要素,就可能引起一连串的连锁反应,从而影响整个自然资源系统的变化。这种整体性在可再生资源中表现得尤为突出。例如,森林资源除具有经济效益外,还具有涵养水分、保持水土等生态效益,如果森林资源遭到破坏,不仅会导致河流含沙量增加,引起洪水泛滥,而且还会使土壤肥力下降,土壤肥力的下降又进一步促使植被退化,甚至沙漠化,从而导致动物和微生物大量减少。相反,如果通过种草种树等措施使沙漠地区慢慢恢复茂密的植被,水土将得到保持,动物和微生物将集结繁衍。土壤肥力将会逐步提高,从而促进植被进一步优化及各种生物进入良性循环。

由于自然资源具有整体性的特点,因此对自然资源的开发利用必须持整体的观点,应当统筹规划、合理安排,以保持生态系统的平衡。否则将顾此失彼,不仅使生态与环境遭到破坏,经济也难以得到发展。

3. 区域性

区域性是指资源分布的不平衡,在数量或质量上存在着显著的地域差异,并有其特殊分布规律。自然资源的地域分布受太阳辐射、大气环流、地表形态结构和地质构造等因素的影响,其数量多寡、种类特性、质量优劣都具有明显的区域差异。由于影响自然资源地域分布的因素基本上是恒定的,在一定条件下必定会形成相应的自然资源,所以自然资源的区域分布也具有一定的规律性。例如,我国的煤炭、石油和天然气等资源主要分布在北方,而南方则蕴藏着丰富的水资源。

自然资源区域性的差异制约着经济的布局、规模和发展。例如,矿产资源状况(矿产种类、质量、数量、结构等)对采矿业、冶炼业、石油化工业、机械制造业等都会有显著影响,而生物资源状况(数量、质量、种类、品种)对种植业、养殖业和轻、纺工业等有很大的制约作用。

因此,在自然资源开发过程中,应该按照自然资源区域性的特点和当地的经济条件,对资源的数量、质量、分布等情况进行全面调查、分析和评价,因地制宜地安排各行业生产,扬长避短,有效发挥区域自然资源优势,使资源优势成为经济优势。

4. 多用性

多用性是指任何一种自然资源都有多种用途,如土地资源既可用于农业,也可以用于工业、旅游、交通以及改善居民生活环境等。森林资源既可以提供木材和各种林产品,作为自然生态环境的一部分,又具有调节气候、涵养水源、保护野生动植物等功能,还能为旅游提供必要的场地。

自然资源的多用性只是为人类利用资源提供了不同用途的可能性,具体采取何种方式进行利用则是由经济、社会、科学技术以及环境保护等诸多因素决定的。

资源的多用性要求人们在对资源进行开发利用时,必须根据其可供利用的广度和深度,从生态效益、经济效益、社会效益等各方面进行综合研究,从而制订出最优方案实施开发利用,以做到物尽其用,取得最佳效益。

10.2　水资源的利用与保护

水是人类维系生命的基本物质,是工农业生产和城市发展不可或缺的重要资源。

地球上水的总量约有 14 亿 km^3,其中约有 97.3% 是海水,淡水不及总量的 3%,其中还有约 3/4 以冰川、冰帽的形式存在于南北极地区,人类很难使用。与人类关系最密切又较易开发利用的淡水储量约为 400 万 km^3,仅占地球上总水量的 0.3%。

水资源是指在目前的技术和经济条件下,比较容易被人类利用的那部分淡水,主要包括河川、湖泊、地下水以及大气水等。

直到 20 世纪 20 年代,人类才认识到水资源并非是取之不尽、用之不竭的。随着人口增长和经济发展,对水资源的需求与日俱增,人类社会正面临水资源短缺的严重挑战。据联合国统计,全世界有 100 多个国家缺水,严重缺水的国家已达 40 多个。水资源不足已成为许多国家制约经济增长和社会进步的主要障碍。

10.2.1　中国水资源特点

1. 水资源总量较大,但人均水资源占有量较少,属贫水国家

我国的水资源总量并不缺乏,年降水量为 60 000 亿 m³ 左右,相当于全球陆地总降水量的 5%,居世界第三位。我国地面年径流量为 27 210 亿 m³,仅少于巴西、加拿大、美国和印度尼西亚等国家。但是由于我国是一个人口大国,人均年径流量仅为每人每年 2 300 m³,相当于世界人均占有量的 1/4,位居世界第 110 位,已经被联合国列为 13 个贫水国家之一。

2. 地区分配不均,水土资源不平衡

我国陆地水资源的地区分布与人口、耕地的分布不相适应。长江以南的珠江、浙闽台和西南诸河等地区,国土面积占全国的 36.5%,耕地面积占全国的 36%,人口占全国的 54.4%,但水资源却占全国总量的 81%,人均占有量 4 100 m³,约为全国人均占有量的 1.6 倍。辽河、黄河、海滦河、淮河等北方地区,国土面积占全国的 18.7%,耕地面积占全国的 45.2%,人口占全国的 38.4%,但水资源仅占全国的 10% 左右。地下水也是南方多,北方少。占全国国土面积 50% 的北方,地下水只占全国的 31%,因此,我国形成了南方地表水多,北方地表水少,地下水也少,由东南向西北逐渐递减的水资源分布态势。

3. 年内季节分配不均、年际变化很大

我国的降水受季风影响,降水量和径流量在一年内的分配不均。长江以南,3 ~ 6 月(4 ~ 7 月)的降水量约占全年降水量的 60%;而长江以北地区,6 ~ 9 月的降水量常常占全年降水量的 80%。由于降水过于集中,造成雨期大量弃水,非雨期水量缺乏,总水量不能被充分利用。由于降水年内分配不均,年际变化很大,我国的主要江河都出现过连续丰水年和连续枯水年。在雨季和丰水年,大量的水资源不仅不能充分利用,白白地注入海洋,而且造成许多洪涝灾害。旱季或少雨年,缺水问题又十分突出,水资源不仅不能满足农业灌溉和工业生产的需要,甚至在某些地方,人畜饮水都难以得到满足。

4. 水能资源丰富

我国的山地面积广阔,地势梯级明显,尤其在西南地区,大多数河流落差较大,水量丰富,所以我国是一个水能资源蕴藏量非常丰富的国家。我国水能资源理论蕴藏量约有 6.8 亿 kW·h,占世界水能资源理论蕴藏量的 13.4%,为亚洲的 75%,居世界首位。已探明可开发的水能资源约为 3.8 亿 kW·h,为理论蕴藏量的 60%。我国能够开发的、装机容量在 1 万 kW·h 以上的水能发电站共有 1 900 余座,装机容量可以达到 3.57 亿 kW·h,年发电量为 1.82 万亿 kW·h,可替代年燃煤 10 多亿 t 的火力发电站。

10.2.2　水资源开发利用中存在的主要问题

1. 水资源供需矛盾突出

据住房与城乡建设部 2006 年公布的数据,全国 668 座城市中,有 400 多座城市供水不足,110 座城市严重缺水;在 32 个百万人口以上的特大城市中,有 30 个城市长期受缺水困扰。北京、天津、大连、青岛等城市的缺水最为严重;地处水乡的上海、苏州、无锡等城市出现水质型缺水。目前,中国城市的年缺水量已经远远超过 60 亿 m³。

中国是农业大国,农业用水占全国用水总量的 2/3 左右。目前,全国有效灌溉面积约为 0.481 亿 hm²,约占全国耕地面积的 51.2%,将近一半的耕地得不到灌溉,其中位于北方的

无灌溉地约占 72%。河北、山东和河南缺水尤为严重;西北地区缺水也很严重,而且区域内大部分为黄土高原,人烟稀少,改善灌溉系统的难度较大。

2.用水浪费严重加剧水资源短缺

我国工农业生产中水资源浪费严重。农业灌溉工程不配套,大部分灌区渠道没有防渗措施,渠道漏失率为 30% ~50%,有的甚至更高;部分农田采用漫灌方式,因渠道跑水和田地渗漏,实际灌溉有效率为 20% ~40%,南方地区则更低。而国外农田灌溉的水分利用率多为 70% ~80%。

在工业生产中,用水浪费现象也十分惊人,由于技术设备和生产工艺落后,我国工业万元产值耗水比发达国家多数倍。工业耗水过高,不仅浪费水资源,同时增大了污水排放量和水体污染负荷。在城市用水中,由于卫生设备和输水管道的跑、滴、冒、漏等现象严重,也浪费了大量的水资源。

3.水资源质量不断下降,污染比较严重

多年来,我国水资源质量不断下降,水环境持续恶化,由于污染所导致的缺水和断水事故不断发生,不仅使工厂停产、农业减产甚至绝收,而且造成了不良的社会影响和较大的经济损失,严重地威胁了社会的可持续发展和人类的生存。从地表水资源质量现状来看,我国有 50% 的河流、90% 的城市水域受到不同程度的污染。地下水资源质量也面临巨大压力,根据水利部的调研结果,我国北方五省区和海河流域地下水资源,无论是农村(包括牧区)还是城市,浅层水或深层水均遭到不同程度的污染,局部地区(主要是城市周围、排污河两侧及污水灌区)和部分城市的地下水污染较为严重,污染呈上升趋势。

水污染使水体丧失或降低了其使用功能,造成了水质性缺水,更加剧了水资源不足的情形。

4.盲目开采地下水造成地面下沉

目前,由于地下水的开发利用缺乏规范管理,所以开采严重超量,出现水位持续下降、漏斗面积不断扩大和城市地下水普遍污染等问题。据统计,一些地区由于超量开采,形成大面积水位降落漏斗,地下水中心水位累计下降 10 ~30 m。由于地下水位下降,十几个城市发生地面下沉,在华北地区形成了全世界最大的漏斗区,而且沉降范围仍在不断扩大。沿海地区由于过量开采地下水,破坏了淡水与咸水的平衡,引起海水入侵地下淡水层,加速了地下水的污染,尤其城区、污灌区地下水污染日益严重。

5.河湖容量减少,环境功能下降

我国是一个多湖的国家,长期以来,由于片面强调增加粮食产量,在许多地区过分围垦湖泽,排水造田,结果使许多天然小型湖泊从地面上消失。号称"千湖之省"的湖北省,1949年有大小湖泊 1 066 个,2004 年只剩下 326 个。据不完全统计,40 多年来,由于围湖造田,我国的湖面减少了 133.3 万 hm² 以上,损失淡水资源 350 亿 m³。许多历史上著名的大湖,也出现了湖面萎缩、湖容减少的现象。中外闻名的"八百里洞庭",30 年内被围垦掉 3/5 的水面,湖容减少 115 亿 m³。围湖造田不仅损失了淡水资源,减弱了湖泊蓄水防洪的能力,也降低了湖泊的自净能力,破坏了湖泊的生态功能,从而造成湖区气候恶化、水产资源和生态平衡遭到破坏,进而影响到湖区多种经营的发展。

此外,由于水土流失,大量泥沙沉积使水库淤积、河床抬高,某些河段甚至已发展成地上河,严重影响了河湖蓄水行洪纳污的能力以及养殖、航运和旅游等功能的开发利用。

10.2.3　水资源的合理利用与保护

1. 加强法制,强化水资源管理

2002 年 8 月 29 日,九届全国人大常委会第 29 次会议最终审议通过了《中华人民共和国水法(修正案)》(简称新《水法》),新《水法》于 2002 年 10 月 1 日起施行。与原《水法》相比,新《水法》有了很多重大的改变。

新《水法》确立了使用权与所有权的分离;确立了水资源的有偿使用制度;确立了流域管理与区域管理相结合,两者并重;统一管理与分部门管理相结合,监督管理与具体管理相分离的新型管理体制;明确了流域规划与区域规划的法律地位;增加了中期规划,建立了中长期规划与流域水量分配制度,使水资源规划制度得到了极大的完善并增强了它的可实施性;规定了水资源开发利用的原则,特别强调了生态用水,使水资源开发利用中的用水顺序以及开发利用更加符合水资源可持续发展的要求。

因此,要按照《中华人民共和国新水法》的要求,切实加强水资源的管理,依法保护水资源。

2. 认真开展宣传教育工作,树立全民保护水资源和节约用水的意识

水资源属于可更新资源,可以循环利用,但是在一定的时间和空间内都有数量的限制。目前,我国的总缺水量为 300 亿 ~ 400 亿 m^3。预计到 2030 年全国总需水量将近 10 000 亿 m^3,全国将缺水 4 000 亿 ~ 4 500 亿 m^3,到 2050 年全国将缺水 6 000 亿 ~ 7 000 亿 m^3。

在我国人口众多的情况下,提高全社会保护水资源、节约用水的意识和守法的自觉性,建立一个节水型社会,是实现水资源可持续开发利用的关键所在。

3. 保护水源,防治污染与节约用水并重

要加强水生态环境的保护,在江河上游建设水源涵养林和水土保持林,中下游禁止盲目围垦,防止水质恶化;划定水环境功能区,实行目标管理;治理流域污染企业,严格执行达标排放制度;大力提倡施用有机肥,积极开展生态农业和有机农业,严格控制农药和化肥的施用量,减少农业径流造成的水体污染等。

4. 有计划进行跨流域调水,改善水资源区域分布的不均衡性

跨流域调水是通过人工措施来改变水资源的数量和质量在时间和空间上的不均匀分布,以满足水资源不足地区的供水需要。我国实施的具有全局意义的“南水北调”工程,是把长江流域的一部分水量由东、中、西三条线路,从南向北调入淮河、黄河、海河,把长江、淮、黄、海河流域联成一个统一的水利系统,以解决西北和华北地区的缺水问题。

5. 开展全面节水运动

通过调整产品结构、改进生产工艺、推行清洁生产,降低水资源消耗,提高循环用水率;适当提高水价,以经济手段限制耗水大的行业和项目发展;强制推行节水卫生器具,控制城市生活用水的浪费;农业灌溉是我国最大的用水户,要改进地面灌溉系统,采取渠道防渗或管道输送(可减少 50% ~ 70% 的损失);制定节水灌溉制度,实行定额、定户管理,以提高灌溉效率;推广先进的农灌技术,在缺水地区推广滴灌、雾灌和喷灌等节水技术。

6. 加强水面保护与开发,促进水资源的综合利用

开发利用水资源必须综合考虑,兴利除害,在满足工农业生产用水和生活用水外,还应

充分认识到水资源在水产养殖、航运、旅游等方面的巨大使用价值以及在改善生态环境中的重要意义,使水利建设与各方面的建设密切结合、与社会经济环境协调发展,尽可能做到一水多用,以最少的投资获得最大的效益。

水面资源(特别是湖泊)是旅游资源的重要组成部分。在我国已公布的国家级风景名胜区中,有很多都属于湖泊类风景名胜区。搞好湖泊旅游资源开发,不仅能提高经济效益,还能带动其他相关产业的发展。

水面(特别是较大水面)的存在,对改善小气候、涵养水分、减少扬尘、增加空气湿度、维持水生生态环境等都具有重要的意义,是改善环境质量的重要措施之一。

10.3　土地资源的利用与保护

土地资源是指在一定技术条件和一定时间内可以为人类利用并产生经济价值的土地。目前世界上土地资源的破坏和丧失是很严重的,其中与人类关系最大的是可耕土地。耕地是土地的精华,是生产粮食、油料、棉花、水果、蔬菜等农副产品的生产基地。全世界适用农业用的耕地约占全球陆地面积的十分之一,但各国及各地区相差很大。例如,丹麦的耕地面积占全国陆地面积的 65%,英国占 30%,美国占 20%,中国只占 10.4%。耕地数量的多少、质量的肥瘠,直接影响着国民经济的发展。

10.3.1　中国土地资源的特点

我国地域辽阔,总面积达 960 万 km^2,占世界陆地面积的 6.4%,仅次于俄罗斯和加拿大,居世界第三位。概括起来,我国土地资源有以下几个特点:

1. 土地资源绝对量多,人均占有量少

我国土地总面积居世界第三位,但由于我国人口众多,人均占有量不足 1 hm^2,仅为全世界人均占有量的 1/3。

2. 土地资源类型多样,山地面积大

在我国,由于地带性和非地带性以及不同气候带的水、热条件及复杂的地形和地质条件的组合,形成了多种多样的土地类型。从寒温带到热带,南北长达 5 500 km,中温带占29.4%、暖温带占 16.9%、寒温带占 1.5%、亚热带占 24.8%、热带占 0.8%、高原气候带占26.6%。我国属多山国家,山地面积(包括丘陵、高原)占土地总面积的 69.23%,平原盆地约占土地总面积的 30.73%。山地坡度大,土层薄,如果利用不当,自然资源和生态环境则易遭到破坏。

3. 农用土地资源比例小,后备耕地资源不足

我国现有耕地面积占全国土地总面积的 10.4%,人均占有耕地的面积只有世界人均耕地面积的 1/4。在未利用的土地中,难利用的占 87%,主要是戈壁、沙漠和裸露石砾地,仅有0.33 亿 hm^2 宜农荒地,能作为农田的不足 0.2 亿 hm^2,按 60% 的垦殖率来计算,可净增耕地0.12 亿 ~ 0.14 亿 hm^2。所以,我国土地后备资源很少。

4. 人口与耕地的矛盾十分突出

我国现有耕地面积约 1×10^8 hm^2,为世界总耕地面积的 7%。我国用占世界 7% 的耕地养活着占世界 22% 的人口,人口与耕地的矛盾相当突出。随着我国人口的增长,人口与耕

地的矛盾将更加尖锐。据估计,21 世纪中叶,我国人均耕地面积将减少到国际公认的警戒线 0.05 hm^2。

10.3.2　土地资源开发利用中存在的主要问题

1. 盲目扩大耕地面积促使土地资源退化

(1)刨垦山坡使大面积的森林、草地被毁,造成水土流失。资料表明,2001 年我国水土流失面积多达 183 万 km^2,约占全国土地面积的 1/5;我国每年因水土流失侵蚀掉的土壤总量达 50 亿 t,大约占全世界土壤流失量的 1/5,相当于全国耕地削去了 1cm 厚的肥土层,损失的氮、磷、钾养分相当于 4 000 万 t 化肥的养分含量。我国是世界上水土流失最严重的国家之一。黄河、长江年输沙量达 20 亿 t 以上,分列世界九大河流的第 1 和第 4 位。

(2)围湖造田。盲目的围湖造田,使湖区蓄水防洪能力严重下降,原有的湖泊生态系统遭到严重破坏,致使水旱灾害频繁。

(3)盲目开发草原,使草场退化。由于多年以来的滥垦过牧,我国近 1/4 的草场退化,产草量平均由 3 000～3 750 kg/hm^2 降至 1 500～2 250 kg/hm^2,每年沙化面积达 133 万 hm^2。

2. 非农业用地迅速扩大

城镇建设、住房建设及交通建设等都要占用大量的土地资源。据国家统计局发布的最新资料,我国 100 万人口以上城市已从 1949 年的 10 个,发展到 2008 年的 122 个。我国城镇居民人均住房使用面积已由 1949 年的 4.3 m^2 增加到 2008 年的 23 m^2。据初步预测,到 2050 年,我国的非农业建设用地将比现在增加 0.23 亿 hm^2,其中需要占用耕地约 0.13 亿 hm^2。另外,煤炭开采每年破坏土地 1.2 万～2 万 hm^2,砖瓦生产每年破坏耕地近 1 万 hm^2。

3. 土地污染在加剧

随着工业化和城市化的进展,特别是乡镇工业的快速发展,大量的"三废"物质通过大气、水和固体废物的形式进入土壤。同时,由于农业生产技术的发展,人为地使用化肥和农药以及污水灌溉等,土壤污染日益加重。我国遭受工业"三废"污染的农田已超过 1 000 万 hm^2,因此而引起的粮食减产每年可达 100 亿 kg 以上。因为使用污水灌溉,被重金属镉(Cd)污染的耕地约有 1.3 万 hm^2,涉及 11 个省 25 个地区;被汞(Hg)污染的耕地约有 3.2 万 hm^2,涉及 15 个省的 21 个地区。

10.3.3　土地资源的合理利用与保护

1. 加强法制、强化土地管理

我国政府从我国土地国情和保证经济、社会可持续发展的要求出发,于 1998 年 8 月 29 日公布了《中华人民共和国土地管理法》,采取了世界上最严格的土地管理、保护耕地资源的措施和管理办法,明确规定了国家实行土地用途管理制度、基本农田保护制度和占用耕地补偿制度。因此,要按照《中华人民共和国土地管理法》的要求,切实加强土地管理,使土地管理纳入法制的轨道。

2. 加强生态建设

"九五"期间已列入《中国 21 世纪议程》和"国家环境保护规划"的防护林工程和水土保持工程有:"三北"防护林工程、黄河、长江、淮河太湖流域、松辽流域、珠江流域等水土保持工程,这些工程的建设对防治荒漠化及控制水土流失起到了很大的作用。1999 年国务院公布的《全国生态建设规划》提出,到 2010 年,坚决控制住人为因素产生的新的水土流失,努力遏制荒漠化的发展。

因此,要继续大力推进和加强防护林工程和水土保持工程的建设,尤其要重视生态系统中自然绿地的建设(草地、森林的保护和建设),在北方荒漠化地区要继续种草,改良草场。

3. 综合防治土壤污染

实行污染物总量控制,控制和消除土壤污染源;控制化肥和农药的使用,对残留量高、毒性大的农药,应严格控制其使用范围、使用量和使用次数;合理施肥,防止因过量施用化肥而造成土壤结构的破坏和土壤生态系统的损害。大力开展生态农业和有机农业建设。对已受污染的土壤采取措施,如利用重金属超累积植物蜈蚣草(其叶片富集砷达 0.5%,为普通植物的数十万倍)修复土壤中的重金属砷,利用杨树修复除草剂莠去津等消除土壤中的污染物,或控制土壤中污染物的迁移和转化,使其不进入食物链,危害人体健康。

10.4　矿产资源的利用与保护

矿产资源主要是指埋藏于地下或分布于地表的、由地质作用所形成的有用矿物或元素,其含量达到具有工业利用价值的矿产。矿产资源主要可分为金属和非金属两大类。金属按其特性和用途又可分为铁、铬、锰、钨等黑色金属,铅、铜、锌等有色金属,铝、镁等轻金属,金、银、铂等贵金属,铀、镭等放射性元素和锂、铌、铍、钽等稀有、稀土金属;非金属主要是煤、石油、天然气等燃料原料(矿物能源),硫、磷、盐、碱等化工原料,金刚石、石棉、云母等工业矿物和大理石、石灰石、花岗岩等建筑材料。

10.4.1　中国矿产资源的特点

截至 1998 年底,中国已发现 171 种矿产,其中已探明储量的有 153 种。其主要特点如下:

1. 矿产资源总量丰富,但人均占有量少

我国矿产资源总量居世界第二位,而人均占有量只有世界平均水平的 58%,居世界第53 位,个别矿种甚至居于世界百位之后。

2. 矿种比较齐全,产地相对集中,配套程度较高

世界上已经发现的矿种在我国均有发现,并有世界级超大型矿床。如内蒙古白云鄂博铁 – 稀土矿床,其铈族稀土储量占我国的 96.4%。不少地区矿种配套较好,有利于建设工业基地。如鞍山 – 本溪地区和攀西 – 六盘水地区除有丰富的铁矿外,煤、锰、白云岩、石灰岩、菱镁矿、耐火黏土等辅助原料均很丰富,故已建成钢铁工业基地。

3. 贫矿多、富矿少、可露天开采的矿山少

我国有相当一部分矿产属于贫矿。如铁矿石,储量有近 500 亿 t,但含铁大于 55% 的富铁矿仅有 10 亿 t,仅占 2%;铜矿储量中含铜量大于 1% 的仅占 1/3;磷矿中 P_2O_5 大于 30% 的富矿仅占 7%,硫铁矿富矿(含 S > 35%)仅占 9%;铝土矿储量中的铝硅比大于 7 的仅占17%。

此外,适于大规模露天开采的矿山少。如可露采的煤约占14%,铜、铝等矿露采比例更小;有些铁矿大矿,虽可露采,但因埋藏较深,剥采比大,使采矿成本增大。

4. 多数矿产矿石组分复杂,单一组分少

我国铁矿有1/3,铜矿有1/4伴生有多种其他有益组分,如攀枝花铁矿中伴生有钒、钛、镓、铬、锰等13种矿产;甘肃金川的镍矿,伴生有铜、金、银、硒、铂族等16种元素。这一方面说明我国矿产资源综合利用大有可为,另一方面也增加了选矿和冶炼的难度。另外有一些矿,如磷、铁、锰矿都是一些颗粒细小的红铁矿、胶磷矿、碳酸锰矿石,选矿分离难度高,也使有些矿山长期得不到开发利用。

5. 小矿多、大矿少,地理分布不均衡

在探明储量的16 174处矿产地中,大型矿床占11%,中型矿床占19%,小型矿床则占70%。如我国铁矿有1 942处,大矿仅95个,占4.9%,其余均为小矿;煤矿产地中,绝大部分也为小矿。

由于各地区地质构造特征不同,我国的矿产资源分布不均衡,已探明储量的矿产大部分集中在中部地带。如煤的57%集中于山西和内蒙古地区,而江南九省仅占1.2%;磷矿储量的70%以上集中于西南、中南五省;石棉、云母、钾盐、稀有金属主要分布于西部地区。这种地理分布的不均衡,造成了交通运输的紧张,增加了运输费用。

6. 矿产资源自给程度较高

据对60种矿物产品的统计(见表10-1),自给有余可出口的有36种,占60%;基本自给的(有小量进出口的)有15种,占25%;不能自给(需要进口)或短缺的有9种,占15%;其自给率可达85%左右。

表 10-1　主要矿产品自给及进出口情况

分类/矿种/自给程度	自给有余可以出口的	基本自给有进有出的	短缺或近期需要进口的
黑色金属	钒、钛		铁、铬、锰
有色金属	钨、锡、钼、铋、锑、汞	铅、锌、钴、镍、镁、镉、铝	铜
贵金属		金、银	铂(族)
能源矿产	煤	石油、天然气	铀
稀土、稀有金属	稀土、铍、锂、锶	镓	
非金属	滑石、石墨、重晶石、叶蜡石、萤石、石膏、花岗岩、大理石、板石、盐、膨润土、石棉、长石、刚玉、蛭石、浮石、焦宝石、麦饭石、硅灰石、石灰岩、芒硝、方解石、硅石	硫、磷、硼	天然碱、金刚石
合计	36	15	9
占比/%	60	25	15

但从铁、锰、铅、铜、锌、铝、煤、石油 8 种用量最多的大宗矿产来分析,仅有煤、铅、锌、铝能够自给,其余 4 种有的自给率仅达 50%,从这个意义上来说,我国主要矿产资源自给程度还存在一定的局限性。

10.4.2　矿产资源开发利用中存在的主要问题

1. 资源总回收率低,综合利用差

目前我国金属矿山采选回收率平均比国际水平低 10% ~ 20%。约有 2/3 具有共生、伴生有用组分的矿山未开展综合利用,在已开展综合利用的矿山中,资源综合利用率仅为 20%,尾矿利用率仅为 10%。

2. 乱采滥挖,环境保护差

自 1986 年贯彻《矿产资源法》以来,尽管各地乱采滥挖、采富弃贫现象有所改进,但据 1990 年调查,个体矿山和不少乡镇仍浪费损失惊人。如河南小秦岭金矿,每采 1 t 黄金就要丢弃掉 4 t 黄金,江西钨矿一年要损失钨金属 15 万 t。

此外,全国采矿废渣量日益增多,目前已达几十亿 t;大量尾砂废渣不仅污染环境,占用良田,而且造成极大的资源浪费。

3. 矿产资源二次利用率低,原材料消耗大

国外发达国家已将废旧金属回收利用作为一项重要的再生资源。

4. 深加工技术水平不高

我国不少矿产品深加工技术水平较低,因此,在国际矿产品贸易中,主要出口原矿和初级产品,经济效益低下。如滑石,出口初级品块矿,每吨仅 45 美元,而在国外精加工后成为无菌滑石粉,为每千克达 50 美元,价格相差 1 000 倍。此外,优质矿没有优质优用,如山西优质炼焦煤,年产 5 199 万 t,大量用于动力煤和燃料煤,损失巨大。

10.4.3　矿产资源的合理利用与保护

根据对中国矿情和矿产资源开发利用中存在的问题的辩证分析,从实际出发,在矿产资源开发利用中应遵循以下几项策略与措施:

1. 依法保护矿产资源

1996 年 8 月我国正式颁布了《中华人民共和国矿产资源法》,这是一部有关管理、勘察、开发、保护、利用矿产资源的基本法律,使矿产资源受到了法律的保护。因此,应加强执法,做到违法必究,依法保护矿产资源。

2. 运用经济手段保护矿产资源

一是按照“谁受益谁补偿,谁破坏谁恢复”的原则,开采矿产资源必须向国家缴纳矿产资源补偿费,并进行土地复垦和植被恢复。二是按照污染者付费的原则征收开采矿产过程中排放污染物的排污费,促进提高对矿山“三废”的综合开发利用水平,努力做到矿山尾矿、煤矸石、废石,以及废水和废气的“资源化”和对周围环境的无害化,鼓励推广矿产资源开发废弃物最小量化和清洁生产技术。三是制定和实施矿山资源开发生态环境补偿收费以及土地复垦保证金制度,以减少矿产资源开发的环境代价。

3. 对矿产资源开发进行全过程环境管理

在开发矿山之前,要进行矿产资源开发建设项目环境影响评价,评价其影响范围和影

响程度,同时采取相应的环境保护措施,并进行环境质量跟踪监测。

4. 开源与节流并重,以节流为主

矿产资源是不可更新的自然资源,为保证经济、社会持续发展,一方面要寻找替代资源(以可更新资源替代不可更新资源),并加强勘察工作,发现探明新储量;另一方面要节约利用矿产资源,提高矿产资源的利用效率。

10.5　森林资源的利用与保护

10.5.1　森林的功能

森林是陆地生态系统的主体和自然界功能最完善的基因库、资源库、蓄水库。它不仅能提供大量的林木资源,而且还具有调节气候、保护环境、蓄水保土、防风固沙、净化大气、涵养水源、保护生物多样性、吸收二氧化碳、美化环境及生态旅游等多种功能。森林作为不可缺少的自然资源,为人类提供了多种物质,对经济、社会的可持续发展具有重要意义。

10.5.2　我国森林资源的特点

1. 森林资源少,覆盖率低

我国森林资源从总量上看比较丰富,有林地面积和木材蓄积量均居世界第七位。但是,从人均占有量和森林覆盖率看,我国则属于少林国家之一,人均有林面积 0.13 hm^2,相当于世界人均面积的 1/5,人均木材蓄积量 9.05 m^3,仅为世界人均蓄积量 72 m^3 的 1/8。2002 年,全国森林覆盖率为 16.55%,约为世界平均数的 61%,与林业发达国家相比差距更大,如朝鲜、芬兰、日本、美国森林覆盖率分别为 74%,69%,66%,33%。森林学家认为,一个国家要保障健康的生态系统,森林覆盖率必须超过 20%。可见,森林稀少是我国生态环境恶化、自然灾害频繁的重要原因之一。

2. 森林资源分布不均

我国森林资源主要集中于东北和西南两区,其有林地面积和木材蓄积量分别占全国总数的 50% 和 72%。中原 10 省市森林稀少,林地面积和蓄积量仅占全国的 9.3% 和 2.8%。西北的甘、宁、青、新四省区及内蒙古中西部和西藏中西部广大地区更是少树缺林,各省区的森林覆盖率均在 5% 以下。

3. 森林资源结构不理想

从林种结构看,在我国森林总面积中,用材林占林地面积的比例高达 74.0%,防护林和经济林仅占 8.8% 和 10.0%。用材林比例过大,防护林和经济林比例偏低,不利于发挥森林的生态效益和提高总体经济效益。从林龄结构来看,比较合理的林龄结构,其幼、中、成熟林的面积和蓄积比例大体上应分别为 3:4:3 和 1:3:6,只有这样才能实现采伐量等于生长量的永续利用模式。就全国整体而言,林龄结构基本上是合理的,但在地区分布上不够理想。

4. 林地生产力低

林业用地利用率低,残次林较多,疏林地比例高是我国林地生产力低的主要原因。全国有林地面积仅占林业用地的 48.9%,有的省份甚至低于 30%,远低于世界平均水平,更低于林业发达国家的水平。如日本有林地面积占林业用地的 76.2%,瑞典达 89%,芬兰几乎全部林业用地都覆盖着森林。我国森林的单位面积蓄积量和生长率低,平均每公顷蓄积量 90 m³,为世界平均数的 81%;林地生长率为 2.9%,每公顷年生长量仅 2.4 m³,也远低于世界林业发达国家水平。

10.5.3　我国森林资源开发利用中存在的主要问题

1. 我国林区面临资源和环境的危机

根据 1989—1993 年的清查,我国林区的用材林或过熟林地林木资源在两次清查间隔区内持续下降,减少了 2 亿 m³。此外,由于多年的破坏性采伐,造成部分林区的水资源缺乏,水土流失,地域性气候干旱,泥石流和山体滑坡严重,中下游洪涝灾害频发,破坏了原有的生态系统。

2. 天然林资源锐减

长期以来违背林业自然规律的采伐,是造成天然林资源锐减的主要原因。森工企业长期忽视森林经营的永续性原则,把森林可再生资源当作采掘业,在计划经济指导下,长期执行单一的"大木头"经营体制,导致过量采伐、重砍轻育、采伐速度大于更新速度,导致天然林资源枯竭。

3. 人工林问题突出

(1)病虫害日益加剧。由于人工林生物区系过分贫乏,对一些病虫缺乏制约机制,成为病虫的主要进攻对象。2002 年,全国主要森林病虫害发生面积为 847 万 hm²,比上年增加了 16.1 hm²。2004 年,全国松毛虫发生面积年均约 330 万 hm²,约占全国森林害虫总面积的一半。

(2)生物多样性严重减少,影响生态系统的稳定。由于营建单一的人工纯林,破坏了生物的生存系统,生物多样性大大减少。人工林生态系统的脆弱性削弱了其对环境污染、气候变化等的适应能力。

(3)人工林地力衰退。我国杉木及落叶松人工林中普遍发生地力衰退,尤其以杉木林最为严重。杉木林土壤养分含量随连栽代数增加而明显下降,二代比一代下降 10% ~ 20%,三代比一代下降 40% ~50%,从而导致人工林产量逐代下降。

(4)林业用地利用不充分。我国的造林面积只占全国宜林面积的 50.49%。

10.5.4　森林资源的开发利用与保护

从总体来看,我国对森林资源的开发利用尚处于初级阶段,仍存在不少问题。为了保证森林资源的可持续开发利用,促进林业的快速、持续发展,并提高森林的生态效益,应采取以下对策。

1. 提高认识,强化管理

当前,我国的森林已出现严重危机,由于森林破坏所造成的生态危机已严重危及工农业生产的发展和人民生活水平的提高。要保证我国经济社会的可持续发展,就必须将保护森林资源作为重要任务,务必使全社会对保护森林、发展林业的重大战略意义和紧迫性有足够的认识,并自觉参与具体行动。同时,还必须进一步完善有关法规,健全管理机构,严格执法,将森林资源的保护与建设真正纳入法制的轨道。

2. 禁止采伐天然林,保护生态环境

实行天然林保护政策,全面停止采伐天然林;积极筹措资金,落实好财政补助政策,大力发展多种经营,拓展新的接续产业,逐步走上"不砍树也能富"的路子。通过落实退耕还林、封育管护等有关政策和措施,调动各方的积极性,保护生态环境,要坚持"谁退耕、谁还林;谁经营、谁得利"和"50 年不变"的原则,对毁林开垦地和超坡耕种地实行还林。

3. 加强林区建设,积极培育后备森林资源

(1)提高林地利用率,扩大森林面积和资源蓄积量。尽管林区可采森林蓄积量在减少,但目前主要林区发展林业生产尚有很大的潜力可以挖掘。我国东北、内蒙古、西南和西北四大国有林区有林地面积只占林业用地的 41.5%,宜林荒地约有 4 200 万 hm^2,通过改造可由低产幼林变为高产林的疏林地和灌木林地还有 2 540 hm^2。因此,开发宜林荒地,扩大森林面积,积极抚育中幼林,改造低产林,缩短林木生长周期,是实现森林资源永续利用的主要措施之一。

(2)及时更新造林,做到采伐量不超过生长量,当年采伐,当年更新。

(3)积极开展多种经营,大力发展木材加工与综合利用。据估算,国有林区每年生产木材的剩余物资约有 1 000 万 m^3,这些剩余物资可用于人造板和造纸生产。因此,大力发展木材综合加工利用不仅对减少森林资源消耗具有重大意义,而且对缓解木材供需矛盾,提高企业经济效益也具有重要作用。

(4)充分利用优越的自然条件,发展速生丰产用材林。我国地域辽阔,速生树种多,自然条件优越,特别是我国南方气温较高,雨水充足,宜林地资源丰富。

4. 大力营造防护林

加速防护林体系,建设建立稳固的森林生态屏障体系,可提高森林改善自然环境和维护生态平衡的作用。建设防护林体系,必须遵循生态与经济相结合的原则,在保护、培育好现有防护林的基础上,通过现有林区林种规划,调整布局,增加林种,加大防护林比例。选择好搭配树种,调整树种比例,实行乔灌草结合,提高防护林的质量。

5. 积极发展经济林和薪炭林

由于薪炭林比例偏低,难以满足人类生活需求,人们必然要向其他林种索取而毁坏森林。因此,发展薪炭林不仅是满足广大农村燃料的需要,还可提高森林覆盖率,对维护生态平衡起到一定的作用。

10.6　草地资源的开发利用与保护

草原是以旱生多年生草本植物为主的植物群落。草原是半干旱地区把太阳能转化为生物质能的巨大绿色能源库,也是丰富而宝贵的生物基因库。它适应性强,覆盖面积大,更新速度快,还能起到调节气候、涵养水源、保持水土和防风固沙等作用,具有重要的生态学意义。草地是一种可更新、增殖的自然资源,是畜牧业发展的基础,并伴有丰富的野生动植物、名贵中药、土特产品,具有重要的经济价值。

10.6.1　我国草地资源特点

1. 草地面积广大，但分布不平衡

我国包括荒草在内的各类草地总面积近 4 亿 hm^2，居世界第二位。但按人口平均，全国每人仅有草地 0.33 hm^2，不足世界平均水平(0.76 hm^2)的一半，而且分布不均衡，大面积的草地分布在西北地区，东南部草地面积少。

2. 草地类型多样，但天然优质牧场比例不高

我国的草地按生态环境和利用价值可分为四大类，即草原类草地、草甸类草地、荒漠类草地和草丛类草地，但总体上，优质天然牧场比例不高。牧草适应性好、产草量和营养价值高的草甸草地，仅占天然草地面积的 21%，且半数以上分布在较高海拔的地区，难以利用；而地处气候干旱、植被稀疏、产草量低的荒漠草地，约占草地总面积的 27%。

3. 牧草种类丰富

我国是世界上牧草资源最丰富的国家，仅北方草原就有各类野生牧草 4 000 多种，南方草山草坡饲用植物达 5 000 余种。世界上大部分栽培的优良牧草，我国均有野生种。

4. 草地生产力地区差异明显，季节、年际变化大

我国天然草地单位面积产草量差异很大，西部和北方牧草区地带性植被，从草甸草原到荒漠草地，随着旱生程度增强，草群生产力依次降低。此外，我国天然草地牧场产量随降水量的年际变化，还表现出丰年、歉年的差异，丰歉年之间牧草产量可相差 1～4 倍。

10.6.2　我国草场开发利用中存在的问题

1. 草地生产力水平低下

我国草地畜牧业地区大多数位于经济较为落后、交通欠发达地区，加之各方面对草地建设投资少，草地畜牧业设施简陋，缺乏必要的棚圈、饮水设施，草地家畜的良种化程度低。这种基本上靠天养畜的草地畜牧业经营方式，造成我国草地生产力低下。目前，我国牧草转化率与世界畜牧业发达国家相比还有很大差距，美、澳等国牧草转化率可达 2%～10%，而我国的牧草转化率仅约为美、澳等国的 5%～40%。

2. 草原退化严重

草原退化就是草原生态系统中能量流动与物质循环的输入与输出之间比例失调，生态系统的稳定与平衡受到破坏。目前全国约有三分之一草场退化，其中北方尤为严重，草地退化面积多达 1.33 亿 hm^2，草地产量平均下降 30%～50%。目前，草原过牧的趋势没有根本改变，草原利用不科学，乱采滥挖等破坏草原的现象时有发生，中国 90% 的可利用天然草原有不同程度的退化，并以每年 200 万 hm^2 的速度递增。

草原退化不仅使北方草原原始面貌逐渐消失，加剧了干旱和土壤侵蚀，沙化面积迅速扩大，成为"沙尘暴"的源头，还加剧了虫害、鼠害，据统计，全国草原鼠虫害面积达 600 万 hm^2，而且大有蔓延的趋势。

10.6.3　草地资源的开发利用与保护

我国草原利用中的问题多是人为因素造成的，由于对草原及其利用缺乏科学认识，既违反了自然规律，也违背了经济规律，致使草原生态平衡遭到破坏，社会经济效益下降。因

此,这些问题能否解决,是关系到能否实现畜牧业快速、可持续发展的根本问题。

1. 加强草地资源的合理利用

严格控制牲畜头数,杜绝超载过牧,防止草地退化。退耕还草,把不适宜开荒的土地恢复为草地。大力加强人工草地建设,并与大面积天然草地相结合进行集约经营。扩大人工草地面积,提高人工草地的产量和质量,是提高我国草地生产力的有效途径。改良畜种,加速畜群周转,提高牲畜对饲草的转化率。

2. 保护天然草地资源,维护生态平衡

根据各地自然条件特点,遵循"以草定畜"的原则,严格控制载畜强度,制止滥垦、过牧,防止草场退化;恢复退化草场,合理安排畜群,有计划地实行季节轮牧,建立围栏封育,使全国围栏面积达到草地总面积的5%;同时加强草地基本建设,使草地生产力有大幅度提高。

3. 加强各种农业措施和能量投入及科学技术的应用

运用各种科学的管理技术手段,使草地生态系统输入与输出保持平衡,从而达到保持地力与稳产高产,以提高牧草的转化率。

10.7　能源的利用与保护

10.7.1　能源的概念及其分类

1. 能源的概念

能源是指可为人类利用以获取有用能量的各种来源,如太阳能、水能、风能、化石燃料及核能、潮汐能等。能源是实现经济社会发展和保障人民生活的物质基础。人均能源消耗量是衡量现代化国家人民生活水平的主要指标。

2. 能源的分类

从不同角度出发,可以对能源进行不同的类别划分。如一次能源和二次能源,常规能源和新能源,可再生能源和不可再生能源,污染型能源和清洁能源等,如图 10 - 2 所示。

```
                    ┌ 常规能源 ┬ 可再生能源:水力
                    │          └ 不可再生能源:煤、石油、天然气、核裂变燃料
        ┌ 一次能源 ┤
能源 ┤            └ 新能源 ┬ 可再生能源:太阳能、风能、潮汐能、地热能、生物能
        │                    └ 不可再生能源:核聚变能
        └ 二次能源:火电、水电、焦炭、煤气、沼气、蒸汽、热水、汽油、柴油、重油等
```

图 10 - 2　能源的分类

能源按转换形态可分为一次能源和二次能源。一次能源是指从自然界取得的未经任何改变或转换的能源,如原油、原煤、天然气、水能、生物能、核燃料以及太阳能、地热能和潮汐能等。二次能源是指一次能源经过加工或转换成另一种形态的能源,如煤气、汽油、焦炭、煤油和电力等。

能源按使用历史可分为常规能源和新能源。常规能源是指已经大规模生产和广泛使用的能源,如煤炭、石油、天然气、水能和核能等。新能源是指正处在开发利用中的能源,如太阳能、风能、地热能、海洋能、生物能等。新能源大部分是天然和可再生的,是未来世界持

久能源系统的基础。

按能源的产生和再生能力可分为可再生能源和不可再生能源。可再生能源是能够不断得到补充供使用的一次能源,如生物能、太阳能、水能、风能、潮汐能和地热能等。不可再生能源是须经地质年代才能形成而短期内无法再生的一次能源,如一切化石燃料和核裂变燃料等。不可再生能源是人类目前主要利用的能源形式。

根据能源消费后是否造成环境污染,能源又可分为污染型能源和清洁能源,如煤炭、石油类能源是污染型能源,太阳能、水力和电力等是清洁能源。

10.7.2　中国能源利用特点

1. 能源总量大,人均能源资源不足

2000 年我国一次能源生产量为 10.9 亿 t 标准煤,是世界第二大能源生产国。其中原煤产量达 9.98 亿 t,居世界第 1 位;原油产量达到 1.63 亿 t,居世界第 5 位;天然气产量为 277 亿 m^3,居世界第 20 位;发电量 13 500 亿 kW·h,是世界上仅次于美国的电力生产大国。

虽然我国的能源资源总量大,但由于人口众多,人均能源资源相对不足,是世界上人均能耗最低的国家之一。中国人均煤炭探明储量只相当于世界平均水平的 50%,人均石油可开采储量仅为世界平均水平的 10%。中国能源消耗总量仅低于美国,居世界第二位,但人均耗能水平很低,1996 年人均一次商品能源消耗仅为世界平均水平的 1/2,是工业发达国家的 1/5 左右。

2. 能源结构以煤为主

在我国的能源消耗中,煤炭仍然占据主要地位,在一次能源的构成中,煤炭一直占 70%以上,而且工业燃料动力的 84% 是煤炭。近几年,我国的能源消耗结构发生了一些变化,煤炭消费量在一次能源消费总量中所占的比例,已由 1990 年的 76.2% 降为 2015 年的 30.0%;天然气、石油、风能、水电、核电、太阳能等所占比例,由 1990 年的 23.8% 上升到 2000 年的 34.0%。清洁能源的迅速发展,优质能源比例的提高,为提高能源利用效率和改善大气环境发挥了重要的作用。

3. 工业部门消耗能源占有很大的比例

与发达国家相比,我国工业部门耗能比例很高,而交通运输和商业民用的消耗较低。我国的能耗比例关系反映了我国工业生产中的工艺设备落后,能源管理水平低下。

4. 农村能源短缺,以生物质能为主

我国农村使用的能源以生物质能为主,特别是农村生活用的能源更是如此。在农村能源消费中,生物质能占 55%。目前,一年所生产的农作物秸秆只有 4.6 亿 t,除去饲料和工业原料,作为能源仅为 43.9%,全国农户平均每年大约缺柴 2~3 个月。

10.7.3　能源利用对环境的影响

1. 城市大气污染

以煤炭为主的能源结构是我国大气污染严重的主要根源。根据历年的资料估算,燃煤排放的主要大气污染物,如粉尘、氮氧化物、SO_2、CO 等,总量约占整个燃料燃烧排放量的 96%。其中,燃煤排放的 SO_2 占各类污染源排放的 87%,粉尘占 60%,氮氧化物占 67%,CO 占 70%。

2. 矿物燃料燃烧,使大气 CO_2 浓度增加,温室效应增强

由于大量化石燃料的燃烧,大气中 CO_2 浓度不断增加。研究表明:大气中的 CO_2 浓度增加一倍,全球平均表面温度将上升 $1.5 \sim 3$ ℃,极地温度可能会上升 8 ℃。这样的温度可能导致海平面上升 $20 \sim 140$ cm,将对全球许多国家的经济、社会产生严重影响。

3. 酸雨

化石能源的燃烧产生的大量 SO_2,NO_x 等污染物通过大气传输,在一定条件下形成大面积酸雨,改变酸雨覆盖区的土壤性质,危害农作物和森林生态系统,破坏水生生态系统,改变湖泊水库的酸度,腐蚀材料,破坏文物古迹,造成巨大的经济损失。

4. 核废料问题

发展核能技术,尽管在反应堆方面已经有了安全保障,但是,世界范围内的民用核能计划的实施,已产生了上千吨的核废料。这些核废料的最终处理问题并没有完全解决。这些核废料在数百年内仍将保持有危害的放射性。

10.7.4　中国能源发展战略和主要对策

1. 中国的能源发展战略

我国能源发展战略可概括为 6 句话、36 个字,即:保障能源安全,优化能源结构,提高能源效率,保护生态环境,继续扩大开放,加快西部开发。

(1)保障能源安全。第一,继续坚持能源供应基本立足国内的方针,以煤为主的一次能源结构不会发生很大的变化。第二,逐步建立和完善石油储备制度,形成比较完备的石油储备体系。第三,鉴于煤炭在我国能源结构中的重要地位,并结合可持续发展的需要,煤炭洁净燃烧、煤炭液化等技术的开发利用将成为一项战略任务。

(2)优化能源结构。随着供需矛盾的缓和,我国能源发展将进一步加大力度进行结构调整,努力增加清洁能源的比例。

(3)提高能源效率。在坚持合理利用资源的同时,努力提高能源生产、消费效率,以促进经济增长和提高人民生活质量。

(4)继续扩大开放。我国能源领域对外开放进展很快。今后我国能源领域将继续对外开放,招商引资环境将会更加完善。

(5)保护生态环境。能源的生产、消费都要满足环境质量的要求,积极开发与应用先进的能源技术,大力促进可再生能源的开发利用,实现能源、经济和环境的协调发展。

(6)加快西部开发。我国西部地区有丰富的煤炭、石油、天然气、水力以及丰富的风能和太阳能资源,具有很大的资源优势和良好的开发前景。国家正在实施西部能源开发的专项规划,"西电东送""西气东输"是西部能源开发的重点。

2. 主要对策

(1)加快改革步伐,逐步建立科学的能源管理体制,为能源工业发展提供体制保障。建立和完善能源发展宏观调控体系。要在继续深化煤炭、石油天然气工业改革的同时,重在抓好电力体制改革。根据国际上电力体制改革的成功经验,结合我国的具体情况,对电力行业进行重组,初步建成竞争开放的区域电力市场,健全合理的电价形成机制。

(2)建立和完善能源发展宏观调控体系。建立健全环境保护法规体系,并适当提高现有与能源生产和消费有关的排污收费标准。在煤炭、石油、天然气、电力等方面进行价格及

收费政策改革的同时,还要通过税收政策,体现国家产业政策、促进经济结构调整的精神,研究制定一些新的税收及贴息政策。

(3)积极研究制定加快中西部能源开发的政策措施,保证和促进"西部大开发"战略部署的实现。还要研究制定针对中西部地区的具体优惠政策,吸引外资和东部地区的资金向中西部转移。同时,要运用经济和行政手段促进中西部能源向东部地区的输送。

(4)积极开发新能源。我国新能源蕴藏量丰富,要大力开发新能源,鼓励新能源开发研究,逐步提高新能源在能源结构中的比例,走出一条适合我国国情的新能源开发之路。

(5)进一步落实《节能法》,提高能源效率。我国能源利用率约30%,发达国家为40%以上,美国为57%。因此,我国能源的利用具有极大的能效潜力。应当加大科研投入,研究、示范与推广节能技术。制定和实施新增能源的设备能效标准,制定主要民用耗能产品的能效标准。实施大型的节能示范工程,对节能成效比较显著的设备和产品推行政府采购。

【案例】

森林资源对于可持续发展至关重要

联合国粮食及农业组织2012年9月26日发布了最新的《世界森林状况》报告,重点阐述了在向可持续的全球经济过渡的过程中森林、林业及其他林产品所具有的重要影响。报告强调,森林和森林资源的利用在关乎可持续性发展的各种正式讨论中都处于核心地位,森林在减缓气候变化、提供人类发展所必需的产品和生态系统服务中发挥了不可或缺的作用。

根据这份每两年出版一次的报告,目前全球森林覆盖面积约为40亿 hm^2,相当于地球陆地面积的31%,而木材仍是最重要的可再生能源之一,占全球初级能源总供给量的9%以上,是20多亿人口做饭和取暖所依赖的主要能源。此外,世界最贫困的人口大约有3.5亿,其中包括6 000万土著人口,需要完全依靠森林来生活和生存。报告指出,过去20年来,全球经济增长虽然使许多国家受益,但它是以牺牲自然资源的可持续性为代价的,其最明显的特征就是毁林。在2000年至2010年期间,随着人口快速增长以及对食物、纤维和燃料的需求迅猛增加,森林遭砍伐的速度加快,致使全球净森林面积以平均每年520万 hm^2 的速度持续减少,若以此速度发展下去,775年之后世界上所有的森林都将消失殆尽。

报告强调,世界人口预计到2050年将突破90亿,继续依赖日益减少的自然资源是不可持续的。林业既有助于扩大农村地区的经济增长,又有助于增加对可再生资源的利用,在经济和环境上都能够成为可持续未来的组成部分,这种基于光合作用的自然生产系统,只要能持续经营,便可稳定地提供相应产品和服务。

报告指出,利用森林实现可持续未来的战略包括:通过植树和对生态系统服务的投资,提高森林的数量和质量;促进与森林相关的中小企业的发展,以减少农村贫困;通过木制品的回收利用以及把木材用作能源来提高木制品的长期价值;增强自然景观和人工景观之间的协调和融合等。联合国粮农组织就此呼吁各国改革现有政策、法律和制度,创建一个能保护并增加现有森林资源的有利环境。同时,各国应加强在可持续森林管理方面的国际合作,确保政府、公民、社会以及私营部门都能参与其中,不断优化森林的管理、监测、评估和经营。

资料引自:《科技日报》,2012-09-26

思考题

1. 什么是自然资源？自然资源有哪些属性？
2. 简述我国水资源开发利用中存在的主要问题及其保护对策。
3. 简述我国土地资源开发利用中存在的主要问题及其保护对策。
4. 简述我国矿产资源开发利用中存在的主要问题及其保护对策。
5. 森林的功能有哪些？简述我国森林资源开发利用中存在的主要问题及其保护政策。
6. 中国能源利用的特点是什么，它会产生哪些环境影响？

推荐读物

1. 资源、环境与可持续发展. 伊武军. 海洋出版社, 2001.
2. 环境保护与可持续发展. 曲向荣. 清华大学出版社, 2010.

参考文献

[1]曲向荣. 环境保护与可持续发展[M]. 北京:清华大学出版社,2010.

[2]周敬宣. 环境与可持续发展[M]. 武汉:华中科技大学出版社,2007.

[3]伊武军. 资源、环境与可持续发展[M]. 北京:海洋出版社,2001.

[4]程发良,孙成访. 环境保护与可持续发展[M]. 北京:清华大学出版社,2009.

[5]徐新华,吴忠标,陈红. 环境保护与可持续发展[M]. 北京:化学工业出版社,2000.

第11章 环境保护与可持续发展

【本章摘要】

本章就环境与环境保护、环境保护与可持续发展的关系、大气环境污染及其防治、水体污染及其防治、固体废弃物污染及其防范、其他环境污染及其防治等方面的问题进行了阐述。

随着科学技术的飞速进步,世界经济的迅猛发展,人类社会发生了翻天覆地的变化,先人的许多梦想正在或者已经变成现实,这令人欢欣鼓舞。但是人类在20世纪中叶开始面临众多环境问题的挑战,由此带来了一场新的觉醒,那就是人们对环境问题的重新认识。当人类认识到所面临的环境问题的威胁与危害后,开始了一系列环境保护活动,谋求人类经济、社会和生态的可持续发展。

11.1 环境与环境保护

11.1.1 环境的概念

环境是一个极其广泛的概念,它不能孤立地存在,是相对某一中心事物而言的,不同的中心事物就有不同的环境范畴。对于环境科学而言,中心事物是人,环境的含义是以人为中心的客观存在,这里所说的客观存在主要是指:人类已经认识到的,直接或间接影响人类生存与发展的周围事物。它包括未经人类活动改造过的自然界的众多要素,如空气、阳光、陆地、水体、土壤、天然森林与草原、野生动植物等;还包括经人类社会加工改造过的自然界,如城市、村落、公路、铁路。港口、水库、园林等。它既包括这些物质性的要素,又包括由这些物质性要素所构成的系统及其所呈现出的状态。

目前,还有一种为适应某方面工作的需要,而给"环境"下的定义,它们大多出现在世界各国颁布的环境保护法规当中。例如,《中华人民共和国环境保护法》对环境做的规定如下:"本法所称的环境,是指影响人类生存和发展的各种天然的和经过人工改造的自然因素的总称,包括大气、水、海洋、土地、矿藏、森林、草原、野生动植物、自然遗迹、人文遗迹、自然保护区、风景名胜区、城市和乡村等。"可以看出,我国环境法规对环境的定义范围是相当广泛的,包括前述的自然环境和人工环境。这个定义是一种把环境中应当保护的要素或对象界定为环境的一种工作定义,其目的是从实际工作的需要出发,对"环境"一词的法律适用对象或适用范围做出规定,以保证法律准确有效地实施。

11.1.2　环境的作用

1. 提供人类活动不可缺少的各种自然资源

环境是人类从事生产的物质基础,也是各种生物生存的基本条件。环境整体及其各组成要素都是人类生存与发展的基础。以 20 世纪某年代为例,该年度全世界共采掘煤炭 43 亿 t,原油 29 亿 t,利用土地资源物产谷物 19.5 亿 t,棉花 0.18 亿 t,大豆 1.1 亿 t。可以说,地球上各种经济活动都是以这些初始产品为原料或动力而开始的。环境资源的多寡也就决定了经济活动的规模大小。

2. 环境自净功能

环境能在一定程度上对人类经济活动产生的废物和废能量进行消纳和同化,即在不同的环境容量下环境具有不同程度的自净功能。

经济活动在提供人们所需产品时,也会有一些副产品。限于技术条件和经济条件,这些副产品一时不能被利用而被排入环境,成为废弃物。环境通过各种物理、化学、生化、生物反应来稀释、消纳、转化这些废弃物的过程,称为环境的自净作用。如果环境不具备这种自净功能,千万年来,整个世界早就充斥了废弃物,人类将无法生存。

3. 提供舒适环境的精神享受

环境不仅能为经济活动提供物质资源,还能满足人们对舒适度的要求。清洁的空气和水是工农业生产必需的要素,也是人们健康愉快生活的基本需求。全世界有许多优美的自然和人文景观,如中国的张家界、美国的黄石公园、埃及的金字塔等,每年都吸引着成千上万的游客。优美舒适的环境使人们精神愉快,心情轻松,有利于提高人体素质,更有效地工作。经济越增长,对于环境舒适性的要求越多。

11.1.3　环境保护的概念

环境保护是一项范围广泛、综合性强,涉及自然科学和社会科学的许多领域,又有自己独特对象的工作。概括起来说,环境保护就是利用环境科学的理论与方法,协调人类和环境的关系,解决各种问题,是保护、改善和创建环境的一切人类活动的总称。

根据《中华人民共和国环境保护法》的规定,环境保护的内容包括"保护自然环境"与"防治污染和其他公害"两个方面。这就是说,要运用现代环境科学的理论和方法,在更好地利用自然资源的同时,深入认识和掌握污染和破坏环境的根源和危害,有计划地保护环境,恢复生态预防环境质量的恶化,控制环境污染,促进人类与环境的协调发展。

随着社会主义现代化事业的发展和人们对环境问题认识的提高,人类对环境保护重要性的认识日益深化。环境保护的目的应该是随着社会生产力的进步,在人类"征服"自然的能力和活动不断增加的同时,运用先进的科学技术,研究破坏生态系统平衡的原因,更要研究人为原因对环境的破坏和影响,寻找避免和减轻破坏环境的途径和方法,化害为利,造福人类。

11.1.4　环境保护是中国的一项基本国策

1983 年底,在国务院召开的第二次全国环境保护会议上,李鹏总理代表国务院宣布,保护环境是中国的一项基本国策。所谓国策是立国、治国之策,是对国家经济、社会发展和人民物质文化生活的提高具有全局性、决定性和长久性影响的重大战略决策。这说明环境对国家的经济建设、社会发展和人民生活具有全局性、长期性和决定性的影响，是至关重要的。环境保护作为一项基本国策的重要意义主要有以下几点：

1. 防治环境污染，维护生态平衡，是保证农业发展的重要前提

我国国土面积为 960 万 km^2，仅次于俄罗斯和加拿大，列世界第三位，物产丰富，品种齐全，堪称地大物博。但是，我国是一个 13 亿人口的大国，按人均资源来说，却并不丰富，特别是人均生物资源不丰富。2005 年人均耕地 1.41 亩，仅为世界人均量的 2/5；人均森林面积仅为 0.132 hm^2，不到世界平均水平的 1/4。人均森林蓄积量 9.421 m^3，不到世界平均水平的 1/6；随着人口的增加和建设用地的扩展，今后人均耕地还将进一步下降。在这数量有限的耕地上，除了栽种粮食作物外，还要种植蔗、棉、麻、茶等经济作物，为轻纺工业提供原料。因此，充分合理地使用、精心妥善地保护有限的耕地资源和生物资源，使之免遭污染和破坏，保证人民主、副食的供应和必需消费品的供应，不能不说是一项基本国策。

2. 制止环境继续恶化，进一步提高环境质量是促进经济发展的重要条件

我国的环境污染已到了相当严重的地步，污染物的排放量在世界上也是最多的国家之一，自然环境受到严重破坏，影响了人民的生产和生活，已经成为突出的社会问题，并且浪费了宝贵的资源和能源。就水污染来说，污染使水质变坏，更加重了水资源的短缺问题。我国是一个发展中国家，资金、能源等都不足，环境污染更加剧了困难。显然，不改变这一状况，现代化建设就难以顺利进行。因此，采取适当措施，保护和改善环境质量，为经济发展扫清道路，就必然成为一项重要的战略任务。

3. 环境保护是三个文明建设的重要组成部分

发展生产力，并在这个基础上逐步提高人民的生活水平，这就是建设物质文明的要求。与生产力发展关系十分密切的工业、农业、交通、城建、能源等方面几乎都有各自的污染问题。如果能通过完善生产流程以及加强生产、设备、技术、资源、劳动等管理来提高资源利用率，减少污染物的排放，则既可以取得较好的环境效益，又可以取得较好的经济效益和社会效益，创造更多的物质财富。

社会主义精神文明建设包括教育科学建设和思想道德建设两个方面。因而，加强社会主义环境道德建设，加强环境教育，提高人们的环境意识，使人的行为与环境相和谐，是解决环境问题的一条根本途径。这是环境保护的基础保证，已被各国政府所认同。

生态文明建设以人与人、人与自然、人与社会和谐共生为宗旨，强调人与自然环境的相互依存、相互促进、共处共融。所以，提高人们的环保意识是建设生态文明的必然要求和基本保障。

4. 保护环境是关系到人类命运前途的大事

保护资源，创造一个清洁优美的生活环境和自然环境是人类生活和健康的需要，是涉及子孙后代命运前途的大事。环境是全人类共同的财富，当代人的生存发展需要它，后代人的生存发展更需要它。深刻认识环境保护作为我国一项基本国策的重要意义，要在发展生产的过程中搞好环境保护，做到经济效益与环境效益的统一，为当代人创造一个美好的环境，为后代人留下一个美好的环境。

11.2　环境保护与可持续发展的关系

11.2.1　环境保护与可持续发展的基本关系

由于环境容量是有限的,所以环境既是发展的资源,又是发展的制约条件。可持续发展是一种与环境保护有关的发展战略和模式,但不能无限延伸环保的概念与范围,真理向前迈一步即成谬误,环保主义很容易演化成对发展的反对;贸易中过早、过严的环境标准、环境标志很可能成为发达国家欺压发展中国家的冠冕堂皇的武器,要警惕"环境殖民主义"的趋向。

11.2.2　解决环境问题必须走可持续发展道路

环境问题的实质在于人类经济活动索取自然资源的速度超过了资源本身及其替代品的再生速度和向环境排放废弃物的数量超过了环境的自净能力。而只有走可持续发展道路,才能使人类经济活动索取资源的速度小于资源本身及其替代品的再生速度、并使向环境排放的废弃物能被环境自净,从而从根本上解决环境问题,实现人口、资源、环境与经济的协调发展。

因此,深刻认识以下两个简单而重要的事实是非常必要的。

1. 环境容量有限

全球每年向环境排放大量的废气、废水和固体废物。这些废物排入环境后,有的能够稳定地存在上百年,因而使全球环境状况发生显著的变化。例如,大气二氧化碳体积分数已由工业化前的 280×10^{-6} 升高到 353×10^{-6} ,甲烷体积分数由 0.8×10^{-6} 上升至 1.72×10^{-6} ,一氧化二氮体积分数由 285×10^{-6} 上升至 310×10^{-6} ,这些温室气体的增多已经使地球表面温度在过去的 100 年中大约上升了 $0.3 \sim 0.6\ ℃$ 。臭氧层的破坏要归咎于氯氟碳(CFC_s)的使用。20 世纪 70 年代中期,在南极上空发现了臭氧层空洞,空洞还在不断扩大,南极上空低平流层中臭氧总量平均减少了 $30\% \sim 40\%$ 。1990 年,矿物燃料(主要是煤炭和石油)的使用向大气中排放硫氧化物 9 900 万 t,氮氧化物 6 800 万 t,这些氧化物和大气中的水结合,形成酸雨沉降到地面,使大片森林枯萎,并使大量微小的水生生物乃至鱼类死亡。工业废水和生活污水如果不经处理排入河流,就会污染整条河流。有害物质渗入地下,进而破坏地下水。还有不少人工合成的难降解的物质,也是一大难题。

2. 自然资源的补给和再生、增殖需要时间

自然资源的补给和再生、增殖需要时间,一旦超过了极限,要想恢复是困难的,有时甚至是不可逆转的。

森林采伐应不超过其可持续产量。全世界现有森林面积 28 亿 hm^2 ,每年平均砍伐量为 1 110 万 hm^2 ,相当于每年砍掉总量的 0.5% 。森林具有储存二氧化碳、涵养水源、栖息动植物群落、提供林产品、调节区域气候等功能。过度砍伐使森林和生物多样性面临毁灭的威胁。

土地利用应谨慎地控制其退化速度。全球土地面积的 15% 已因人类活动而遭到不同程度的退化。1988 年全世界已退化的农耕地占总农耕地的比例已达 26.2% 。全世界干旱

地、半干旱地总面积中近 70% 已中等程度荒漠化。

水资源并不是取之不尽的。人类消费淡水量的迅速增加导致严重的淡水资源短缺,淡水资源是一切陆地生态系统不可缺少的组成部分。到 2000 年,全球淡水用量从 1985 年的 3 900 亿 m^3 增加到 6 000 亿 m^3。人类正面临着严重的淡水短缺。

海洋资源也有其可持续产量。过度捕捞会造成渔业资源的枯竭。以南极洲为例,1904 年人类开始在南极捕鲸,总是先对某一种类过度捕捞,然后再捕捞其他种类。迄今为止,蓝鲸的数量不到捕捞前存量的 1%,抹香鲸约为 2%,驼背鲸约为 3%。南佐治亚姆鱼在 20 世纪 70 年代早期开始被过度捕捞,现在已濒临灭绝。

11.2.3　保护环境是可持续发展的关键

无论是中国还是外国,环境问题都会造成巨大的经济损失。我国是发展中国家,不具备发达国家所拥有的经济和技术优势,环境投入有限,治理技术也比较落后。但我们绝不可以走发达国家“先污染,后治理”的老路,必须在经济发展中抓好环境保护,走可持续发展的道路。

1. 保护环境为的是保证发展

1995 年,美国的世界观察研究所发表了《谁来养活中国》的研究报告。报告认为:日本、韩国等在工业化过程中,土地减少了 30%～50%。尽管努力提高单产,粮食总产量还是下降了 20%～35%,不得不大量进口粮食。报告推测中国也不能避免这种趋势。到 2030 年,粮食产量将下降 20%,届时每年将需要进口 2.16 亿 t 的粮食,这一数字超过了 1993 年世界总出口 2 亿 t 的水平。

该报告显然有失偏颇,但从一个侧面也给人们敲响了警钟。对于我国土地资源减少的现实,如果不充分重视,也有可能导致未来严重的粮食困难。我国现有耕地仅占国土面积的 13.8%,人均占有耕地面积仅为世界人均值的约 1/3,已经达到人均占有耕地的警戒线。在这些耕地中,受污染的多达 7.6%,受酸雨危害的达 4.0%,仅农田污染每年就使粮食减产 120 亿 kg。水土流失更使土地资源的效率下降。全国每年流失土壤 50 亿 t,相当于全国耕地每年被剥去 1 cm 厚的肥土层。

数据指出了一个问题:如果土地资源不能得到迅速有效的保护,粮食困难不仅会阻碍经济的发展,而且还会威胁到民族的生存。搞好环境保护正是为了避免出现这样的问题,所以它是实现可持续发展的关键。

2. 环保投资的效益

有些人的直观想法是:中国正处于经济快速增长的过程中,经济建设的各个方面都需要大量投资,如果给环境保护投资多了,一定会大大降低经济发展的速度。

事实胜于雄辩。可以从实践经验和理论模型两个方面来分析这种观点:

(1)一些发达国家在公害显现和加紧防治阶段的环保投入占国民生产总值(GNP)的比例远远高于中国。日本和美国在 20 世纪 80 年代分别为 4.0% 和 2.1%,德国、英国、法国、意大利、加拿大在 20 世纪 70 年代曾经达到 1.3%～2.8%,而中国的环保投入只占 GNP 的 0.7%,国际上的实践经验表明,该比例如果达到 1%～1.5%,可以基本控制污染,达到 2%～3%,才能逐步改善环境。

(2)理论模型显示,适当提高环保投资绝不会对经济增长速度产生明显影响。根据

1974—1990 年日本宏观经济模型测算,日本于 1990 年的治理污染投入比例为 4%,相应的 GNP 为 328 万亿日元;如果该比例为 0,GNP 为 330 万亿日元,两者相比较,增长速度降低 0.04%。根据 1995—2000 年中国发展模型的研究,中国的环保投入占 GNP 的比例如果从目前的 0.7% ~0.8% 提高到 1% ~1.5%,GNP 每年只降低 0.06%,而带来的收益是每年可减少至少 1 000 多亿元的污染损失,同时还能带动中国的环保产业的发展。

11.3　大气环境污染及其防治

一个成年人平均每天约需 1 kg 粮食和 2 kg 水;但每天约需 13.6 kg(合 10 m³)的空气。不仅如此,成年人可以坚持几天不吃粮食或不喝水,但如果几分钟不呼吸空气就会死亡。可见,空气是人类生存的首要物质条件。

11.3.1　大气污染及其成因

1. 大气污染及其成因

大气污染是指大气中污染物质的浓度达到了有害程度,以致破坏生态系统和人类正常生存和发展的条件,对人和物造成危害的现象。

如果被污染的空气不断地被吸入肺部,通过血液而遍及全身,将对人体健康直接产生危害。此外,大气污染对人的影响不同于水污染和土壤污染,它不仅时间长,而且范围广。全球性的大气污染问题,更是如此。在迄今为止的 11 次世界上重大污染事件中,就有 7 件是由大气污染造成的,如马斯河谷烟雾事件、伦敦烟雾事件、多诺拉烟雾事件、洛杉矶光化学烟雾事件、四日市哮喘事件、博帕尔农药厂泄漏事件和切尔诺贝利核电站事故等,这些污染事件均造成大量人口的中毒与死亡。

大气污染所引起的强烈效应引起了人们对大气污染的极大重视和关注,大气污染已成为人类当前面临的重要环境污染问题之一。由于大气污染,可以使某个或多个环境要素发生变化,使生态环境受到冲击或失去平衡,环境系统的结构和功能发生变化。这种因大气污染而引起环境变化的现象,称为大气污染效应。

大气污染的形成,有自然原因和人为原因。前者如森林火灾、火山爆发、岩石风化等,后者如各类燃烧物释放的废气和工业排放的废气等。目前,世界上各地的大气污染主要是人为因素造成的。随着人类社会经济活动和生产的迅速发展,正大量消耗着各类能源,其中化石燃料在燃烧过程中向大气释放大量的烟尘、硫、氮等物质,这些物质影响了大气环境的质量,对人和物都可造成危害,尤其是在人口稠密的城市和工业区域,这种影响更大,造成各种形式的大气环境污染。

大气污染的形成有 3 大要素:污染源、大气状态和受体。大气污染的 3 个过程是:污染物排放、大气运动的作用、相对受体的影响。因此,大气污染的程度与污染源的排放、污染物的性质、气象条件和地理条件等有关。污染源按其性质和排放方式可分为工业污染源、生活污染源、交通污染源。污染源有害物质对大气的污染程度,与污染源性质如排放方式、污染物的排放量、污染物的理化性质等内在因素有关,还与受体的性质如环境敏感度、受体距污染源的距离有关,也与气象因素,如风和大气湍流、温度层结情况以及云、雾等有关。

2. 大气污染源

大气污染的主要原因是对能源的利用和城市人口的增加。空气污染始于取暖和煮食，到 14 世纪，燃煤释放的烟气已成为主要大气污染问题。18 世纪产业革命后，工业用的燃料更多，燃煤对空气的污染更加严重了。空气污染的危害主要取决于污染物在空气中的浓度，而不仅仅是它的数量。由于城市人口集中，使局部空气中污染物的浓度提高，而且不容易稀释和分散到广大地区中去。如美国，全部空中排出物的 50% 以上是从不到 1.5% 的陆地上排放出去的，而美国约有 1/4 以上的人口集中在 10 个大城市中。

根据不同的研究目的和污染源的特点，污染源的类型有 4 种划分方法。

（1）按污染产生的类型分。

①工业污染源。这里包括燃料燃烧排放的污染物，生产过程中的排气（如炼焦厂向大气排放 H_2S、苯、酚、烃类等有毒害物质；各类化工厂向大气排放具有刺激性、腐蚀性、异味性或恶臭的有机和无机气体；化纤厂排放的氨、H_2S、甲醇、二硫化碳、丙酮等）以及生产过程中排放的各类矿物和金属粉尘。

②生活污染源（主要为家庭炉灶排气）。在我国，这是一种分布广、排放量大、排放高度低、危害性不容忽视的空气污染源。

③汽车尾气。在一些发达国家，汽车尾气已构成大气污染的主要污染源。目前全世界的汽车已超过 2 亿辆。一年内排出一氧化碳近 2 亿 t，铅 40 万 t。

（2）按污染源存在的形式划分。

①固定污染源。位置固定，如工厂的排烟或排气。

②移动污染源。位置可以移动，在移动过程中排放大量废气，如汽车等。

这种分类方法适用于进行大气质量评价时满足绘制污染源分析图的需要。

（3）按污染物排放的方式分。

①高架源。污染物通过高烟囱排放。在一般情况下，这是排放量比较大的污染源。

②线源。移动污染源在一定街道上造成的污染。

③面源。许多低矮烟囱集合起来而构成的区域性的污染源。

这种分类方法适用于大气扩散计算。

（4）按污染物排放的时间分。

①间断源。排出源时断时续，如取暖锅炉的烟囱。

②连续源。污染物连续排放，如化工厂的排气筒等。

③瞬间源。排放时间短暂，如某些工厂的事故排放。

这种分类方法适用于分析污染物排放的时间规律。

11.3.2　大气污染物

目前对环境和人类产生危害的大气污染物约有 100 种。其中影响范围广、具有普遍性的污染物有颗粒物、二氧化硫、碳氧化物、氮氧化物、碳氢化合物等。

1. 几种主要的大气污染物

（1）颗粒物。

颗粒物是指除气体之外的包含于大气中的物质，包括各种固体、液体和气溶胶等。其中有固体的烟尘、灰尘、烟雾以及液体的云雾和雾滴，其粒径范围主要在 0.1 ～ 200 μm 之间。按粒径的差异,可以分为降尘和飘尘两种。

①降尘指粒径大于 10 μm,在重力作用下可以降落的颗粒状物质。其多产生于固体破碎、燃烧残余物的结块及研磨粉碎的细碎物质。自然界刮风及沙暴等也可以产生降尘。

②飘尘指粒径小于 10 μm 的煤烟、烟气和雾在内的颗粒状物质。由于这些物质粒径小、质量轻,在大气中呈悬浮状态,且分布极为广泛。飘尘可以通过呼吸道被人吸入体内,对人体造成危害。

颗粒物自污染源排出后,常因空气动力条件的不同、气象条件的差异而发生不同程度的迁移。降尘受重力作用可以很快降落到地面,而飘尘则可在大气中保存很久。颗粒物还可以作为水汽等的凝结核,参与降水形成过程。

(2)硫化物。

硫常以二氧化硫和硫化氢的形态进入大气,也有一部分以亚硫酸及硫酸(盐)微粒形式进入大气。大气中的硫约 2/3 来自天然源,其中以细菌活动产生的硫化氢最为重要。人为源产生的硫排放的主要形式是 SO_2,主要来自含硫煤和石油的燃烧、石油炼制、有色金属冶炼和硫酸制造等。

SO_2 是一种无色、具有刺激性气味的不可燃气体,是一种危害大、分布广的大气污染物。SO_2 和飘尘具有协同效应,两者结合起来对人体危害更大。SO_2 在大气中极不稳定,最多只能存在 1~2 d。在相对湿度较大以及有催化剂存在时,可发生催化氧化反应,生成 SO_3,进而生成 H_2SO_4 或硫酸盐,因此,SO_3 是形成酸雨的主要因素。硫酸盐在大气中可存留 1 周以上,能飘移至 1 000 km 以外,造成远离污染源以外的区域性污染。SO_2 也可以在太阳紫外光的照射下,发生光化学反应,生成 SO_3 和硫酸雾,从而降低大气能见度。

(3)碳氧化物。

碳氧化物主要有两种物质,即 CO 和 CO_2。CO 主要是由含碳物质不完全燃烧产生的,而天然源较少。1970 年全世界排入大气中的 CO 约 3.59 亿 t,而由汽车等交通工具产生的 CO 占总排放量的 70%。

CO 是无色、无臭的有毒气体,其化学性质稳定,在大气中不易与其他物质发生化学反应,可以在大气中停留较长时间。在一定条件下,CO 可以转变为 CO_2,然而其转变速率很低。人为排放大量的 CO,对植物等会造成危害;高浓度的 CO 可以被血液中的血红蛋白吸收,而对人体造成致命伤害。

CO_2 是大气中一种"正常"成分,参与地球上的碳平衡,它主要来源于生物的呼吸作用和化石燃料等的燃烧。然而,由于化石燃料的大量使用,使大气中的 CO_2 浓度逐渐增高,这将对整个地–气系统中的长波辐射收支平衡产生影响,还可能导致温室效应。

(4)氮氧化物。

氮氧化物(NO_x)种类很多,主要是一氧化氮(NO)和二氧化氮(NO_2),另外还有三氧化二氮(NO_2O_3)、一氧化二氮(NO_2O)、四氧化二氮(NO_2O_4)和五氧化二氮(NO_2O_5)等多种化合物。

天然排放的 NO_x,主要来自土壤和海洋中有机物的分解,属于自然界的氮循环过程。人为活动排放的氮气大部分来自化石燃料的燃烧过程,如飞机、汽车、内燃机及工业窑炉的燃烧过程;也来自生产、使用硝酸的过程,如氮肥厂、有机中间体厂、有色及黑色金属冶炼厂等。

在高温燃烧条件下,NO_x 主要以 NO 的形式存在,最初排放的 NO_x 中 NO 约占 95%。但是,NO 在大气中极易与空气中的氧发生反应,生成 NO_2,故大气中 NO_x 通常以 NO_2 的形式存在。空气中的 NO 和 NO_2 通过光化学反应相互转化而达到平衡。在温度较高或有云雾存在时,NO_2 进一步与水分子作用形成酸雨中的第二重要酸——硝酸。在有催化剂存在时,如遇上合适的气象条件,NO_2 转变成硝酸的速度加快。

(5)碳氢化合物。

碳氢化合物由烷烃、烯烃和芳烃等复杂多样的物质组成。大气中大部分的碳氢化合物来源于植物的分解,人类排放的量虽然小,却非常重要。

碳氢化合物的人为来源主要是石油燃料不充分燃烧和石油类的蒸发过程。在石油炼制、石油化工生产中也产生多种碳氢化合物。燃油机动车亦是主要的碳氢化合物污染源,交通线上的碳氢化合物浓度与交通密度密切相关。

碳氢化合物是形成光化学烟雾的主要成分。在活泼的氧化物如臭氧、原子氧、氢氧基等自由基的作用下,碳氢化合物将发生一系列链式反应,生成一系列的化合物,如醛、酮、烷、烯以及重要的中间产物——自由基。自由基进一步促进 NO 向 NO_2 转化,造成光化学烟雾的重要二次污染物——醛、臭氧、过氧乙酰硝酸酯(PAN)。

2.一次污染物和二次污染物

从污染源排入大气中的污染物质,在与空气混合过程中会发生种种物理、化学变化。依其形成过程的不同,通常可以将其分为一次污染物和二次污染物,见表 11-1。

表 11-1　大气污染物的分类

项目	一次污染物	二次污染物	项目	一次污染物	二次污染物
含硫化合物	SO_2,H_2S	SO_3,H_2SO_4,MSO_4	碳氧化合物	CO,CO_2	酮、醛、臭氧、过
含氮化合物	NO,NH_3	NO_2,HNO_3,MNO_3			氧乙酰硝酸酯
碳氢化合物	C_1-C_5 化合物	醛、过氧乙酰硝酸酯	卤素化合物	HF,HCl	氟化物

(1)一次污染物。

一次污染物是指从各类污染源直接排出的物质,包括直接从各种排放源进入大气的各种气体、颗粒物和蒸汽,如前述的 SO_2、氮氧化物、碳氧化物、碳氢化合物和颗粒物等都是主要的一次污染物。一次污染物又可分为反应物质和非反应物质两类。

①反应性污染物的性质不稳定,在大气中常与某些其他物质产生化学反应,或作为催化剂促进其他污染物产生化学反应,如 SO_2 和 NO_2 等。

②非反应性污染物,其性质较为稳定,它不发生化学反应或反应速率很慢,如 CO。

一次污染物在大气中的物理作用或化学反应可分为以下几种:

①气体污染物之间的化学反应(可在有催化剂或无催化剂作用下发生)。例如,常温下有催化剂存在时,硫化氢和二氧化硫气体污染物之间反应生成单质硫。

②空气中粒状污染物对气体污染物的吸附作用,或粒状污染物表面上的化学物质与气体污染物之间的化学反应。例如,尘粒中的某些金属氧化物与 SO_2 直接反应,生成硫酸盐。

③气体污染物在气溶胶中的溶解作用。

④气体污染物在太阳光作用下的光化学反应。

（2）二次污染物。

由上述各种化学反应的结果所生成的一系列新的污染物称为二次污染物。例如，大气中的碳氢化合物和 NO_x 等一次污染物，在阳光作用下发生光化学反应，生成臭氧、酮、醛、过氧乙酰硝酸酯（PAN）等二次污染物。常见的二次污染物有：过氧乙酰硝酸酯（PAN）、臭氧、硫酸及硫酸盐气溶胶、硝酸及硝酸盐气溶胶，以及一些活性中间产物，如氢氧基（·OH）、过氧化氢基（·HO_2）、过氧化氮基（·NO_3）和氧原子等。

光化学烟雾（Photochemical Smog）是光化学反应的反应物（一次污染物）一与生成物（二次污染物）形成特殊混合物，主要大气中的碳氢化合物和 NO_x 等一次污染物，在阳光作用下发生光化学反应，生成氧、酮、醛、过氧乙酰硝酸酯（PAN）等二次污染物所引起。

11.3.3　大气污染的类型

根据污染物的化学性质及其存在的大气环境状况对大气污染进行分类。

1. 氧化型（汽车尾气型）污染

这种类型的污染多发生在以用石油燃料为主的地区，污染物的主要来源是汽车尾气、燃油锅炉以及石油化工企业。主要的一次污染物是 CO，NO_x，碳氢化合物等。这些污染物在太阳光的照射下能够引起光化学反应，生成二次污染物——臭氧、醛类、过氧乙酰硝酸酯等物质。这类物质具有极强的氧化性，对人的眼睛等黏膜有强刺激作用。洛杉矶光化学烟雾就属此型污染。

2. 还原型（煤炭型）污染

这种大气污染常发生在以使用煤炭为主、同时也使用石油的地区。其主要污染物是 CO，SO_2 和颗粒物。在低温、高湿度且风速很小的阴天，并伴有逆温存在的情况下，一次污染物受阻，容易在低空进行聚积，生成还原性烟雾。伦敦烟雾事件就是这类还原型污染的典型代表，故这类污染又称伦敦烟雾型。

3. 石油型

石油型污染的主要污染物来自汽车排放、石油冶炼及石油化工厂的排放，主要包括 NO_2、链烷、烯烃、醇、羰基等碳氢化合物，以吸收它们在大气中形成的臭氧、各种自由基及其反应生成的一系列中间产物与最终产物。

4. 混合型

此种污染类型包括以煤炭为燃料的污染源排放的污染物，以及从各类工厂企业排出的各种化学物质等。在混合型工业城市，如日本的川崎、横滨等地所发生的污染事件，就属于该污染类型。

5. 特殊型

这类污染是指由工厂排出的特殊污染物而造成的污染，常限于局部范围之内。例如，生产磷肥造成的氟污染，氯碱工厂周围形成的氯气污染等。

11.3.4　大气污染控制技术

根据大气污染物的存在状态，其治理技术可概括为两大类：颗粒污染物控制技术和气态污染物控制技术。

1. 颗粒污染物控制技术

颗粒污染物控制技术常称除尘技术,除尘技术的方法和设备种类很多,各具不同的性能和特点,在治理颗粒污染物时要选择一种合适的除尘方法和设备,除需考虑当地大气环境质量、排放标准、尘的环境容许标准、设备的除尘效率及有关经济技术指标外,还必须了解尘的特性,如粒径、粒度分布、密度、形状、比电阻、黏性、亲水性、可燃性、凝集特性以及含尘气体的化学成分、压力、温度、湿度、黏度等。除尘方法和设备主要有以下 5 类。

(1) 重力沉降。

重力沉降是利用含尘气体中的颗粒受重力作用而自然沉降的原理,将颗粒污染物与气体分离的过程。重力沉降室是空气污染控制装置中最简单的一种,主要优点是结构简单,造价低,压力损失小,便于维护管理,可处理高温气体;其主要缺点是沉降小颗粒的效率低,一般只能除去 50 μm 以上的大颗粒。因此,重力沉降室主要用于高效除尘装置的初级除尘器。

(2) 旋风除尘。

旋风除尘是利用旋转的含尘气流所产生的离心力,将颗粒污染物从气体中分离出来的过程。旋风除尘器结构简单、占地面积小、压力损失中等、操作维修方便、投资低、动力消耗不大,可用各种材料制造,能用于高温、高压及有腐蚀性气体,并具有可直接回收干颗粒物的优点,所以在工业上的应用已有一百多年的历史。旋风除尘器一般用来捕集 5 ~ 15 μm 以上的颗粒物,除尘效率可达 80% 左右。其主要缺点是对捕集小于 5 μm 颗粒的效率不高,一般做预除尘用。

(3) 过滤式除尘器除尘。

过滤式除尘器是利用多孔过滤介质分离捕集气体中固体或液体粒子的净化装置。因一次性投资比电除尘器少,运行费用又比高效湿式除尘器低,因而被人们所重视。目前在除尘技术中应用的过滤式除尘器可分为外部过滤式和内部过滤式。颗粒层除尘器属于内部过滤式,它是以一定厚度的固体颗粒床层作为过滤介质,这种除尘器的最大特点是:耐高温(可达 400 ℃)、耐腐蚀,除尘效率比较高,滤材可以长期使用,适用于冲天炉和一般工业炉窑。袋式除尘器属于外部过滤式,即粉尘在滤料表面被截留。它的性能不受尘源的粉尘浓度、粒度和空气量度变化的影响,对于粒径为 0.5 μm 的尘粒捕集效率可高达 98% ~ 99%。

(4) 湿式除尘器除尘。

它是利用水形成液网、液膜或液滴与尘粒发生惯性碰撞、黏附、扩散效应、扩散漂移与热漂移、凝聚等作用,从废气中捕集分离尘粒,并兼备吸收气态污染物的作用。其主要优点是:在除尘粒的同时还可去除某些气态污染物;除尘效率较高,投资比达到同样效率的其他除尘设备低;可以处理高温废气及黏性的尘粒和液滴。但存在能耗较大、金属设备易被腐蚀、废液和泥浆需要处理、在寒冷地区使用有可能发生冻结等问题。

湿式除尘设备式样很多,根据不同的除尘要求,可以选择不同类型的除尘器。目前国内常用的有水膜除尘器、文丘里洗涤器、喷淋塔、冲击式除尘器和旋流板塔等。净化的气体从湿式除尘器排出时,一般都带有水滴。为了去除这部分水滴,在湿式除尘器后都附有脱水装置。

(5)电除尘器除尘。

电除尘器使浮游在气体中粉尘颗粒荷电,在电场的驱动下做定向运动,从气体中被分离出来。即驱使粉尘做定向运动的力是静电力——库仑力,这是电除尘器(常称静电除尘器)与其他除尘器的本质区别。因此,它具有独特的性能与特点。它几乎可以捕集一切细微粉尘及雾状液滴,其捕集粒径范围为 $0.01 \sim 100 \ \mu m$。粉尘粒径大于 $0.1 \ \mu m$ 时,除尘效率可高达 99% 以上;由于电除尘器是利用库仑力捕集粉尘的,所以风机仅仅起到运送烟气的任务,因而电除尘器的气流阻力很小,约为 $98 \sim 294 \ Pa$,即风机的动力损耗很少;尽管本身需要很高的运行电压,但是通过的电流却非常小,因此电除尘器所消耗的电功率很少,净化 $1\ 000 \ m^3/h$ 烟气约耗电 $0.1 \sim 3 \ kW$;此外,电除尘器适用范围广,从低温、低压至高温、高压,在很宽的范围内均能适用,尤其能耐高温,最高可达 $500 \ ℃$。电除尘器的主要缺点是钢材消耗量较大,设备造价偏高;除尘效率受粉尘比电阻的影响很大(最适宜捕集比电阻为 $10^4 \sim 5 \times 10^{10} \ \Omega \cdot cm$ 的粉尘粒子);需要高压变电及整流设备。目前,电除尘器在化工、冶金、建材、火力发电、水泥、纺织等工业部门得到广泛应用。

2.气态污染物控制技术

气态污染物控制技术很多,主要有吸附、吸收、催化、燃烧、生物、膜分离、冷凝、电子束等,这里就前 4 种方法做简要介绍。

(1)吸附法。

气体混合物与适当的多孔性固体接触,利用固体表面存在的未平衡的分子引力或化学键力,把混合物中某一组分或某些组分吸留在固体表面上。这种分离气体混合物的过程称为气体吸附。作为工业上的一种分离过程,吸附已广泛地应用于冶金、化工、石油、食品、轻工及高纯气体的制备等工业部门。由于吸附剂具有高的选择性和高的分离效果,能脱除痕量(10^{-6}级)物质,所以吸附净化法常用于用其他方法难于分离的低浓度有害物质和排放标准要求严格的废气处理,例如用吸附法回收或净化废气中的有机污染物。

吸附净化法的优点是效率高,设备简单,操作方便,能回收有用组分,易于实现自动控制。但是一般吸附容量不高(约 40%),吸附剂机械强度、稳定性等方面有待提高。

(2)吸收法。

吸收是利用气体混合物中不同组分在吸收剂中溶解度不同,或者与吸收剂发生选择性化学反应,从而将有害组分从气流中分离出来的过程。该法具有设备简单、捕集效率高、一次性投资低等特点,因此,广泛地用于气态污染物的处理。例如含 SO_2,H_2S,HF 和 NO_x 等污染物的废气都可以采用吸收净化。

吸收分为物理吸收和化学吸收。由于在大气污染控制过程中,一般成分复杂、废气量大、吸收组分浓度低,单靠物理吸收难达到排放标准,因此大多采用化学吸收法。

(3)催化法。

催化法净化气态污染物是利用催化剂的催化作用,将废气中的气体有害物质转变为无害物质或转化为易于去除的物质的一种废气治理技术。催化法与吸附、吸收法不同,应用催化法治理污染物过程中,无需将污染物与主气流分离,可直接将有害物转变为无害物,这不仅可避免产生二次污染,而且可简化操作过程。此外,由于所处理的气态污染物的初始浓度都比较低,反应的热效应不大,一般可以不考虑催化床层的传热问题,从而大大简化了催化反应器的结构。由于上述优点,促进了催化法净化气态污染物的推广和应用。

(4)燃烧法。

燃烧法是通过热氧化作用将废气中的可燃有害成分转化为无害物质的方法。例如,含烃废气在燃烧中被氧化成无害的 CO_2 和 H_2O。此外,燃烧法还可以消烟、除臭。燃烧法已广泛用于有机化工、石油化工、食品工业、金属漆包线的生产、涂料和油漆的生产、纸浆和造纸、动物饲养场、城市废物的干燥和焚烧处理等主要含有机污染物的废气治理。该法工艺简单、操作方便,可回收含烃废气的热能。但处理可燃组分含量低的废气时,需预热耗能,应注意热能回收。

11.4　水体污染及其防治

11.4.1　水体污染与来源

水体的概念包括两方面的含义,一方面是指海洋、河流、湖泊、沼泽、水库、地下水的总称;另一方面在环境领域中,则把水体中的溶解性物质、悬浮物、水生生物和底泥等作为一个完整的生态系统或完整的自然综合体来看。

水资源在使用过程中由于丧失了使用价值而被废弃外排,并以各种形式使受纳水体受到影响,这种水称为废水,这种现象称为水体污染。水体污染有多种含义,但其基本要点是指在一定时期内,引入水体中的某种污染物所造成的不良效应。有些效应是影响人类健康方面的,如致病菌的引入,有毒化学品或元素的引入等;另有一些效应是影响感官性状方面,如臭味、颜色等。引入水环境的污染物中较常见的有 4 类,即持久性污染物、非持久性污染物、热(以温度表征)、酸和碱(以 pH 表征)。持久性污染物是指在地面水中不能或很难由于化学、物理、生物作用而分解、沉淀或挥发的污染物,例如在悬浮物甚少、沉降作用不明显水体中的无机盐类、重金属等。在水环境中难溶解、毒性大、易长期积累的有毒化学品亦属于此类。非持久性污染物是指地面水中由于物理、化学或生物作用而逐渐减少的污染物,例如耗氧有机物。

水体污染的成因源于人类的生产和生活活动。但就污染物的排放形式,可基本分为点污染源(简称点源)和面污染源(简称面源)两大类。

(1)点污染源指生活污水等通过管道、工矿废水、沟渠集中排入水体的污染源。其排放特点一般具有连续性,水量的变化规律取决于工矿的生产特点和居民的生活习惯。一般有季节性又有随机性。有一些废水、污水是经过污水处理厂处理后再排入水体。

(2)面污染源指污染物来源于水面上,如矿山排水、农田排水、城市和工矿区的路面排水等。这些排水有时由地面直接汇入水体,也有时通过管道或沟渠汇入水体。其特点是发生时间都在降雨形成径流之时,具有间歇性,变化服从降雨和形成径流的规律,并受地面状况(铺装情况、植被、坡度)的影响。

水体污染也可以根据来源不同分类,即生活污染源、工业污染源、农业污染源 3 大类。

(1)生活污染源。生活污染源主要是生活污水。生活污水是人们在日常生活中所产生的废水,主要包括冲洗厕所、厨房洗涤和沐浴等污水。按其形态可分为:①不溶物质,这部分约占污染物总量的 40%,它们或沉积到水底,或悬浮在水中;②胶状物质,这部分约占污染物总量的 10%;③溶解性物质,约占污染物总量的 50%,这些物质多为无毒,含无机盐类硫酸盐、氯化物、磷酸和钠、钾、钙、镁等重碳酸盐。

(2)工业污染源。工业污染源主要是工业废水。工业废水是在工业生产过程中所排出的废水,其成分主要决定于生产过程中采用的原料以及所应用的生产工艺。工业废水又可分为生产废水和生产污水。所谓的生产废水是指较为清洁、不经处理即可排放或回用的工业废水(例如冷却水)。而那些污染比较严重,必须经过处理后方可排放的工业废水就称为生产污水。工业污染源是水体最重要的污染源。它量大面广,在我国工业废水和生活污水总量中,工业废水占排放总量的 70% 以上,而且含污染物种类比较多,成分复杂,含有大量的有毒有害物质,有些成分在水中不易净化,处理难度比较大。它们含有的有机需氧物质、化学毒物、无机固体悬浮物、酸、碱、重金属离子、热、病原体、植物营养物质等均可对环境造成污染。

3.农业污染源

农业污染源是指由于农业生产而产生的水污染源,如降水所形成的径流和渗流把土壤中的氮、磷(化肥的使用)和农药带入水体;由养殖场、牧场、农副产品加工厂的有机废物(畜禽的粪尿等)排入水体,它们都可以使水体的水质发生恶化,造成河流、水库、湖泊等水体污染,有的导致水体富营养化,农业污染源往往是非点源污染,它具有 3 个不确定性,即在不确定的时间内,通过不确定的途径,排放不确定数量的污染物质。由于上述 3 个不确定性也决定了不能用治理点污染源的措施去防治非点源污染源。

11.4.2　水体污染物

废水中的污染物种类大致可分为固体污染物、营养性污染物、需氧污染物、酸碱污染物、有毒污染物、油类污染物、感官性污染物、生物污染物、热污染等。

为了表征废水水质,规定了许多水质指标。主要有悬浮物、有毒物质、有机物质、细菌总数、色度、pH、温度等。一种水质指标可以包括几种污染物;而一种污染物又可以属于几种水质指标。

1.固体污染物

固体污染物在水中以 3 种状态存在:溶解态(直径小于 1 nm)、胶体态(直径介于 1 ~ 200 nm)和悬浮态(直径大于 100 nm)。水质分析中把固体物质分为两部分:能透过滤膜(孔径约 3 ~ 10 μm)的叫溶解固体(DS);不能透过的叫悬浮固体或悬浮物(SS),两者合称为总固体(TS)。在水质监测中悬浮物(SS)是一个比较重要的指标。

固体污染物常用悬浮物和浊度两个指标来表示。

(1)悬浮物是一项重要的水质指标,它的存在不但使水质浑浊,而且使管道及设备堵塞、磨损,干扰废水处理及回收设备的工作。

(2)浊度是对水的光传导性能的一种测量,其值可表征废水中胶体和悬浮物的含量。主要是水体中含有有机质胶体、泥沙、微生物以及无机物质的悬浮物和胶体物产生的混浊现象,以至于降低水的透明度,而影响感官甚至影响水生生物的生活。

2.耗氧有机物

绝大多数的耗氧污染物(需氧污染物)是有机物,无机物主要有还原态的物质,如 S^{2-},Fe,Fe^{2+},CN^- 等,因而在一般情况下,耗氧污染物即指需氧有机物或耗氧有机物。天然水中的有机物一般是水中生物生命活动的产物。人类排放的生活污水和大部分生产废水中含有大量的有机物质,其中主要是耗氧有机物如碳水化合物、脂肪、蛋白质等。

耗氧有机物种类繁多,组成复杂,因而难以分别对其进行定量、定性分析。因而,没有特殊要求,一般不对它们进行单项定量测定,而是利用其共性,间接地反映其分类含量或总量。在工程实际中,采用以下几个综合水质污染指标来描述。

(1)化学需氧量(COD)。

化学需氧量是指在酸性条件下,用强的化学氧化剂将有机物氧化成 CO_2,H_2O 所消耗的氧量,以每升水消耗氧的毫克数表示(mg/L)。COD 值越高,表示水受有机污染物的污染越严重。目前常用的氧化剂主要是高锰酸钾和重铬酸钾。由于重铬酸钾氧化作用很强,所以能够较完全地氧化水中大部分有机物和无机性还原性物质(但不包括硝化所需的氧量),此时化学需氧量用 COD_{Cr} 表示,主要适用于分析污染严重的水样,如生活污水和工业废水。如采用高锰酸钾作为氧化剂,则写作 COD_{Mn}。适用于测定一般地表水,如海水、湖泊水等。目前,根据国际标准化组织(ISO)规定,化学需氧量指 COD_{Cr},而 COD_{Mn} 称为高锰酸钾指数。

(2)生化需氧量(BOD)。

在有氧条件下,由于微生物的活动,降解有机物所需的氧量称为生化需氧量,以每升水消耗氧的毫克数(mg/L)表示。生化需氧量越高,表示水中耗氧有机物污染越严重。

有机物耗氧过程与温度、时间有关。在一定范围内温度越高,微生物活力越强,消耗有机物就越快,需氧越多;时间越长,微生物降解有机物的数量和深度越大,需氧量越多。在实际测定生化需氧量时,温度规定为 20 ℃。此时,一般有机物需 20 d 左右才能基本完成氧化分解过程,其需氧量用 BOD_{20} 表示。在实际测定时,20 d 时间太长,目前国内外普遍采用在 20 ℃ 条件下培养 5 d 的生物化学过程需要氧的量为指标,称为 BOD_5,简称 BOD。BOD_5 只能相对地反映出氧化有机物的数量,各种废水的水质差别很大,其 BOD_{20} 与 BOD_5 相差悬殊,但对某一种废水而言,此值相对固定,如生活污水的 BOD_5 约为 BOD_{20} 的 0.7。但它在一定程度上亦反映了有机物在一定条件下进行生物氧化的难易程度和时间进程,具有很大的使用价值。

(3)总需氧量(TOD)。

有机物主要元素是 C,H,O,N,S 等。在高温下燃烧后,将分别产生 CO_2,H_2O,NO_2 和 SO_2,所消耗的氧量称为总需氧量 TOD。TOD 的值一般大于 COD 的值。

TOD 的测定方法为:向氧含量已知的氧气流中注入定量的水样,并将其送入以铂为触媒的燃烧管中,在 900 ℃ 高温下燃烧,水样中的有机物即被氧化,消耗掉氧气流中的氧气,剩余氧量可用电极测定并自动记录。氧气流原有氧量减去剩余氧量即得总需氧量 TOD。TOD 的测定仅需要几分钟

(4)总有机碳(TOC)。

总有机碳是近年来发展起来的一种水质快速测定方法,通过测定废水中的总有机碳量可以表示有机物的含量。总有机碳的测定方法为:向氧含量已知的氧气流中注入定量的水样,并将其送入特殊的燃烧器(管)中,以铂为催化剂,在 900 ℃ 高温下,使水样汽化燃烧,并用红外气体分析仪测定在燃烧过程中产生的 CO_2 量,再折算出其中的含碳量,就是总有机碳 TOC 值。为排除无机碳酸盐的干扰,应先将水样酸化,再通过压缩空气吹脱水中的碳酸盐。TOC 的测定时间也仅需几分钟。TOC 虽可以以总有机碳元素量来反映有机物总量,但因排除了其他元素,仍不能直接反映有机物的真正浓度。

3. 富营养化污染

废水中的 N 和 P 是植物和微生物的主要营养物质。当废水排入受纳水体,使水中 N 和 P 的质量浓度分别超过 0.2 mg/L 和 0.02 mg/L,就会引起受纳水体的富营养化,促进各种水生生物(主要是藻类)的活性,刺激它们的异常繁殖,并大量消耗水中的溶解氧,从而导致鱼类等窒息和死亡。其次,水中大量的 NO^-,NO^{2-} 若经食物链进入人体,将危害人体健康,或有致癌作用。

4. 无机无毒物质(酸、碱、盐污染物)

无机无毒物质主要指排入水体中的酸、碱及一般的无机盐类。酸主要来源于矿山排水、工业废水和酸雨等。碱性废水主要来自化学纤维制造、碱法造纸、制碱、制革等工业的废水。酸碱废水的水质标准中以 pH 来反映其含量水平。酸性废水和碱性废水可相互中和产生各种盐类;酸性、碱性废水亦可与地表物质相互作用,生成无机盐类。所以,酸性或碱性污水造成的水体污染必然伴随着无机盐的污染。

5. 有毒污染物

废水中能对生物引起毒性反应的化学物质,称有毒污染物。工业上使用的有毒化学物已经超过 12 000 种,而且每年以 500 种的速度递增。

毒物是重要的水质指标,各类水质标准对主要的毒物都规定了限值。废水中的毒物可分为 3 大类:无机有毒物质、有机有毒物质和放射性物质。

(1)无机有毒物质。

这类物质具有强烈的生物毒性,它们排入天然水体,常会影响水中生物,并可通过食物链危害人体健康,这类污染物都具有明显的累积性,可使污染影响持久和扩大。无机有毒物质包括非金属和金属两类。金属毒物主要为汞、镉、铬、铅、铜、镍、锌、钴、锰、钒、钛、钼和铋等,特别是前几种危害更大。如汞进入人体后被转化为甲基汞,有很好的溶脂性,易进入生物组织,并有很高的蓄积作用,在脑组织内积累,破坏神经功能,无法用药物治疗,严重时能造成死亡。镉进入人体后,主要储存在肝、肾组织中不易排出,镉的慢性中毒主要使肾脏吸收功能不全,降低机体免疫能力以及导致骨质疏松、软化,并引起全身疼痛、骨节变形、腰关节受损,有时还会引起心血管病等。

重要的非金属有毒物有硒、砷、氟、硫、氰、亚硝酸根等。如砷中毒时引起腹痛、中枢神经紊乱、肝痛、肝大等消化系统障碍。并常伴有皮肤癌、肾癌、肝癌、肺癌等发病率增高现象。无机氰化物的毒性表现为破坏血液,影响运送氧和氢的机能而导致死亡。亚硝酸盐在人体内还能与仲胺生成硝酸铵,具有强烈的致癌作用。

(2)有机有毒物质。

有机有毒物质的种类很多,这类物质大多是人工合成的有机物,难以被生物降解,并且它们的污染影响和作用也不同。大多是较强的三致物质(致癌、致畸、致突变),毒性很大。主要有酚类化合物、聚氯联苯(PCB)、有机农药(DDT、有机磷、有机氯、有机汞等)、多环芳烃等。有机氯农药的特点是有很强的稳定性,在自然环境中的半衰期为十几年到几十年,其次是这类物质的水溶性低而脂溶性高,可以通过食物链在人体和动物体内富集,对动物和人体造成危害。

(3)放射性物质。

放射性是指原子核衰变而释放射线的物质属性。主要包括 X 射线、α 射线、β 射线、γ

射线及质子束等。天然的放射性同位素^{238}U,^{226}Ra,^{232}Th 等一般放射性都比较弱,对生物没有什么危害。人工的放射性同位素主要来自铀、镭等放射性金属的生产和使用过程,如核燃料再处理、核试验、原料冶炼厂等。其浓度一般较低,主要引起慢性辐射和后期效应,如诱发癌症、白血球增生、促成贫血、对孕妇和婴儿产生损伤,引起遗传性损害等。

6. 油类污染物

油类污染物包括"石油类"和"动植物油"两项。油轮运输、沿海及河口石油的开发、炼油工业废水的排放、内河水运以及生活废水的大量排放等,都会导致水体受到油污染。油类污染物能在水面上形成油膜,影响氧气进入水体,破坏了水体的复氧条件。它还能附着于土壤颗粒表面和动植物体表,影响养分的吸收和废物的排出。当水中含油量达 0.01 ~ 0.1 mg/L时,对鱼类和水生生物就会产生影响。当水中含油 0.3 ~ 0.5 mg/L,就会产生石油气味,不适合饮用。同时,油污染还破坏了海滩修养地、风景区的景观等。

7. 生物污染物质

生物污染物质主要指废水中的致病性微生物,它包括致病细菌、病虫卵和病毒。未污染的天然水中的细菌含量很低,水中的生物污染物主要来自生活污水、屠宰肉类加工、医院污水和制革等工业废水。主要通过动物和人排泄的粪便中含有的细菌、病菌及寄生虫类等污染水体,引起各种疾病传播。如生活污水中可能含有能引起肝炎、霍乱、伤寒、痢疾、脑炎的病毒和细菌以及蛔虫卵和钩虫卵等。生物污染物污染的特点是分布广、数量大、繁殖速度快、存活时间长,必须予以高度重视。

8. 感官性状污染物

废水中能引起异色、泡沫、混浊、恶臭等现象的物质,虽然没有严重的危害,但也引起人们感官上的极度不快,被称为感官性污染物。如印染废水污染往往使水色变为红色或其他染料颜色,炼油废水污染可使水色呈黑褐色等。对于供游览和文体活动的水体而言,感官性污染物的危害则较大。各类水质标准中,对臭味、色度、浊度、漂浮物等指标都做了相应的规定。

9. 热污染

由工矿企业排放高温废水引起水体的温度升高,称为热污染。热电厂等的冷却水是热污染的主要来源。水温升高使水中溶解氧减少,同时加快了水中的化学反应和生化反应的速度,改变了水生生态系统的生存条件,破坏了生态系统平衡。

11.4.3　水污染治理技术

1. 一般处理原则

废水中的污染物质是多种多样的,所以往往不可能用一个处理单元就能够把所有的污染物质去除干净。一般一种废水往往需要通过由集中方法和几个处理单元组成的处理系统处理后,才能够达到排放要求。要采用哪些方法或哪几种方法联合使用,需根据废水的排放标准、水质和水量、处理方法的特点、处理成本和回收经济价值等,通过调查、分析、比较后决定,必要时要进行小试、中试等试验研究。

废水处理的主要原则,首先是从清洁生产的角度出发,改革生产工艺和设备,减少污染物,防止废水外排,进行综合利用和回收。必须外排的废水,其处理方法随水质和要求而异。一级处理主要分离水中的胶状物、悬浮固体物、浮油或重油等,可以采用水质水量调节、自然沉淀、上浮、隔油等方法。许多化工废水需要进行中和处理,如硅酸等化合物,无烟炸药、杀虫剂以及酸性除草剂等的生产废水。二级处理主要是去除可生物降解的有机溶解物和部分胶状物的污染,用以减少废水的 BOD 和部分 COD,通常采用生化法处理,这是化工废水处理的主体部分。化学混凝和化学沉淀池是二级处理的方法,如含磷酸盐废水和含胶体物质的废水须用化学混凝法处理。对于环境卫生标准要求高,而废水的色、臭、味污染严重,或 BOD 和 COD 比值甚小(小于 0.2 ~ 0.25),则须采用三级处理方法予以深度净化,化工废水的三级处理,主要是去除生物难降解的有机污染物和废水中溶解的无机污染物,常用的方法有化学氧化和活性炭吸附,也可以采用离子交换或膜分离技术等。含多元分子结构污染物的废水,一般先用物理方法部分分离,然后用其他方法处理。各种不同的工业废水要根据具体情况,选择不同的组合处理方法。

2. 废水处理方法分类

针对不同污染物质的特征,发展了各种不同的废水处理方法,特别是对化工废水的处理,这些处理方法可按其作用原理划分为 4 大类,即物理处理法、化学处理法、物理化学法和生物处理法。

(1)物理处理法。

通过物理作用,以分离和回收废水中不溶解的呈悬浮状态污染物质(包括油膜和油珠)的废水处理法。由物理作用的不同,又可分为重力分离法、离心分离法和筛滤截流法等。属于重力分离法的处理单元有沉淀、上浮(气浮、浮选)等,相应使用的处理设备是沉沙池、沉淀池、气浮池、除油池及其附属装置等。离心分离法本身就是一种处理单元,使用的处理装置有离心分离机和水旋分离器等,筛滤截流法截留和过滤两种处理单元,前者使用的处理设备是筛网和隔栅,而后者使用的是砂滤池和微孔滤池等。

(2)化学处理法。

通过化学反应和传质作用来分离、去除废水中呈溶解、胶体状态的污染物质或将其转化为无害物质的废水处理法。在化学处理法中,以投加药剂产生化学反应为基础的处理单元是中和、氧化还原、混凝等;而以传质作用为基础的处理单元则有汽提、萃取、吹脱、吸附、离子交换以及电渗析和反渗透等。后两种处理单元又统称为膜处理技术。其中运用传质作用的处理单元具有化学作用,而同时又有与之相关的物理作用,所以也可以从化学处理法中分离出来,成为另一种处理方法,称为物理化学法,即运用物理和化学的综合作用使污水得到净化的方法。

化学处理法各处理单元所使用的处理设备,除相应的池、罐、塔外,还有一些附属装置。这种处理方法主要用于处理各种工业废水。

(3)物理化学法。

物理化学法是利用物理化学作用去除废水中的污染物质,主要有吸附法、膜分离法、离子交换法、萃取法、气提法和吹脱法等。

(4)生物处理法。

通过微生物的代谢作用,使废水中呈溶液、胶体和微细悬浮状态的有机污染物质转化为稳定、无害的物质的废水处理方法。根据起作用的微生物不同,生物处理法又可分为好氧生物处理法和厌氧生物处理法。

①好氧生物处理法是好氧微生物在有氧条件下将复杂的有机物分解,并用释放出的能

量来完成其机体的繁殖、增长和运动等功能。产生能的部分有机物则转变成 CO_2,H_2O 和 NH_3 等,其余的合成新细胞(微生物的新肌体,如活性污泥或生物膜)。废水处理广泛使用的是好氧法。按传统,好氧生物处理法又分为活性污泥法和生物膜法两大类。活性污泥法本身就是一种处理单元,它有多种运行方式。属于生物膜法的处理设备有生物滤池、生物接触氧化、生物转盘以及最近发展起来的悬浮载体流化床等。

②厌氧生物处理法是利用厌氧微生物在无氧条件下将高浓度有机废水或污泥中的有机物分解,最后产生甲烷和 CO_2 等气体。

3. 废水处理的分级

(1)污水一级处理。

去除废水中的漂浮物和部分悬浮状态的污染物质,调节废水 pH、减轻废水的腐化程度和后续处理工艺负荷的处理方法。

污水经一级处理后,一般很难达到排放标准。所以一般以一级处理为预处理,以二级处理为主体,必要时再进行三级处理,即深度处理,使污水达到排放标准或补充工业用水和城市供水,一级处理的常用方法有以下几种。

①筛滤法。筛滤法是分离污水中呈悬浮状态污染物质的方法。常用设备是格栅和筛网。格栅主要用于截留污水中大于栅条间隙的漂浮物,一般布置在污水处理场或泵站进口处,以防止管道、机械设备以及其他装置堵塞。格栅的清渣,常用人工或机械方法,有的是用磨碎机将栅渣磨碎后,再投入格栅下游,以解决栅渣的处置问题。筛网的网孔较小,主要用以滤除废水中的纸浆、纤维等细小悬浮物,以保证后续处理单元的正常运行和处理效果。

②沉淀法。沉淀法是通过重力沉降分离废水中呈悬浮状态污染物质的方法。沉淀法的主要构筑物有沉砂池和沉淀池,用于一级处理的沉淀池,通常称为初级沉淀池。其作用为:a. 去除污水中大部分可沉的悬浮固体;b. 作为化学或生物化学处理的预处理,以减轻后续处理工艺的负荷和提高处理效果。

③预曝气法。预曝气法是在污水进入处理构筑物以前,先进行短时间(10 ~ 20 min)的曝气。其作用为:a. 可产生自然絮凝或生物絮凝作用,使污水中的微小颗粒变大,以便沉淀分离;b. 氧化废水中的还原性物质;c. 吹脱污水中溶解的挥发性物质;d. 增加污水中的溶解氧,减轻污水的腐化,以提高污水的稳定度。

④上浮法。上浮法用于去除污水中相对密度小于1的污染物,或通过投加药剂、加压溶气等措施去除相对密度稍大于1的污染物质。在一级处理工艺中,主要是用于去除污水中的油类和悬浮物质。

(2)污水二级处理。

污水通过一级处理后再加处理,用以除去污水中大量有机污染物,使污水进一步净化的工艺过程。相当长时间以来,主要把生物化学处理作为污水二级处理的主体工艺。近年来,采用化学或物理化学处理法作为二级处理主体工艺,并随着化学药剂品种的不断增加,处理工艺和设备的不断改进而得到推广,因此,二级处理原作为生化处理的同义词已失去意义。

污水在经过筛滤、沉淀或上浮等一级处理后,可以有效地去除部分悬浮物,生化需氧量(BOD)也可以去除25% ~ 40%,但一般不能去除污水中呈溶解状态和呈胶体状态的有机物、氧化物、硫化物等有毒物质,还不能达到污水排放标准。因此需要进行二级处理,二级处理的主要方法有以下几种。

①活性污泥法。活性污泥法是废水生物化学处理中的主要处理方法。以污水中有机污染物作为底物,在有氧的条件下,对各种微生物群体进行混合连续培养,形成活性污泥。利用这种活性污泥在废水中的吸附、凝聚、氧化、分解和沉淀等作用过程,去除废水中有机污染物,从而使废水得到净化。活性污泥法从开创至今已经有 90 多年的历史,目前已成为有机工业废水和城市污水最有效的生物处理法,应用非常普遍。活性污泥法运行方式多种多样,如传统活性污泥法、生物吸附法、阶段曝气法、纯氧曝气法、混合式曝气法、深井曝气法,以及近几年所发展的氧化沟(延时曝气活性污泥法)。

②生物膜法。生物膜法是使废水通过生长在固定支承物表面的生物膜,利用生物氧化作用和各相之间的物质交换,降解废水中有机污染物的方法。用这种方法处理废水的构筑物有生物滤池、生物转盘和生物接触氧化池以及最近发展起来的悬浮载体流化床,目前采用生物接触氧化池较多。污水二级处理可以去除污水中大量 BOD_5 和悬浮物,在较大程度上净化了污水,对保护环境起到了一定作用。但随着污水量的不断增加,水资源的日益紧张,需要获取更高质量的处理水,以供重复使用或补充水源。为此,有时需要在二级处理基础上,再进行污水三级处理。

(3)三级处理。

污水三级处理又称污水深度处理或高级处理。为进一步去除二级处理未能去除的污染物质,其中包括微生物未能降解的有机物或氮、磷等可溶性无机物。三级处理是经二级处理后,为了从废水中去除某种特定的污染物质,如氮、磷等,而补充增加的一项或几项处理单元;至于深度处理则往往是以废水回收、复用为目的,在二级处理后所增设的处理单元或系统。三级处理管理较复杂,耗资也较大,但能充分利用水资源。

完善的三级处理由脱氮、除磷、除有机物(主要是难以生物降解的有机物)、除病毒和病原菌、除悬浮物和触矿物质等单元过程组成。根据三级处理出水的具体去向,其处理流程和组成单元是不同的。如果为防止受纳水体富营养化,则采用脱氮和除磷的三级处理;如果为保护下游引用水源或浴场不受污染,则应采用脱氮、除磷、除毒物、除病菌和病原菌等三级处理,如直接作为城市饮用水以外的生活用水,如清扫、洗衣、冲洗厕所、喷洒街道和绿化地带等用水,其出水水质要求接近于饮用水标准。

11.5　固体废弃物污染及其防治

固体废弃物由于产生量大,处理和处置水平与废气、废水处理水平相比要低得多、占地多、综合利用少、危害严重,是我国的主要环境问题之一。

11.5.1　固体废弃物的定义、种类及来源

固体废(弃)物通常指人类在生产、加工、流通、消费以及生活等过程中提取目的组分后,弃去的固体和泥浆状物质,包括从废水、废气中分离出来的固体颗粒物。实际上所谓废弃物一般指在某个系统内不可能再加利用的部分物质,而并非指某一物质的一切使用过程,因为在某一使用过程中的废弃物,往往在另外一个使用过程中可以作为原料,比如城市

中产生的大量城市垃圾,这些废物中含有大量的有机物质,经过适当处理可作为优质的肥料供植物生长,工业废料同样可以经过挑选加工成为有用之物或重新作为原料来生产产品。所以,废弃物又称"放在错误地点的原料"。为了便于环境管理,国际上也将容器盛装的有毒、有害、易燃、易爆、腐蚀等具有危险性的废液、废气,从法律角度上定为固体废弃物,执行固体废物管理法规,划入固体废弃物管理范畴。

固体废物主要来源于人类的生活和生产活动。在人类从事工业、农业生产过程中,在交通、商业等活动中,一方面生产出有用的工农业产品,供人们的衣、食、住、行用,另一方面同时产生了许多的废弃物,如废渣、废料等。各种产品被人们使用一段时间或一个时期之后,不能继续使用都会变成废弃物。固体废弃物有多种分类方法,如按其化学性质可以分为有机废物和无机废物;按其危害状况可分为一般废物和有害废物,在固体废弃物中凡是有毒性、腐蚀性、易燃性、易爆性、反应性、放射性的废物,列为有害废物;按其形状一般可分为固体的(粉状废物、颗粒状废物、块状废物)和泥状的(污泥);通常为了便于管理,一般按其来源进行分类,可以分为工业固体废物(Industrial Solid Waste)、矿业固体废物(Mineral Solid Waste)、城市垃圾(或称城市固体废物 Municipal Solid Waste)、农业固体废物(Agriculture Solid Waste)和放射性固体废物(Radioactive Solid Waste)等 5 类。废物的重要特点之一是来源极为广泛,种类极为复杂,固体废弃物的分类来源及主要组成见表 11 - 2。

表 11 - 2　固体废弃物的来源和主要组成物

发生源	产生的主要固体废物
采矿、选矿业	废石、尾矿、金属、木、砖瓦、水泥、混凝土等建筑材料
冶金、机械、金属结构、交通工业	金属渣、砂石、废模型、陶瓷、涂层、管道、黏合剂、绝热绝缘材料、污垢、木、塑料、橡胶、布、纤维、填料、各种建筑材料、纸、烟尘、废旧汽车、废机床、废仪器、构架、废电器等
食品工业	烂肉、蔬菜、水果、谷物、硬果壳、金属、玻璃、塑料、烟草、玻璃瓶、罐头盒等
橡胶、皮革、塑料工业	橡胶、皮革、塑料、线、布、纤维、染料、金属、废渣等
石油、化学工业	有机和无机化学药品、金属、塑料、橡胶、玻璃、陶瓷、沥青、毡、石棉、纸、布、纤维、烟尘、污泥等
电器、仪器、仪表工业	金属、玻璃、木、塑料、橡胶、布、化学药品、研磨废料、纤维、电器、仪器、仪表、机械等
居民生活	食物垃圾、纸、布、木、金属、塑料、玻璃、陶瓷、器具、杂品、庭院整修物、碎砖瓦、脏土、燃料、灰渣、粪便等
商业机关	纸、布、木、金属、塑料、玻璃、陶瓷、器具、杂品、燃料、灰渣、管道、沥青及其他建筑材料、各种有害废渣、汽车、电器等
市政管理、污水处理	脏土、碎砖瓦、树叶、死禽畜、旧金属、废锅炉、灰渣、污泥、管道、器具、建筑材料等
农业	庄稼秸秆、烂蔬菜、烂水果、糠秕、果树剪枝、人畜粪便、农药等
核工业、核动力及放射同位素应用	旧金属、废渣、粉尘、污泥、器具、建筑材料等

11.5.2　固体废弃物的特点及其危害

与废水、废气相比,固体废物具有几个显著的特点。首先,固体废物是各种污染物的终态,特别是从污染控制设施排出的固体废物,浓集了许多种污染成分。第二,在自然条件影响下,固体废弃物中的一些有害成分会进入大气、水体和土壤中,参与生态系统的物质循环,因而具有长期的、潜在的危害性。固体废弃物的污染途径如图 11 - 1 所示。第三,固体废弃物所具有的上述两个特点,决定了从其产生到运输、储存、处理、处置每一个环节都必须妥善控制,使其不危害人类环境,即具有全过程管理的特点。

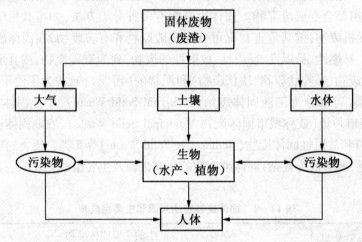

图 11 - 1　固体废弃物的污染途径

固体废弃物对人类环境的危害是多方面的,概括起来,从其对各环境要素的影响看,主要表现为以下几个方面。

1. 侵占土地

固体废弃物不加利用,需占地堆放。堆积量越大,占地越多。据估计,每堆积 10^4 t 废渣,约占地一亩。我国截至 1985 年,历年堆存的工业固体废弃物量约为 589 939 万 t,占地达 31 924 万 m^2。到 1988 年,我国已积存的固体废弃物已达约 66 亿 t 以上,占地 5 300 hm^2以上,其中农田达 450 hm^2。

2. 污染土壤

固体废弃物不仅占用了大量的土地,而且废弃物经过雨淋湿浸出毒物,使土地酸化、碱化、毒化,其污染面积往往超过所占土地的数倍,从而改变了土壤的性质和土壤结构,影响土壤微生物的活动,妨碍植物根系的生长,有些污染物质在植物机体内积蓄和富集,通过食物链影响到人体健康。

3. 污染水体

含有有毒有害物的固体废弃物直接倾入水体或不适当堆置而受到雨水淋溶或地下水的浸泡,使固体废弃物中的有毒有害成分浸出而引起水体污染。锦州市某厂 20 世纪 50 年代堆放的铬渣因露天投弃,雨水淋溶,六价铬渗入地下,数年后 20 km^2 范围内的水质受到污染,使得 7 个村的 1 800 眼井的井水不能饮用。某冶炼厂的砷渣污染水井,造成 208 人中毒,6 人死亡。山东胶东湾东岸沿线倾填固体废弃物破坏了滩涂资源和原有的生态环境,而且海水长期冲刷浸泡、溶出,造成污染物的迁移,使潮间带和近海水域环境受到了严重的污染。

4.污染大气

固体废弃物对大气的污染也是极为严重的,如固体废弃物中的尾矿粉煤灰、干污泥和垃圾中的尘粒将随风飞扬,进而移往远处,如粉煤灰、尾矿堆场遇 4 级以上风力,可剥 1 ~ 1.5 cm,灰尘飞扬高度达 20 ~ 50 m;有些地区煤矸石因含硫量高而自燃,像火山一样散发出大量的二氧化硫。化工和石油化工中的多种固体废弃物本身或在焚烧时能散发毒气和臭味,恶化周围的环境。

5.其他影响

固体废弃物如堆置不当还会造成很大的灾难。如尾矿或粉煤灰库冲决泛滥,淹没村庄、农田;泥石流中断铁路、公路,堵塞河道等灾难。固体废弃物特别是城市垃圾和致病废弃物是致病细菌繁衍、苍蝇蚊虫滋生、鼠类肆虐的场所,是流行病的重要发生源,垃圾发出的恶臭令人生厌。同时固体废弃物的不适当堆置还会破坏周围自然景观。

从污染物的比例看,一般是矿业废物的排放量最大。废石、尾矿大多产生于人口较少的矿区,目前,这部分固体废物的利用率还很低,大量的堆存将对环境产生长期的影响。工业和城市垃圾发生在人口稠密的城市中,所以对环境造成的影响将会更大。

11.5.3　固体废弃物处理与处置技术

固体废弃物的处理与处置包括处理、处置两个方面。废弃物处理(Treatment)是指通过物理、物化、化学、生物等不同方法,使废弃物转化成为适于运输、储存、资源化利用以及最终处置的一种过程,因此化工废弃物的处理方法主要有物理处理、物化处理、化学处理和生物处理等 4 种。

固体废弃物由于其来源和种类的多样化和复杂性,它的处理和处置方法应根据各自的特性和组成进行优化选择。表 11 - 3 列出了国内外各种处理方法现状和发展趋势。

表 11 - 3　固体废弃物处理方法的现状和发展趋势

类别	中国现状	国际现状	国际发展趋势
城市垃圾	填埋、堆肥、无害化处理和制取沼气、回收废品	填埋、卫生填埋、焚化、堆肥、海洋投弃、回收利用	压缩和高压压缩成型、填埋、堆肥、化学加工、回收利用
工矿废物	堆弃、填坑、综合利用、回收废品	填埋、堆弃、焚化、综合利用	化学加工、回收利用和综合利用
拆房垃圾和市政垃圾	堆弃、填坑、露天焚烧	堆弃、露天焚烧	焚化、回收利用和综合利用
施工垃圾	堆弃、露天焚烧	堆弃、露天焚烧	焚化、化学加工和综合利用
污泥	堆肥、制取沼气	填埋、堆肥	堆肥、焚烧、化学加工和综合利用

续表 15 - 3

类别	中国现状	国际现状	国际发展趋势
农业废弃物	堆肥、制取沼气、回耕、农村燃耕、饲料和建筑材料露天焚烧	回耕、焚化、堆弃、露天焚烧	堆肥、化学加工和综合利用
有害工业渣和放射性废物	堆弃、隔离堆存、焚烧、化学和物理固化回收利用	隔离堆存、焚化、土地还原、化学和物理固定、化学、物理及生物处理、综合利用	隔离堆存，焚化，化学固定，化学、物理及生物处理，综合利用

由于固体废弃物数量巨大,目前回收利用资源化所占的比例还十分小,所以必须寻求合理的处理与处置方法,以减少日益增多的固体废弃物对环境的污染。表 11 - 4 给出了目前最为普遍的处置方法。固体废弃物常用的处理方法有以下几种。

表 11 - 4　固体废弃物的主要处置方法

方法	适用范围
一般堆存	不溶解(或溶解度极低)、不飞扬、不腐烂变质、不散发臭气或毒气的块状和颗粒状废物,如钢渣、高炉渣、废石等
围隔堆存	含水率高的粉尘、褥泥等,如粉煤灰、尾矿粉等(废物表面应有防止扬尘设施)
填埋	大型块状以外任何的废物,如城市垃圾、污泥、粉尘、废屑、废渣等
焚化	经焚化后能使体积缩小或质量减小的有机废物、污泥、垃圾等
生物降解	微生物能降解的有机废弃物,如垃圾、农业废物、粪便、污泥等
固化	有毒、有放射性的废物,为防止有毒物与放射性外溢,用固化物质将其密封起来。常用的面化物质有水泥、有机聚合物、金属器具等

1. 压实

亦称压缩,是用物理方法提高固体废弃物的聚集程度,增大其在松散状态下的容重,减少固体废弃物的容积,以便于利用和最终处置。根据废弃物的类型和处置目的的不同,压实的处理流程不同。对金属类废物,以材料回收和填埋处置为目的的压实处理流程为

$$金属废弃物 \rightarrow 压实处理 \rightarrow 胚块 \begin{cases} 再生回收 \\ 填理处置 \end{cases}$$

对有害垃圾进行填埋的压实处理流程为

$$有害垃圾 \rightarrow 压实处理 \rightarrow 胚块 \rightarrow 沥青固化 \rightarrow 填埋$$

以材料回收再生为目的的压实处理流程为

$$金属废弃物 \rightarrow 破碎 \rightarrow 压实处理 \rightarrow 胚块 \rightarrow 回收再生$$

对一般生活垃圾进行填埋处置的压实处理流程为

城市垃圾→压实处理→胚块→打包→填埋

目前,压实处理技术在部分工业发达国家已得到应用,并取得一定的经济效益,在我国还未广泛使用。压实处理的主要机械设备为压实器。

2. 破碎

破碎是指用机械方法将废弃物破碎,以减小颗粒尺寸,使之适合于进一步加工或能经济地再处理。所以通常不是最终处理,而往往作为运输、焚烧、熔融、热分解、储存、压缩、磁选等的预处理过程。这一技术在固体废弃物的处理和处置过程中,应用已相当普及,技术亦相当成熟,按破碎的机械方法不同分为冲击破碎、剪切破碎、低温破碎、湿式破碎、半湿式破碎等。

剪切破碎是靠机械的剪切力(固定刀和可活动刀之间的啮合作用)将固体废弃物破碎成为适宜尺寸的过程。当前这种处理技术已广泛使用于木质、塑料、金属、橡胶、纸等许多固体废弃物的破碎。为了处理不同固体废弃物而设计的剪切破碎机械有林德曼(Lindemann)式剪切破碎机、冯·罗尔(Von Roll)式往复剪切破碎机、旋转剪切破碎机、托尔马什(Tollemacshe)式旋转剪切冲击破碎机、油压式剪切破碎机。

冲击破碎是靠打击锤(或打击刃)与固定板(或打击板)之间的强力冲击作用将固体废弃物破碎的过程。这种处理技术主要适用于瓦砾、废玻璃、废木质、塑料及废家用电器等固体废弃物的处理。用于固体废弃物处理的冲击破碎机多数属旋转式,最常用的是锤式破碎机。

低温破碎是利用固体废弃物低温变脆的性质而进行有效破碎的方法,主要适用于包覆、电线、废汽车轮胎、废家用电器等。通常采用液氮做制冷剂,有代表性的废聚氯乙烯合成材料低温破碎流程为

废物→切割机→储料槽→液氮室→冷却室→粉碎机→粗筛→分离器

湿式破碎技术是为了回收城市垃圾中的大量纸浆而发展起来的一种破碎技术。该技术是基于纸浆在水力作用下易发生浆化,因而可将废物处理与制浆造纸结合起来。该技术在部分工业发达国家已获应用,主要通过湿式破碎机破碎。此设备为一圆形立式转筒装置,底部有许多筛眼,转筒内装有 6 只破碎刀,垃圾中的废纸经过分选作为处理原料,投入转筒内,因受大水量的激流搅动和破碎刀的破碎形成浆状,浆体由底部筛孔流出,经固液分离器把其中的残渣分出,纸浆送到纤维回收工段,经洗涤、过筛,将分离出纤维素后的有机残渣与城市下水污泥混合脱水至 50%,送去焚烧炉进行焚烧处理,回收废热。在破碎机内未能粉碎和未通过筛板的金属、陶瓷类物质由机器的侧口排出,通过提斗送到传送带上,在传送过程中用磁选器将铁和非铁类物质分开。

半湿式选择破碎技术是基于废弃物中各种组分的耐压缩、耐剪切、耐冲击性能的差异,采用半湿式(加少量的水)破碎,在特制的具有冲击、剪切作用的装置中,对废物做选择性破碎的一种技术。物料在半湿式选择破碎机中的选择破碎和分选分三级进行。物料投入后,刮板首先将垃圾组分中的陶瓷、玻璃、厨芥等质脆而易碎的物质破碎成细粒、碎片,通过第一阶段的筛网分离出去。分出的第一组物质采用磁力反拨、风力分选设备分别去除玻璃、废铁、塑料等得到堆肥原料。剩余垃圾进入滚筒第二阶段,继续受到刮板的冲击和剪切作用,具有中等强度的纸类物质被破碎,从第二阶段筛网排出。分出的第二组物质采用分选设备先去除长形物,然后用风力分选器将相对密度大一些的厨芥类和相对密度小的纸类分

开。残余垃圾,在滚筒内继续受到刮板的冲击和剪切作用而破碎,从滚筒的末端排出,其主要成分为延形性大的金属以及塑料、木材、橡胶、纤维、皮革等物质。第三组物质的分选设备由磁选机和剪切机组成,剪切式破碎机把原料剪切到合乎热分解气化要求的粒度,然后可以利用其相对密度差,进一步将金属类和非金属类分开。

3. 分选

分选主要是依据各种废弃物的不同物理性能进行分选处理的过程。固体废弃物的分选有很大的意义。废弃物在回收利用时,分选是继破碎以后的重要操作工序,分选效率直接影响到回收物质的价值和市场销路。分选的方法主要有筛分、重力分选、磁力分选、浮力分选等。

(1)筛分。

筛分是利用固体废弃物之间的粒度差,通过一定孔径的筛网上的振动来分离物料的一种操作方法。该方法把可以通过筛孔的和不能通过筛孔的粒子群分开。筛分法通常和其他设备串联使用。该技术已经在固体废弃物资源回收和利用方面得到广泛应用。影响筛分效率的因素包括入选物料的性质、筛子的振动方式、振幅大小、振动频率、筛子角度、振动方向、粒子反弹差异、筛孔目数及筛孔大小等。

(2)重力分选。

重力分选是利用混合固体废弃物在介质中的相对密度(或密度)差进行分选的一种方法。分选的介质可以是空气、水,也可以是重液、重悬液等,从而可分为惯性分选、风力分选、重液分选等几种形式。

①惯性分选是基于废弃物各组分的相对密度和硬度差异而进行分离的一种方式。根据惯性分选原理而设计的机械有反弹滚筒分选机、弹道分选机、斜板输送分选机等。目前该技术主要用于回收垃圾中的玻璃、重金属、陶瓷等相对密度较大的组分。

②风力分选是基于固体废弃物颗粒在风力作用下,相对密度大的沉降末速度大,运动距离比较近,相对密度小的沉降末速度小,运动距离比较远的原理,对不同相对密度的物质加以分选。

③重液分选是将两种密度不同的固体废弃物放在相对密度介于两者之间的重介质中,使轻的固体颗粒上浮,重固体颗粒下沉,从而进行分选的一种方法。重介质主要有固体悬浮液、四溴乙烷水溶液、氯化钙水溶液等。国外用于从废金属混合物中回收铝已达到实用化程度。

(3)磁力分选。

磁力分选是基于固体废弃物的磁性差异达到分选效果的一种技术。它是通过设置在输送带下端的一种磁鼓式装置来实现的。被破碎的废弃物通过皮带运输机传送到另一预处理装置时,下落废弃物中的碎铁渣被磁分选机吸在磁鼓装置上,从而得到优质的碎铁渣。它作为固体废弃物前处理的一种方法已经得到较普遍的应用,主要用于城市垃圾中钢铁回收、钢铁工业尘泥及废渣中原料的回收。

(4)浮选分选。

根据固体废弃物粒子表面的物理、化学性质不同,在其中加入浮选药剂,通入空气,在水中形成气泡,使其中一种或一部分粒子选择性地吸附在气泡上被浮到表面与液相分离的操作。根据分离对象不同可分为离子浮选、浮游选矿、分子浮选及胶体浮选等。浮选技术在工矿企业固体废弃物处理方面的应用实例很多,如粉煤灰浮选回收炭,炼油厂碱渣做浮选捕收剂等。

(5)静电分离技术。

这是利用各种物质的热电效应、电导率及带电作用不同而分离被分选物料的方法。用于各种橡胶、塑料和纤维纸、合成皮革与胶卷等物质的分选是有效的。例如,给两种性能不同塑料的混合物加以电压,一种塑料荷负电,另一种荷正电,就可以使两者得以分离。

(6)光电分离技术。

它是利用物质表面光反射特性的不同而分离物料的方法。先确定一种标准的颜色,让含有与标准颜色不同的颜色的粒子混合物经过光电分离器时,在下落过程中,当照射到和标准颜色不同的物质粒子时,改变了光电放大管的输出电压,经电子装置增幅控制,瞬间地喷射压缩空气而改变异色粒子的下落方向。这样将与标准颜色不同的物质被分离出来。

(7)涡电流分离技术。

该技术是将非磁性而导电的金属(铅、铜、锌等)置于不断变化的磁场中,金属内部会产生涡电流并产生排斥力。由于排斥力随物质的固有电阻、磁导率等特性及磁场密度的变化速度及大小而异,从而能起到分离金属物料的作用。但是,排斥力受金属块的性质、大小、种类及表面状态的影响,所以涡电流分离法用于固体废弃物中回收金属物质是比较困难的。

4. 固化技术

固化技术是指通过物理或化学法,将废弃物固定或包含在坚固的固体中,以降低或消除有害成分的溶出特性。固化法开始于 30 多年前,当时是日本为解决放射性废弃物的蒸发、凝聚沉淀、粒子交换等处理后的二次废物即污泥及浓缩液的处理问题而提出的,现在这一技术正在不断深化。目前,根据废弃物的性质、形态和处理目的可供选择的固化技术有:石灰基固化法、水泥基固化法、热塑性材料固化法、高分子有机聚合法和玻璃基固化法。

5. 增稠和脱水

在生产工艺本身或废水处理过程中,常常产生许多沉淀物和漂浮物。比如在污水处理系统中,直接从污水中分离出来的沉沙池的沉渣、初沉池的沉渣、隔油池和浮选池的油渣;高炉冶炼过程排出的洗气灰渣;废水通过化学处理和生物化学处理产生的活性污泥和生物膜;电解过程排出的电解泥渣等,它们统称为污泥。污泥的重要特征是含水率高。在污泥处理与利用中,核心问题是水和悬浮物的分离问题,即污泥的增稠和脱水问题。

脱水是进一步降低污泥中含水率的一种方法,主要有机械脱水法和自然干化法。自然干化法是利用太阳自然蒸发污泥中的水分。机械脱水法主要是利用机械脱水设备进行脱水的,机械脱水设备有板框压滤机、真空过滤机、带式压滤机和离心脱水机等。

6. 焚烧

焚烧是一种高温处理和深度氧化的综合工艺,通过焚烧(温度在 800 ~ 1 000 ℃)使其中的化学活性成分被充分氧化分解,留下的无机成分(灰渣)被排出,在此过程中废弃物的毒性降低,容积减少,同时可回收热量及副产品的双重功效。而今城市垃圾的焚烧已成为城市垃圾处理的三大方法之一,在处理方面的技术地位仅次于填埋。之所以得到如此广泛的应用,是因为它有许多独特的优点:

①占地面积小,减容(量)效果好,基本无二次污染,且可以回收热量;

②焚烧是一种快速处理方法,使垃圾变成稳定状态,填埋需几个月,在传统的焚烧炉中,只需在炉中停留 1 h 就可以达到要求;

③焚烧操作是全天候的,不受气候条件所限制;

④焚烧的适用面广,除可处理城市垃圾以外,还可处理许多种其他有毒废弃物。

当然焚烧方法也存在一些问题:.

①基建投资大,占用资金期较长;

②要排放一些不能够从烟气中完全除去的污染气体;

③对固体废弃物的热值有一定的要求;

④操作和管理要求较高。

焚烧设备主要有流化床焚烧炉、转窑、多段炉、敞开式焚烧炉、双室焚烧炉等。

7. 热解技术

热解技术是在氧分压较低的条件下,利用热能使可燃性化合物的化合键断裂,由大相对分子质量的有机物转化成小相对分子质量的油、燃料气体、固形碳等。与焚烧不同,焚烧是在氧分压比较高的条件下使有机物在高温下完全氧化,生成稳定的 CO_2 和 H_2O,同时释放能量。

20 世纪 60 年代以来,城市垃圾成分发生了很大的变化,垃圾中可燃成分比例有了较大的提高。据报道,欧洲经济共同体国家垃圾平均热值达 7 500 kJ/kg,已相当于褐煤的发生量。实践表明,这是一种有前途的固体废弃物处理方法。

热解法和其他方法相比,有以下优点:

(1)因热解是在氧分压较低的还原条件下进行,因此发生的 SO_x,NO_x,HCl 等二次污染较少,生成的燃料气或油能在低空气比下燃烧,因此废气量比较少,对大气造成的二次污染也不明显;

(2)解残渣中,腐败性有机物含量少,能防止填埋厂的公害。排出物密度高、致密,废物被大大减容,而且灰渣被熔融,能防止重金属类溶出;

(3)热能够处理不适于焚烧的难处理固体废弃物;

(4)能量转换成有价值的、便于储存和运输的燃料。

8. 堆肥技术

堆肥技术是依靠自然界广泛分布的放线菌、细菌、真菌等微生物,人为地促进可被生物降解的有机物向稳定的腐殖质转化的生物化学过程。堆肥化的产物称为堆肥,可作为土壤改良剂和肥料,从而防止有机肥力减退,维持农作物长期的优质高产。因而这种方法越来越受到重视,成为处理城市生活垃圾的一种主要方法。

堆肥化按需氧程度区分,有好氧堆肥和厌氧堆肥;按温度区分,有中温堆肥和高温堆肥;按技术区分,有露天堆肥和机械密封堆肥。习惯上以第一种分类方法来区分。

11.5.4　固体废弃物的资源化

伴随着世界城市化、工业化进程,世界各国的工业固体废物产生量总体上在日益增加,贸易和非法贸易导致的工业废物转移排放和向水体倾倒废物也很严重,根据亚洲发展银行的统计数字估计,亚洲一些主要国家的废物产生量(由于生产和贸易)在 1992—2010 年间增加了 3 倍多,且相应的排放量也急剧上升。我国的工业固体废物产生量逐年增加,排放量

（包括排入水体）的绝对量也很大，因工业固体废物排放和堆存造成的污染事故和损失也很严重，且乡镇工业废物排放量增加迅猛。另外，由于我国的固体废物污染防治起步较晚，《中华人民共和国固体废物污染环境防治法》刚颁布不久，污染防治仍面临着艰巨任务。目前，就国内外研究进展而言，在世界范围内取得共识的技术对策是所谓的"3C"原则，即Clean，Cycle，Control，围绕着"3C"原则，美国在 20 世纪 90 年代初通过的《污染防治法》中规定，对固体废弃物和有害废弃物首先要防止其产生，如不能防止，那么就要减少其产生，且鼓励有关技术和项目的开发，并在废物回收（如废纸、废塑料、废钢铁、废木材等）、废物的稳定与固化、废物的焚烧等方面获得成功。而欧洲联盟则在有关条例中要求成员国防止与减少废弃物的生产，并利用或重复利用变废为宝，例如利用废弃物发电等。日本由于人口密集、国土狭窄，无害化、减量化、资源化一直是固体废物处理与处置领域强调的重点。我国虽然在综合利用、稳定与焚烧、固化、填埋等技术方面有了一定的进展与规模，但总体而言，废物的资源化程度还很低。现在，国家已将工业固体废物排放量作为污染物排放量总量控制指标之一，从尾部控制转变为全过程控制是发展的必然趋势。所以，工业固体废物排放总量控制应从全过程控制的角度研究其内涵。

我国目前积存的主要固体废弃物煤矸石、粉煤灰、锅炉渣、钢渣、高炉渣、尘泥等多以 SiO_2，CaO，Al_2O_3，MgO，Fe_2O_3 为主要成分。这些废弃物只要进行适当的调制加工即可制成不同标号的水泥和其他建筑材料。

11.6 其他环境污染

11.6.1 噪声污染

随着工业的高度发展和城市人口的迅猛膨胀，噪声已成为现代城市居民每天感受到的公害之一。日本 1966 年因公害起诉的案件 20 502 起，噪声就有 7 640 起，占 37.3%（水污染占 10.7%，大气污染占 22.9%，臭气污染占 17%，振动公害占 5.8%，地面下沉占 0.15%，其他占 4.8%），而 1974 年噪声起诉案增至 20 972 起，1977 年又激增至 80 000 起。美国 1977 年在工业生产中因噪声造成工作效率降低、意外事故和要求赔偿等经济损失，估计达 40 亿美元。

1. 噪声的定义

一般认为，凡是不需要的、使人厌烦并对人类生活和生产有妨碍的声音都是噪声。可见，噪声不仅取决于声音的物理性质，而且与人类的生活状态有关。例如，听音乐会时，除演员和乐队的声音外，其他都是噪声；但当睡眠时，再悦耳的音乐也变成噪声。

2. 噪声的特性

（1）与主观性有关。

由于噪声属于感觉公害，它与人的主观意愿和人的生活状态有关。在污染有无和程度上，与人的主观评价关系密切。当然，当噪声大到一定程度时，每个人都会认为是噪声；但即便如此，每个人的感觉还是会不一样。

（2）分散性。

分散性是指环境噪声源常是分散的，因此，噪声只能规划性防治而不能集中处理。

（3）局限性。

局限性是指环境噪声传播距离和影响范围有限，不像大气污染和水污染可以扩散和传递到很远的地区。

（4）暂时性。

噪声停止发声后，危害和影响即可消除，不像其他污染源排放的污染物，即使停止排放，污染物亦可长期停留在环境中或人体里。故噪声污染没有长期的积累效应。

3. 噪声来源

噪声主要来源于物体（液体、固体、气体）的振动，这样可分为气体动力噪声、机械噪声和电磁性噪声。对城市噪声而言，70%来自交通噪声，其余来自工厂噪声和生活噪声。

4. 噪声的危害

（1）损伤听力。

噪声可以使人造成暂时性的或持久性的听力损伤，后者即耳聋。A声级在80 dB（A）以下的职业性噪声暴露，可能造成听力损失，一般不致引起噪声性耳聋；在 80~85 dB（A），会造成轻度的听力损伤；在 85~90 dB（A），会造成少量的噪声性耳聋；在 90~100 dB（A），会造成一定数量的噪声性耳聋；在 100 dB（A）以上，会造成相当多的噪声性耳聋。但是，高至 90 dB（A）的噪声，也只是产生暂时性的病患，休息后即可恢复。因此噪声的危害，关键在于它的长期作用。

（2）干扰睡眠。

睡眠是人消除疲劳、恢复体力、维持健康的一个重要条件，但是噪声会干扰人的睡眠，这种干扰尤其对病人和老人更显著。当人的睡眠受到噪声干扰后，工作效率和健康都会受到影响。一般说来，40 dB（A）的连续噪声可使 10% 的人受到影响，70 dB（A）可影响到50% 的人；而突发的噪声在 40 dB（A）时，可使 10% 的人惊醒，到 60 dB（A）时，可使 70% 的人惊醒。由于睡眠受干扰而不能入睡所引起的失眠、疲劳无力、耳鸣多梦、记忆力衰退，在医学上称为神经衰弱症候群，在高噪声环境下，这种病的发病率可达 50%~60%。

（3）对人体生理的影响。

一些实验表明，噪声会引起人体的紧张反应，刺激肾上腺素的分泌，因而引起心率改变和血压升高。噪声会使人的唾液、胃液分泌减少，从而易患胃溃疡和十二指肠溃疡；某些吵闹的工业企业里，溃疡症的发病率会比安静环境的高 5 倍。在高噪声环境下，会使一些女性的月经失调，性机能紊乱，孕妇流产率增高。有些生理学家和肿瘤学家指出：人的细胞是产生热量的器官，当人受到噪声或各种神经刺激时，血液中的肾上腺素显著增加，促使细胞产生的热能增加，而癌细胞则由于热能增高而有明显的增殖倾向，特别是在睡眠之中。极强的噪声（如 175 dB（A））下人还会死亡。

（4）干扰语言交流。

噪声对语言通信的影响来自噪声对听力的影响。这种影响，轻则降低通信效率，影响通信过程；重则损伤人们的语言听力，甚至使人们丧失语言听力。实验证明，60 dB（A）噪声下，普通交谈声的交谈距离仅 1.3 m，大声的交谈距离为 2.5 m。

（5）对心理的影响。

噪声使人易怒、烦恼激动，甚至失去理智。噪声也容易使人疲劳，往往会影响精力集中和工作效率，尤其是对那些要求注意力高度集中的复杂作业和从事脑力劳动的人，影响更大。另外,噪声分散人们的注意力,容易引起工伤事故。特别是在能够遮蔽危险警报信号和行车信号的强噪声下,更容易发生事故。

(6)影响儿童和胎儿发育。

在噪声环境下,儿童的智力发育缓慢。有人做过调查,吵闹环境下儿童智力发育比安静环境中的低 20%。噪声会使母体产生紧张反应,会引起子宫血管收缩,以致影响供给胎儿发育所必需的养料和氧气。有人对机场附近居民的研究发现,噪声与胎儿畸形有关。此外,噪声还影响胎儿的体重,吵闹区婴儿体重轻的比例较高。

(7)影响动物生长。

强噪声会使鸟类羽毛脱落,不下蛋,甚至内出血,最终死亡。如 20 世纪 60 年代初期,美国 F104 喷气机在俄克拉何马市上空做超声速飞行试验,飞行高度为 10 000 m,每天飞越 8次,共飞行 6 个月,导致附近一个农场的 10 000 只鸡被轰声杀死 6 000 只。

(8)损害建筑物。

美国统计的 3 000 件喷气飞机使建筑物受损害的事件中,抹灰开裂的占 43%,损坏的占32%,瓦损坏的占 6%,墙开裂的占 15%。由于飞机噪声造成的经济损失,1968 年为 40 ~185 亿美元,1978 年为 60 ~277 亿美元。

11.6.2　放射性污染

放射性污染是指由于人类活动不当排放出的放射性污染物造成的环境污染和人体危害,而从自然环境中释放出的天然放射,可以视为环境的背景值。这样,放射性污染物是指人类释放的各种放射性核素,它与一般化学污染物的显著区别是放射性与化学状态无关。每一种放射性核素都有一定的半衰期,能放射具有一定能量的射线。除了在核反应条件下,任何化学、物理或生化的处理都不能改变放射性核素的这一特性。

1. 污染源

(1)核电站。

核电站排出的放射性污染物为反应堆材料中的某些元素在中子照射下生成的放射性活化物。其次有由于元件包壳的微小破损而泄漏的裂变产物,元件包壳表面污染的铀的裂变产物。核电站排放的放射性废气中有裂变产物氚、^{131}I 和惰性气体^{85}Kr,^{133}Xe,活化产物有^{14}C,^{14}N 和^{41}Ar 以及放射性气溶胶。

核电站排入环境的放射性污染物的数量与反应堆类型、功率大小、净化能力和反应堆运行状况等有关。正常情况下,核电站对环境的放射性污染很轻微,如生活在核电站周围的绝大多数居民,从核电站排放放射性核素中接受的剂量,一般不超过背景辐射剂量的1%。只有在核电站反应堆发生堆芯熔化事故时,才可能造成环境的严重污染;如苏联切尔诺贝利核电站 4 号机组发生核泄露引起爆炸事故,导致 30 人死亡,300 多人受伤,经济损失高达数百亿美元。

(2)核工业。

核工业各类部门排放的废气、废水、废渣是造成环境放射性污染的主要原因。核燃料生产循环的每一个环节都排放放射性物质,但不同环节排放量不同。如铀矿开采过程对环境的放射性污染,主要是氡和氡的子体以及放射性粉尘对大气的污染,放射性矿井水对水体的污染,废矿渣和尾矿等固体废物污染。铀矿石在选、冶过程中,排出的放射性废水、废渣量都很大,排入河流后,常常造成河水中铀和镭含量明显增高。铀元件厂、铀精制厂和铀气体扩散厂对环境的污染都较轻。

（3）核试验。

核爆炸在瞬间能产生穿透性很强的中子和 γ 辐射,同时产生大量放射性核素。前者称为瞬间核辐射,后者称为剩余核辐射。剩余核辐射有 3 个来源:①未发生核反应的剩余核燃料;②裂变核燃料进行核反应时产生的裂变产物,约有 36 种元素,200 多种同位素;③核爆炸时产生的中心和弹体材料以及周围空气、土壤和建筑材料中的某些元素发生核反应而产生的放射性核素。

核爆炸产生的放射性核素除了对人体产生外照射外,还会通过空气和食物产生内照射。其中危害最大的核素是 ^{89}Sr,^{90}Sr 和 ^{137}Cs 等。核试验造成的全球性污染比核工业造成的污染严重得多。

（4）核燃料后处理厂。

核燃料后处理厂是将反应堆辐照元件进行化学处理,提取铀等后再使用。后处理厂排入环境的放射性核素为裂变产物和少量超铀元素。其中一些核素毒性大、半衰期长（如 ^{90}Sr 和 ^{137}Cs）,所以后处理厂是核燃料生产循环中对环境污染的重要污染源。

2. 危害和影响

放射性气体对人产生辐照伤害通常有 3 种方式。

①吸入照射。吸入放射性气体,使全身或甲状腺、肺等器官受到内照射。

②浸没照射。人体浸没在放射性污染的空气中,全身和皮肤会受到外照射。

③沉降照射。沉积在地面的放射性物质对人体产生的照射。

放射性物质主要是通过食物链经消化道进入人体,其次是经呼吸道进入人体;通过皮肤吸收的可能性很小。放射性核素进入人体后,其放射线对机体产生持续照射,直到放射性核素蜕变成稳定性核素或全部排出体外为止。就多数放射性核素而言,它们在人体内的分布不均匀。放射性核素沉积较多的器官,受到内照射量较其他组织器官大。人体内受某些微量的放射性核素污染并不影响健康,只有当照射达到一定剂量时,才能出现有害作用。当内照射剂量大时,可能出现近期效应,如出现头晕、头痛、食欲下降、睡眠障碍等神经系统和消化系统的症状,继而出现白细胞和血小板减少等。超剂量放射物质在体内长期作用,可产生远期效应,如出现白血病、肿瘤和遗传障碍等。1945 年原子弹在日本广岛、长崎爆炸后,当时居民长期受到辐射远期效应的影响,肿瘤、白血病的发病率明显增高。

11.6.3 电磁污染

1. 含义和来源

广义上,电磁污染是指天然的和人为的各种电磁波干扰以及对人体有害的电磁辐射。狭义上,电磁污染主要是指当电磁场的强度达到一定限度时,对人体机能产生的破坏作用。

人为的电磁污染主要有以下几种。

①工频交变电磁场。例如在大功率电机、变压器以及输电线等附近的电磁场,它并不以电磁波形式向外辐射,但在近场区会产生严重电磁干扰。

②脉冲放电。例如切断大电流电路时产生的火花放电,其瞬时电流变化率很大,会产生很强的电磁干扰。

③射频电磁辐射。例如电视、无线电广播、微波通信等各种射频设备的辐射。频率范围宽广,影响区域也较大,能危害近场区的工作人员。目前,射频电磁辐射已经成为电磁污染环境的主要因素。

2. 电磁污染的危害

(1) 损害中枢神经系统。

头部长期受微波照射后,轻则引起头痛头昏、失眠多梦、疲劳无力、记忆力减退、易怒、抑郁等神经衰弱症候群;重则造成脑损伤。

(2) 影响遗传和生殖功能。

父母一方曾经长期受到微波辐射的,其子女中畸形儿童如先天愚型、畸形足等的发病率异常高。强度在 $5\sim10$ mW/cm^2 的微波,对皮肤的影响不大,但可使睾丸受到伤害,造成不育或女孩出生率明显增加。

(3) 增加癌症发病率。

典型的事件发生在 1976 年美国驻莫斯科大使馆。苏联人为监听美驻苏使馆的通信联络情况,向使馆发射微波,由于使馆工作人员长期处在微波环境中,结果造成使馆内被检查的 313 人里,有 64 人淋巴细胞平均数高 44%,有 15 个妇女得了腮腺癌。

(4) 引起心血管和眼睛等多种疾病。

高强度微波连续照射全身,可使体温升高、产生高温的生理反应,如血压升高、心率加快、呼吸率加快、喘息、出汗等,严重的还会出现抽搐和呼吸障碍,直至死亡。强度在 100 mW/cm^2 的微波照射眼睛几分钟,就可以使晶状体出现水肿,严重的造成白内障;强度更高的微波,会使视力完全消失。

【案例】

新疆乌鲁木齐市某露天煤矿建设指挥部(以下简称指挥部)根据上级有关部门的决定,于 1991 年开始建设露天煤矿。在指挥部建设露天煤矿期间,米泉县煤矿劳动服务公司在该露天煤矿东南边界的边缘建立了一个大型养鸡厂。1991 年 4 月,劳动服务公司将养鸡场发包给庞某,承包期 4 年。1992 年 2 月至 6 月,庞某分 4 次购进雏鸡 7 000 只,在鸡场饲养。同年 8 月至 10 月,这些鸡先后进入了产蛋期。与此同时,指挥部在露天煤矿进行土层剥离爆破施工,其震动和噪声惊扰了养鸡场的鸡群,鸡的产蛋率突然大幅度下降,并有部分鸡死亡。同年 12 月底及 1993 年初,庞某不得已只好将成鸡全部淘汰。经计算,庞某因蛋鸡产蛋率下降而提前淘汰减少利润收益 10 万余元。经有关部门对庞某承包的养鸡场的活、死鸡进行抽样诊断、检验,结论为:因长期放炮施工的震动和噪音造成鸡群"应激产蛋下降综合征"。由于不能就赔偿达成协议,庞某向法院起诉,要求指挥部赔偿其经济损失。指挥部以开矿爆破经国家有关部门批准,没有违反法律,不构成侵权为由,拒绝承担赔偿责任。

法院经审理认为,露天煤矿开始施工建设时,养鸡场已经建成并投入生产,养鸡场的建立没有违反有关规定,指挥部长期开矿爆破施工,其震动和噪音惊扰庞某养鸡场的鸡群,应承担赔偿责任,遂做出判决,指挥部赔偿庞某经济损失 120 411.78 元。

资料引自:《中华人民共和国环境噪声污染防治法》

思考题

1. 环境的概念是什么？环境有什么作用？
2. 什么是环境保护？环境保护与可持续发展有什么联系？
3. 为什么解决环境问题必须走可持续发展道路？
4. 大气污染有哪些类型？其污染物有哪些？
5. 大气污染有哪些控制技术？
6. 水体污染物有哪些种类？
7. 废水处理方法有什么？废水处理分为哪几级？
8. 固体废弃物有哪些处理处置技术？分别适用于什么样的固体废弃物处理？
9. 噪声、放射性污染和电磁污染分别有什么危害？

推荐读物

1. 环境与可持续发展. 周敬宣. 华中科技大学出版社,2007.
2. 环境工程学. 蒋展鹏,杨宏伟. 高等教育出版社,2013.

参考文献

[1]程发良,孙成访. 环境保护与可持续发展[M]. 北京:清华大学出版社,2009.

[2]曲向荣. 环境保护与可持续发展[M]. 北京:清华大学出版社,2010.

[3]周敬宣. 环境与可持续发展[M]. 武汉:华中科技大学出版社,2007.

[4]蒋展鹏,杨宏伟. 环境工程学[M]. 北京:高等教育出版社,2013.

[5]徐新华,吴忠标,陈红. 环境保护与可持续发展[M]. 北京:化学工业出版社,2000.

第12章　生物多样性与可持续发展

【本章摘要】

本章就对生物多样性的科学认知、全球生物多样性现状、生物多样性保护战略等论题进行了讨论。

生物多样性资源是大自然馈赠给人类最宝贵的财富。依靠地球得天独厚的物理化学环境和生物多样性资源,人类社会才得以产生、存在和发展,直到形成今天这个五彩缤纷的世界。但是,随着人口的剧烈增长和大规模的经济活动,使许多物种濒临灭绝,生态系统受到严重破坏,人类赖以生存和发展的基础——生物多样性正在不断遭到无情的破坏。有关机构和生物学家们估计,目前世界上 3/4 的鸟类、2/5 的爬行类、2/3 的灵长目正受到严重威胁或濒于灭绝;现在物种灭绝的速度远远超过了原来在自然进化过程死亡的速度。在 21 世纪,灭绝的物种可能会增加 10 倍,将会有更多的植物、动物以及其他有机体从地球上消失。生物多样性损失问题的越演越烈,已成为维持人类社会经济持续发展面临的最大问题之一。目前,人类活动造成的生物多样性损失已引起世界的普遍关注。自 20 世纪 80 年代以来,生物多样性保护问题已变得日益普遍化和国际化,成为最大的全球环境问题之一。

12.1　对生物多样性的科学认知

12.1.1　生物多样性

生物多样性是大自然物种拥有程度的笼统术语,包括在某个特定范围内生态系统、物种或基因的数量和出现率。生物多样性通常含有 3 个不同的层次:遗传(或基因)多样性、物种多样性和生态系统多样性。

遗传多样性是指某个物种内个体的变异性。地球上几乎所有的生物(无性系除外)都拥有独特的遗传组合。当物种没有得到后代延续时,遗传多样性就会出现损失。因此,遗传多样性是生物多样性的基础。

物种多样性是指地球上生命有机体的多样性或动物、植物、微生物物种的丰富性。物种是生物分类的最基本单元。据联合国环境规划署最新的估计数字,地球上的物种数量为 1 300 万~1 400 万,但有明确记录或研究过的只有其中的 13%,即 175 万种。一般说来,某一物种的活体数量越大,其基因变异的机会也就越大。但某些物种活体数量的过分增长则可能导致其他物种活体数量的减少,甚至减少物种多样性。要使生物多样性达到最佳状态,就必须不让任何物种数量下降到可能灭绝的危险水平,才有可能保证遗传多样性不受损失。所以说,物种多样性是遗传多样性的载体或体现。

生态多样性是指生物圈内生态环境、生物群落和生态过程的多样化,也是指物种存在的生态复合体系的多样化和健康状态。各生态系统都存在物质与能量的流动,生态环境提供了流动的物质基础,生态过程体现了流动的过程,而生物群落则是流动产生的结果。生态平衡也体现了物种间数量与质量的平衡。

因此,生态系统的多样性是物种多样性和遗传多样性的基础,自然生态系统的平衡为物种进化和种内遗传变异提供保证。从根本上说,生物多样性必须在遗传、物种和生态系统3个层次上都得到保护,才有可能真正做到生物多样性的保护。当前保护的重点,应该是生态系统的完整性和野生珍稀濒危物种。

12.1.2　世界物种资源的变迁

1. 现代世界物种资源概况

到目前为止,人们已鉴定出大约175万个物种(表12 – 1)。这些已鉴定的物种中,哺乳动物4 200种、鸟类8 700种、爬行动物5 100种、两栖动物3 100种、鱼类21 000种。已有记载和描述的植物大约有25万种,无脊椎动物130万种。

表 12 – 1　现代世界物种种类

类别	确定种类	估计种类
哺乳动物	4 170	4 300
鸟类	8 715	9 000
爬行动物	5 115	6 000
两栖动物	3 125	35 000
鱼类	21 000	23 000
无脊椎动物	1 300 000	4 004 000
植物	250 000	280 000
非植物	150 000	200 000
合计	1 742 000	4 926 000

近年来,科学家们在3 500米左右的深海海底发现了极其丰富的新的无脊椎动物,从而推测深海的无脊椎动物可能会达1亿种之多,比过去推测的总计为20万种海洋生物多出好几百倍。科学家们还在洋底火山口边缘(水深2 623 m,温度为85 ℃,压力为260 kg/cm²)发现了大量的原始生物(杨氏产甲烷球菌等),并已确认了其中的500多种,估计可能有100万种之多。这类微生物以火山口中排出的二氧化碳、氮和氢为生,科学家们认为这类原始生物有可能是早期的生命形式。

尽管人类已经可以登上月球,但地球上还存在不少人类尚未涉及的地域。除了深海之外,另一个重要的地域就是热带森林。有人认为,仅在热带森林就可能生活着3 000万种昆虫。因此,现存物种的实际数目比人们以往的估计数肯定会多很多。

2. 地球上生物演化简史

地球的历史约 46 亿年。到目前为止,地球上发现的最早生命记录是 35 亿年前出现的单细胞菌藻类化石。在 35 亿年的演化历程中,地球上的生命循着从无机到有机、从非细胞形态到具细胞结构、从原核到真核、从二级到三极的方向演化(表 12 - 2)。生物的演化和发展,深刻地影响着地球的环境。地球现有状态就是生命活动参与地质历史过程的结果,地球的现状也是靠生命活动来调节和维持的。

表 12 - 2　地球上生物演化记事简表

时间	生物历史大事记
距今 35 亿年前	地球上生命出现(单细胞菌藻类、属原核生物)
距今 20 亿年前	真核生物出现(蓝、绿藻类)
距今 6.3 亿年左右	海生无脊椎动物出现
距今 6 亿年左右	海生无脊椎动物大发展
距今 5 亿年左右	海生原始脊椎动物(无须类)出现
距今 4.2 亿年左右	陆生植物出现
距今 3.6 亿年左右	脊椎动物登陆成功,两栖类出现;陆生植物大发展,出现原始裸子植物
距今 3 亿年左右	爬行动物出现,两栖类大繁盛
距今 1.5 亿年左右	哺乳类、鸟类出现;爬行类、裸子植物大繁盛
距今 1.3 亿年左右	被子植物出现,哺乳类开始繁盛
距今 300 万年左右	人类出现,哺乳类鸟类及被子植物大繁盛

现今地球上的生物是经过了 35 亿年的漫长演化历程,从无到有、从简单到复杂、从低级到高级的演化结果。其间也发生过多次生物大规模绝灭事件,如发生在距今 2.25 亿年前二叠纪末的海生无脊椎动物大规模灭绝和发生在 6 500 万年前的恐龙大规模绝灭事件等。地质历史上生物绝灭的原因是自然因素,而发生在现代的生物灭绝则主要是由于人类活动直接或间接造成的。

12.1.3　生物多样性对人类的意义

人类的目标应当是谋求社会经济的可持续发展。要达到这一目标,关键是要保护好地球上的生命支持系统,这个支持系统的核心就是生物多样性。生物多样性的价值首先在于它是可供人类利用的自然资源,即生物资源。它包括动物、植物和微生物,再加上受生物影响的环境资源。生物资源明显区别于非生物资源的重要性质是:如保护得法、应用得当,则它是可以再生的,也就可以永续利用;如不加保护或利用过度,则会遭到破坏以至消失,就变得不可再生。生物资源的环境价值对于人类同样是不可低估的。因此,生物多样性与人类的生存与发展息息相关。具体地说,生物多样性对人类的意义包括直接价值和间接价值两个方面。

1. 直接价值

直接价值包括生产性使用价值和消费性使用价值两类。

生产性使用价值是指那些可供市场交易的物品价值,如各类木材和果实、鱼类和海产品、毛皮等。这些物品在市场上反映出来的价值仅仅是生物资源的收获价值,实际上是作为原材料的价值,其最终产品的价值往往要高得多。如象牙并不包括象的其他部分的价值,而象牙制成小工艺品后,其价值又将高出几倍到几十倍。

消费性使用价值指的是不通过市场交易,直接被消费的自然产物的价值,如薪柴、鱼类、猎物等。在发展中国家远离城市的乡村,此类消费在经济活动中起着巨大作用。如扎伊尔乡村每年消费的动物蛋白有 75% 来自野味;塞内加尔 500 万人口每年消费的哺乳类和鸟类野生动物就达 37 万 kg。

因为消费性使用价值并未通过市场交易,因而它们的实际价值往往被忽视,更没有被列入各国的经济指标中去。假如把这些直接消费的生物资源折算成市场价值,就会发现它们的价值往往是十分巨大的。在马来西亚进行的一项详细研究表明,猎人们每年捕食的野猪,其市场价值竟高达 1 亿美元。

2. 间接价值与潜在价值

生物多样性的间接价值指环境功能价值,潜在价值则包括选择价值及存在价值。

环境功能价值属于非消费性质,指的是生物的自然功能或服务支持。主要体现在植物的光合作用、调节气候、保持水土、保护环境、为人类提供娱乐,具有美学、文化、科学、教育等方面的作用。选择价值则是指生物多样性的未来价值或潜在价值。如人类为了培育良种,经常需要寻找野生生物作为父本或母本,以培育出优良品种。目前地球上人口已超过60 亿,其 95% 的食物所依赖的农作物却只有 30 多种,其中又以小麦、玉米、稻谷占绝大部分;所饲养的家畜、家禽和鱼类的种类也十分有限。野生生物是尚待人类开发的重要食物来源。存在价值则是仅仅让其存在而显示的价值。比如"回归自然"的户外活动,仅仅欣赏一下大自然的青山绿水,也给人以极大的享受和振奋;美好的愿望、优美的诗句或文字,甚至科学的灵感也会由此而产生。

生物多样性这些间接价值和潜在价值是无形的,它们不出现在任何国家的统计数字中,但它们的实际作用却远远超过直接价值。据《中国生物多样性国情研究报告》,我国生物多样性保护所产生的间接价值远大于其直接价值(表 12 – 3),而且间接价值是全社会的,是自然界对人类的馈赠。更为重要的是,直接价值又往往来源于间接价值。因为人类所收获的动物或植物都是借助于它们存在的环境所提供的服务与支持而形成,没有这类服务与支持,就不会有生物的多样性,也就不会有如此丰富多样的可供人类利用的生物资源。

表 12 – 3　中国生物多样性经济价值初步评估结果

价值类别	价值/($\times 10^{12}$ 元)	
直接使用价值	产品及加工品年净价值	1.02
	直接服务价值	0.78
	小计	1.80

续表 12 – 3

价值类别	价值/(×10^{12}元)	
间接使用价值	有机质生产价值	23.3
	CO_2 固定价值	3.27
	O_2 释放价值	3.11
	营养物质循环和储存价值	0.32
	土壤保护价值	6.64
	涵养水源价值	0.27
	净化污染物价值	0.40
	小计	37.31
潜在使用价值	选择使用价值	0.09
	保留使用价值	0.13
	小计	0.22

　　需要指出的是,迄今为止,保护野生生物的理由都是以其作为可被人类利用资源的实际或潜在用途为基础的,这是一种以人类为中心的观念,也就是说人类有权按自己的意愿来利用世界资源。近年来,很多生态学家和自然资源保护论者认为,以人类为中心的世界观是不全面的。我们必须保护自然资源和承担环境责任,不是因为它们有利可图或者美好,也不是因为有助于我们的生存,而是因为它的存在有助于地球生命支持系统。这就是我们所需要的生态文明观。

12.2　全球生物多样性现状

　　生物多样性给人类带来了无与伦比和不可替代的利益,而且这种利益正随着科学技术的发展和人类文明的进步而日益增加。然而,地球生物圈所面临的空前巨大的人口压力和经济开发的压力,造成生物多样性日益减少。虽然人类对生物多样性的认识还仅仅处于起步阶段,既不知道确切的物种数,也不完全清楚生态系统内部复杂的联系,难以全面评价生物多样性的动态变化。但是,在许多地方已发生的物种灭绝情况是触目惊心的,足以给人类敲响警钟。保护生物多样性已是一件全球关注、刻不容缓的大事业。

12.2.1　物种濒危与灭绝

　　物种的形成与灭绝是一种自然过程。化石记录表明,多数物种的限定寿命平均为100 万到 1 000 万年。自地球上自生命出现以来,估计存在过 5 亿多种生物。而在过去的 5 亿年间,类似于 6 500 万年前恐龙绝灭(当时地球上 1/2 的海生物种、2/3 的爬行类和两栖类消失了)这样的巨大灾难性事件发生过五六起。自人类出现以来,特别是 1 万年前开始农业生产以来,人类的活动进一步加速了物种的灭绝,而且这种人为的灭绝规模和灭绝速率已达到可与过去主要地质灭绝事件相比拟的程度。

　　物种濒危和灭绝的发展趋势非常明显,越到近代物种灭绝的速度越快。据粗略估计,1

万年来,哺乳动物和鸟类的平均灭绝速率已大约增加了 1 000 倍,如果包括植物和昆虫,则 20 世纪 70 年代的灭绝速率为一年几百个物种。而从 20 世纪 70 年代以来,有人估计物种的灭绝速率至少又增加了 10 倍,达到了每年几千种以上。

物种灭绝是物种濒危的最终结果。濒危是指残存个体数量极少,以致会在所有分布区域的大部分布区灭绝的物种。受威胁物种则是指那些在自然分布区中数量正在减少,或可能会濒危的物种。作为一般规律,某种残存的野生动物种群至少需保持 500 个个体,才有可能通过自然选择进行某种程度的演化,否则就可能因不能适应自然变化而灭绝。

据国际自然资源保护联盟的材料显示,在 1988 年有 4 600 种物种已被列入处于濒危或受威胁的名单之中。据世界野生生物保护联盟的报告,2000 年公布的濒危脊椎动物名单与 1996 年公布的名单相比,濒危和严重濒危的哺乳动物分别增加了 25 种和 12 种;鸟类分别增加了 86 种与 14 种;列入严重濒危和濒临灭绝的灵长目和鱼类则分别增加了 9 种和 13 种。濒危物种数目增长之快,令人触目惊心。很多物种还在评估之中,也许有一些物种在被列入名单之前就会灭绝。

从生态学角度看,植物灭绝问题可能比动物灭绝更为严重。有人估计,全世界大约 10% 的植物受到灭绝的危险。根据研究,实际上在过去的 100 年中,全球大约 25 万种维管植物中有近 1 000 种已经灭绝,而且目前的灭绝速度正在迅速加快。最近的调查确定,美国的 25 000 种土著植物中有 680 种在今后 10 年中行将灭绝。对全球面临威胁植物物种数的估计一直呈上升趋势。

我国在 1987 年公布了《中国珍稀濒危保护植物名录》第一册。其中录入濒危的种类 121 种,受威胁的 158 种,稀有的 110 种,共计 389 种;列为一级重点保护的 8 种,二级重点保护的 159 种,三级重点保护的 222 种。1988 年我国公布了《国家重点保护野生动物名录》共 257 种,列为一级保护的 96 种,二级保护的 161 种。

12.2.2　生境损失

世界野生生物保护联盟组织世界各国和各地区 7 000 多名专家对濒危动物、植物、鸟类和鱼类的现状做了最全面与最近的评估,于 2000 年 9 月发表的评估报告指出:有 1.1 万多个物种极有可能在不远的将来灭绝,将近 24% 的哺乳动物、12% 的鸟类、25% 的爬行类、20% 的两栖类和 30% 的鱼类面临灭绝危险。面临灭绝的原因几乎全部是由于生境受到破坏。

对于多数野生生物,最大的威胁是其生境被破坏、分割和退化。人与野生生物竞争有限的资源,是导致生境损失的重要方面。

经过几千年不断的土地开发利用,现在世界上绝大多数宜农土地或适于人类居住的土地已被开垦或利用,其中森林转化为农田或牧场的过程已持续了很长时间,而且至今仍在继续进行。联合国的一项研究表明,热带非洲和东南亚大部分地区 2/3 的野生生物原有生境已经损失或严重退化。世界人口密度最大的孟加拉国,已损失了 95% 的野生动物生境;美国的高原草原已减少了 50%,残存的野生动物生境也正以惊人的速度被切割得支离破碎,从而导致美国的一些鸟类灭绝。

生境损失除森林与草地外,湿地与荒地的损失也是很重要的方面。湿地包括沼泽地、泥炭地或水深 6 m 以内的水域。它具有极其重要的经济价值和生态价值,是主要的粮食、食物产地和净化污染物场地,还具有调节水量的功能。如红树林是热带海岸的重要特征之一,具有重要的经济价值与生态价值,因为过去对其缺乏认识,大量的红树林被砍伐或破坏。详细研究与评估的结果是,如果东南亚现有红树林在科学管理下,每年直接效益可达250 亿美元,并可创造 800 万个就业机会,其间接经济效益则超过几千亿美元。荒地是指基本上以自然力作用为主的土地,包括尚未被人类改变的生态系统,是地球上所剩不多的野生生物栖息地,具有保护生物多样性和环境服务的巨大功能。现在,随着世界人口数量的不断增长,人类活动范围的不断扩大,世界荒地正不断缩小,在短期内人类可能得到实惠,但从长远来看,却未必有利。

12.2.3　经济贸易

当代物种大规模灭绝与地质历史上发生的物种灭绝有着重大的区别。目前的物种灭绝集中地发生在几十年内而不是几百万年,因而这类灭绝不可能通过物种的自然形成来平衡或弥补;另外一方面就是由于植物物种的快速灭绝,进而使得很多与它们有密切联系的动物不可避免地受到株连而遭到灭顶之灾。人类大规模开发利用野生动植物主要是经济被利益所驱使,经济商品化大大催化了这一过程。穷人的贫困与愚昧以及富人的自私与贪婪,则是造成生物灭绝的深刻原因。

旅鸽这一物种的灭绝就是一个典型的例子。19 世纪 50 年代,著名鸟类学家威尔逊在北美曾目睹了一队迁移的旅鸽,这队长约 390 km,宽 1 600 km 的鸽群估计有旅鸽 20 亿只。1858 年开始,大量捕杀旅鸽成为一项专门业务。1878 年,专业捕鸽者曾一次就捕杀了旅鸽300 万只,获得 6 万美元的收入。到了 1900 年,旅鸽就只剩下很少数的小群体。1914 年地球上最后一只旅鸽死于辛辛那提动物园。短短半个世纪,一个物种就在人类的枪口下灭绝了。再如蓝鲸,这类体重可达 150 t 的地球上的最大动物,仅在南极海域其数量估计达 200万头,但由于人类的捕杀,现在世界上残存量已不足千头,已经面临灭绝。老虎的命运也大体与鲸相似,8 个亚种中已有 3 个完全灭绝,仅存的 5 个亚种总数仅有 5 000 只左右。

类似的例子不胜枚举。据估计,世界每年的野生动植物交易额至少达 50 亿美元。全球市场上买卖的野生动物主要来自热带美洲、非洲、东南亚和热带亚洲。野生动物及其产品的最大进口国和地区是美国、加拿大、新加坡、日本、中国台湾、中国香港和西欧。

国际濒危物种贸易公约的报告所披露的 20 世纪 80 年代全球野生动物及其产品进出口贸易量中有:活灵长目 99 893 只、象牙 530 506 kg、猫科皮 383 621 张、活鹦鹉 1 288 447 只、爬行动物 11 020 231 只。走私等非法贸易的数量尚不在此列。由此可见,无论是发展中国家,还是发达国家,商业性开发利用或非法贸易显然是造成某些高价生物种数减少灭绝的重要原因。世界经济的不平衡、贫富不均以及富国的奢侈性浪费,也是造成世界野生生物濒危和灭绝的重要因素之一。

12.2.4　生物多样性损失的主要因素

1.自然因素

自然因素主要包括两个方面,一是物种本身的生物学特性,即物种对环境的适应性或变异性。适应性比较差的物种在环境发生了较大变化时难以适应,由此面临灭绝的危险。如大熊猫在地质历史时期曾遍布我国南方,而现在仅分布在四川、陕西及甘肃的局部地区。

其濒危的原因,除了气候的变化和人类的破坏外,与其本身食性狭窄、生殖力低等自身特性有关。二是环境的突变(天灾),有时也会使得一些地方性的物种绝灭。

2. 人为因素

(1)人口数量与资源消费的剧增,环境污染的加剧。

人口的急剧增长导致了消费量的急剧增加,工业化和城市化以及由此产生的环境污染和生态破坏使得生物的生境不断损失,这是导致生物多样性损失的重要原因。

(2)科学认识不足或政策失误。

人们对生物多样性的认识很晚而且发展迟缓。为了急于发展经济,一些国家政策的片面性,客观上鼓励了对生物多样性的破坏。

由于科学认识不足,引进新物种而导致其他物种的灭绝是一个需要注意的问题。非洲的维多利亚湖为了发展渔业于1954年引进了河鲈鱼。该湖鱼的种群原由400个物种组成,其中90%属于湖体自身的土著种。1978年以前,本地种占湖区鱼类产量的80%;1983—1986年,河鲈占了80%;到目前,本地种仅占1%,基本上灭绝了。

(3)全球贸易的副作用。

全球经济发展的不平衡使得一些发展中国家集中发展某些创汇效益高的农业产品,从而加剧了生境的破坏,对生物多样性构成了很大的压力。

总体上看,由于人口增多、资源需求压力增大和不合理开发利用资源,对生物资源的乱捕乱猎、滥砍滥伐,使得野生生物的生境遭到严重破坏和损失,从而造成生物多样性的急剧减少。

12.3　生物多样性保护战略

保护生物多样性必须在生态系统水平上采取保护措施。以往的做法或传统的战略主要是建立自然保护区,通过排除或减少人类干扰来保护生态脆弱区。在一般的情况下,这种战略的确是保护某些物种或生态系统的有效途径,并已取得了很大成就。然而,在不断增长的人口压力和不断增长的土地利用需求背景下,被动地保护已很难真正达到保护的目的。为此人们提出了新的保护战略——持续利用,生物多样性保护对全人类有着长远的巨大意义,需要各国政府和广大民众的积极参与。因此,生物多样性保护战略特别强调国际合作与行动。

12.3.1　自然保护区

1. 定义与内涵

自然保护区是为了保护典型生态系统,拯救珍稀濒危野生生物物种,保存重要的自然历史遗迹而依法建立和管理的特别区域。因此,自然保护区具有保护自然环境和自然资源的双重性质,并且是具有一定的空间范围的特殊区域。

2. 自然保护区的发展与现状

最早的自然保护区是1861年建立的约塞米蒂国家公园。在1872年著名的黄石国家公园建立之后,自然保护区的发展一直很缓慢。在20世纪20年代以后,许多国家为了保护名胜古迹或罕见的自然景观以及一些稀有动植物,相继建立了国家公园,自然保护区得到了初步发展。在 20 世纪 50 年代后,由于世界性资源危机和严重的环境污染,使人们意识到保护自然资源和自然环境的重要性。于是分别于 1962 年在西雅图,1972 年在黄石召开了第一次和第二次自然保护国际会议。特别是 1972 年联合国在瑞典的斯德哥尔摩召开的第一次人类环境会议,发表了《人类环境宣言》,建立了"国际自然和自然资源保护同盟""人与生物圈计划""世界野生生物基金会""联合国环境规划署""保护区委员会""国家公园和环境教育委员会"等国际性组织,以促进和建设自然保护区作为保存自然生态和野生生物资源的重要手段。在 1950—1970 年,保护区的数量和范围增加了 4 倍以上。特别是 20 世纪 70 年代以来,世界自然保护区建设进入了最快的发展时期。仅 20 世纪 70 年代,世界自然保护区的数目增加了 40%,总面积增加了 80%。自然保护区和国家公园成为各国保存自然生态和保护野生生物的重要手段和途径。

1982 年,联合国在印度尼西亚召开了第三次国家公园和自然保护会议,发表了著名的"巴厘行动计划",提出了使自然保护区占世界陆地总面积 10% 的目标。世界保护区建设无论在质和量上,都进入了新的发展时期。据《世界资源》1997 年的统计,全世界已建有较大面积($1\,000\ hm^2$ 以上)的自然保护区 1.04 万多个,总面积达到 8.41 亿 hm^2。其中国家自然保护区系统 4 500 多个,生物圈保护区 337 个,世界自然遗产 126 个,世界重要湿地 895 个。其中有几十个保护区面积在 100 万 hm^2 以上,面积最大的当属格陵兰国家公园,面积达 7 000 万 hm^2。

我国对自然的保护有着悠久的历史,古代帝王、诸侯、富贾巨绅等所建的禁猎区,避暑山庄、庙宇园林,以及许多陵园、古刹名山、风水地等实际上就具有保护区的性质。我国正式的自然保护区始建于 1956 年,20 世纪 80 年代以来得到快速发展。1999 年,我国已建立各类保护区 1 146 处,总面积达 8 815 万 hm^2,约占国土总面积的 8.8%。其中 15 处被列入国际"人与生物圈保护网络",7 处被列入"国际重要湿地名录",4 处被列入世界自然遗产或自然与文化遗产;有国家级自然保护区 115 处,占地 5 751 万 hm^2,还建立了珍稀濒危物种繁育基地 200 多处。我国的自然保护区类型包括了荒漠、草地、高山、海洋、海岛、湿地,水生生物、森林植被、地质地貌、陆生野生生物等,许多著名的风景名胜区还尚未包括在内。国家还颁布了许多有关法律,如《环境保护法》《自然保护纲要》《森林和野生生物自然保护区管理办法》《野生药材资源保护管理条例》,以及《森林法》《草原法》《渔业法》等。1987 年还正式公布了我国《重点保护野生动物名录》和《珍稀濒危保护植物名录》等,保证了我国生物多样性保护工作的顺利开展。

12.3.2　生物多样性的持续利用

自然保护区对于保护生物资源是必不可少的,它可保证永久性地保护重要的、有代表性的自然生态区域,维持生物多样性和保护野生物种的遗传物质。因此,自然保护区对于国家,地区的持续发展有着重要的保障作用。如何更有效地实施自然保护,如何更好地建设自然保护区是目前科学界面临的主要课题之一。在传统战略的基础上,人们赋予自然保护以新的含义,这就是生物多样性持续利用战略。它主要包括自然保护区的自然性、最小临界规模、系统规划和持续利用等 4 个方面的内容。

1. 恢复自然保护区的自然性

在自然保护区或国家公园中,为了促进某种利益而人为地引进物种(如植树)、实施管理(大规模的人工构筑)、控制生物(改变物种丰度)等,都会使保护区失去更多的自然性,由此也就丧失了原有生态系统结构和功能的机会。自然保护的目的不是简单地保护大量动植物物种,而是应在真正的自然状态中保护它们,保护物种之间的关系以及生态过程和演化过程。

因此,自然保护区或国家公园的管理目标都应是保存重要的自然特征和整个自然环境或自然生态系统。这里所说的"自然"是在动态条件下的定义。自然保护区或国家公园自然性的恢复,意味着重新建造目前非自然生态系统的自然状态或条件,使其恢复到非常接近其自然条件的状态,并且要尽可能允许继续自然的变化。

保持和恢复自然保护区或国家公园的自然性,是建设与管理新型自然保护区的第一准则。

2. 保证保护区的最小临界规模

根据岛屿生物地理学理论,被人类分隔的每个小面积保护区,仅起着岛屿那样的作用,而且会损失一些原有物种,直至达到新的平衡。这种过程取决于保护区的大小、物种丰度和生物多样性及其与其他类似生态环境的隔离程度。据粗略估算,原有生态环境损失 10%的保护区,其物种可下降 5%。从这一点出发,有关保护区的选择、设计和管理应遵循的原则是:

(1)保护区应尽可能大,最好应包括稀有物种的众多个体,并包括生物的整个群落以及相邻生境缓冲带和本地动物全年生境的需求。

(2)保护区应尽量广泛包括生态类型的毗邻分布区。

(3)努力使保护区同其他重要生态环境相连成片或相互连接(如通过自然生态环境走廊)。

显然,想无限制扩大保护区的面积是不可能的,而且在土地需求日增的情况下,专门建立保护区会受到越来越多的限制。但是从要真正达到保护生物物种的角度出发,自然保护区应尽可能大,这是新型保护区建设与管理的第二准则。

3. 保护区的系统规划

可以预料,随着世界人口的增长和对资源需求的增加,自然保护区面临的挑战将更加严峻,因而保护区必须赢得更多、更大的支持才能健康存在和发展。所以,许多国家正在探索制订将保护区与国家自然保护目标、社会经济发展、现代社会需求和乡村景观健全结合起来的国家自然保护计划,以使自然保护能长期维持并发展到新的水平。自然保护区本身也由传统的封闭式绝对保护逐步过渡到开放式、多功能的积极保护,以缓解保护与开发,自然保护区与当地居民生活、生产的矛盾等。

系统规划实质上是一个国家建设保护区网络的发展规划,它包括了目标、合理性以及发展方向等诸方面的内容,可以提供现有保护区系统的状况,国家自然保护目标,选择建设保护区的地点、范围和次序,明确国家最优先考虑的事项及实现国家自然保护目标的行动计划等。

自然保护区的系统规划,不仅用于指导研究人员和其他人员的活动,而且帮助决策者进行投资选择,协调各方面的活动,并吸引更多的资金来支持保护事业。

4. 生物多样性的持续利用

通过建立自然保护区、生物圈保护区、国家公园等进行自然保护的传统措施已取得很大成效,至今仍是自然保护或生物多样性保护的主要方式。然而,越来越多的事实证明,这种保护措施有很大的局限性,即少量的保护地区不能覆盖大部分生物多样性。目前,全球 2/3 陆地面积已被人类占据,这部分土地大多是地球上生产力最高和生物多样性最丰富的地区,残留的 1/3 陆地,大多是生产力低、自然条件差、生物种类较为贫乏的地区,不能代表地球生物多样性。因此,人们现在认识到,唯一有效的和在一个长时期内唯一可信的并能达到充分保护生物多样性的战略,应建立在持续利用生物资源的基础上。这种持续利用是指生物资源的利用应以使生物多样性在所有层次上得以保护、再生和发展。

对保护区而言,没有合理的利用也就没有保护可言。利用自然保护区发展旅游业就是一例,利用自然保护区或国家公园开展旅游活动,不但有经济效益,同时也起到了宣传和教育群众的作用,从而获得广大民众的广泛支持,这本身就是社会效益的体现,也是自然保护区价值的体现。

12.3.3　国际合作与行动

现在,在生物多样性问题上,全世界已达成共识:生物多样性不只是局部的或者地区性的问题,而是全球性的问题;生物多样性与全人类的长远利益息息相关;生物多样性的保护具有长远的全球意义,多样性损失是全人类的共同损失。联合国有关组织,世界科学界和各国政府都认为国际合作是推进生物多样性保护的重要方面,并正在为扩大和有效地合作而积极努力。

为推进全球的生物多样性保护,20 世纪 80 年代以来,联合国及其下属机构与组织进行了卓有成效的努力,组织了众多的国际合作行动,如 1980 年制定的《世界自然资源保护大纲》及《世界自然宪法》,推动几十个国家制定了国家级的自然资源保护大纲。1992 年世界环境发展大会签署的《21 世纪行动议程》《保护生物多样性公约》等重要文件,有效地推进了全球的生物多样性保护事业。

以各种公约和协定的形式,相互约束,对生物多样性进行保护是国际合作的主要形式之一。在过去的几十年,已形成的公约或协定多达几十个,对保护一些重要物种以及自然地域起了很好的作用。如 1973 年签订的《濒危野生动植物种国际贸易公约》主要用于控制非法贸易,列出禁止和控制贸易的物种 2 万余种。至今已有 100 多个国家加入了该公约,针对公约所列物种建立的自然保护区已经超过 130 个。

目前,联合国组织的关于生物保护的国际合作行动计划主要有《人与生物圈规划》《热带森林行动计划》《生物多样性计划》等。

尽管在国际合作与行动中还存在这样或那样的问题,但可以相信,在世界各国政府的积极参与下,生物多样性保护事业必将获得更进一步、更健康的发展,因为这项事业是人类的共同事业。

【案例】

保护生物多样性促进可持续发展

生物多样性保护组织保护国际主席彼得·泽利希曼(Peter Seligman)在近期接受中国环境报记者书面采访时介绍了全球生物多样性保护的概况、热点及受益于可持续发展的范例。

在回答记者有关保护生物多样性的关键因素的问题时，泽利希曼说，在近20年的全球自然资源保护工作中，保护国际与所有利益相关者建立了合作关系，其中包括政府、国际组织、企业、地方社区等，旨在提高环境意识，让每个人参与寻找解决问题的方法。例如，保护国际认识到中国对未来地球健康的重要性，便与中国的政府、地方组织和社区共同努力，帮助其成为全球自然资源保护的领导者。与中国共同努力，提供一个大幅改变状况的机会，以应对地球所面临的威胁。应对这一挑战需要来自所有政府、企业、地方社区和个人的带头人。

保护国际想创立一个全球性的自然资源保护道德规范，以便各地的人们了解人类与生物资源之间的关系。只有使生物资源繁衍生息，才能使我们的子孙后代过上健全、美好的生活。

泽利希曼重点介绍了其他国家在发展经济的同时保护生物多样性的范例。他说，达到"在保护生物多样性的同时获得经济福利"目标的关键是可持续发展。明智地使用自然资源，以便可持续地从生态系统保护（其中包括清洁的空气、水、食物和矿物财富）中获益，这将减轻贫困，并促进社会稳定。与良好的管理相结合的这样的实践将促进稳定、可持续的经济发展。

受益于可持续发展的范例有很多。

在哥斯达黎加，环境部长卡洛斯·曼纽尔·罗德里格斯倡导海洋资源保护，以确保国家和靠海洋为生的人们继续获得经济利益。此外，他还打算通过采取生物多样性保护和减轻贫困的综合性措施使这个国家的森林覆盖率在10年中增加到75%。

在尼泊尔，特赖阿克社区居民通过实施森林项目保护野生动植物。他们从森林资源中获得燃料、食物、建筑材料、农业和民用工具、药材等。自然资源保护给他们带来了开展多样化经济活动的机会，强化了资源管理，并促进了卫生保健中心和学校等基础设施的建设。

在喀麦隆，奥库山的人们实施可持续社区森林管理计划，使其生计得到加强、森林得以恢复。

在巴西，马米拉哇生物圈保护区正在示范如何在加速提高当地村民的生活质量和加快经济发展的同时保护当地野生动植物。政府和当地社区居民对500万hm²的国家公园实施联合管理，不仅有助于公园获得资助，还促进当地人可持续地管理亚马孙涝原（又称漫滩）。

在印度尼西亚，巨蜥国家公园参与的一项合作项目使公共部门、私营企业、地方社区居民与国际组织合作，形成具有保护和多产性质的合作，从而促进了人们的安康，减少贫困，并增强经济的稳定性。

这些范例显示出生物多样性保护的利益。廉价销售现存的雨林，换取不可持续的木材收获，给人们带来的只是眼前的经济利益，这只是一锤子买卖，将永远不再有收益。保护森林并促进可再生资源的可持续性收获，意味着使人们能够永远持续地获得经济利益，以及保存向当地社区居民提供文化、精神和美学利益的自然环境。此外，自然资源保护还保护大自然的生物网——由植物、哺乳动物、昆虫、鸟类和其他生物所构成的丰富多彩的画面，其利益数不胜数。

资料引自：百度百科

思考题

1.生物多样性及其内涵是什么？

2.生物多样性对人类有何意义？

3.生物多样性损失的主要因素是什么？

4.自然保护区的定义和发展趋势怎样？

推荐读物

1.资源、环境与可持续发展.伊武军.海洋出版社,2001.

2.环境保护与可持续发展.徐新华.化学工业出版社,2000.

参考文献

[1]伊武军.资源、环境与可持续发展[M].北京:海洋出版社,2001.

[2]周敬宣.环境与可持续发展[M].武汉:华中科技大学出版社,2007.

[3]曲向荣.环境保护与可持续发展[M].北京:清华大学出版社,2010.

[4]徐新华,吴忠标,陈红.环境保护与可持续发展[M].北京:化学工业出版社,2000.

第4编　可持续发展的伦理学方面

第 13 章　生态自然观

【本章提要】

生态自然观是系统自然观在人类生态领域的具体体现,是辩证唯物主义自然观的现代形式之一。本章主要从生态自然观的内涵以及意义、马克思主义与生态自然观、可持续发展与生态自然观、生态自然观与现代化建设等方面阐述了生态自然观。

13.1　生态自然观的内涵及意义

西方学者以环境伦理学的形式对人和自然的关系展开思考,提倡自然权利论和内在价值论,这就是生态自然观。其主张是把人的角色从大地共同体的征服者变成共同体的普通成员,强调生态系统是一个由相互依赖的各部分组成的共同体,人则是这个共同体的平等一员和普通公民,人类和大自然其他构成者在生态上是平等的;人类不仅要尊重生命共同体中的其他成员,而且要尊重共同体本身;任何一种行为,只有当它有助于保护生命共同体的和谐稳定与美丽时,才是正确的;人和自然之间要协调发展,共同进化。

生态自然观是系统自然观在人类生态领域的具体体现,是辩证唯物主义自然观的现代形式之一。

生态自然观的核心是强调人与自然的和谐,关注人类生态系统的发展。第一,生态自然观并不是简单回到天然自然观,而是对人工自然观的某种扬弃,又是向天然自然观的某种复归,是更高层次上两种自然观的辩证综合,只有在生态自然中,天然自然和人工自然才会和谐共存,才能真正实现人类对自然的依赖和超越的统一,也才能真正达到马克思预言的那种人和自然的和谐统一,即自然界是人无机的身体,人是自然界的一部分。第二,生态自然观并不是对一般生态科学、生态哲学或环境伦理学等的讨论和重复,而是对"环境科学"生态科学等进行哲学概括而形成的自然观的一种新理论形态。它有自己独特的研究对象——生态自然界。第三,生态自然观是出于对自然观的历史研究的理性思考提出的,是对天然自然和人工自然长期充分发展之后的一种理论总结,它产生于生态自然进入实践领域之初,因此,生态自然观对于生态自然的创建实践来说具有超前性。从这个意义上讲,生态自然观的理论研究对生态自然的实践活动具有很重要的指导价值。

20 世纪以来,科学技术迅猛发展,人类的生产消费活动对自然界的巨大冲击带来了事关人类命运的生态危机问题。当代生态危机主要表现在人口、资源、环境三个方面。生态危机是人与自然对立冲突的必然结果,生态自然观正是当代人针对现代生态危机进行反思的结果,是辩证唯物主义自然观的发展。生态自然观的形成,从理论的角度来看,是来源于我们对人工自然的反思及对天然自然价值的重新认识;从实践角度看,是来源于天然自然和人工自然两类自然矛盾的凸现;从人文角度看,是来源于"天人合一"哲学思想的继承和延伸。生态自然观是继天然自然观和人工自然观之后的历史必然选择。

自然辩证法是马克思主义关于自然和科学技术发展的一般规律、人类认识和改造自然的一般方法以及科学技术与人类社会相互作用的理论体系,是对以科学技术为中介和手段的人与自然、社会的相互关系的概括、总结。自然辩证法是马克思主义自然辩证法,是马克思主义理论的重要组成部分。自然辩证法是一门自然科学、社会科学与思维科学相交叉的哲学性质的马克思主义理论学科。马克思主义自然观是自然辩证法的重要理论基础,而其中,系统自然观、人工自然观和生态自然观是马克思主义自然观的当代形态。简单来说,系统自然观是关于自然界存在及演化的观点,人工自然观是人类改造自然界的总的观点,而生态自然观则是人与生态系统辩证关系的总的观点。马克思、恩格斯的生态思想是现代生态自然观的直接的理论来源。在 19 世纪,人类的生态环境问题尚没有像现在这样严重,马克思和恩格斯不可能就生态环境问题进行专门而系统的研究,但是在他们的理论体系中包含了极其丰富而深刻的生态思想。

马克思和恩格斯主张,自然界是人类生存与发展的前提和基础;环境创造人,人也创造环境;自然界生产力是社会生产力的基础;改革不合理的社会制度,是实现人与自然协调发展的重要途径。

生态系统是由人类及其他生命体、非生命体及其所在环境构成的整体,它是自组织的开放系统,具有整体性、动态性、自适应性、自组织性和协调性等特征;人类通过遵守可持续性、共同性和公平性等原则,通过实施节能减排和发展低碳经济,构建和谐社会和建设生态文明,实现人类社会与生态系统的协调发展;人与生态系统的协调发展仍应以人类为主体,包括改造自然的内容,注重保护生态环境和防灾减灾;生态自然界是天然自然界和人工自然界的统一,是人类文明发展的目标。

人类在改造自然的过程中取得了巨大的进步,这无疑要归功于人类有意识、有计划地改造自然的活动。但是由于人类在一定历史时期认识能力的有限性,这就造成了人类活动对于自然界不可预知的影响。在《自然辩证法》一书中,恩格斯指出:"我们不要过分陶醉于我们人类对自然界的胜利。对于每一次这样的胜利,自然界都对我们进行报复。每一次胜利,起初确实取得了我们预期的结果,但是往后和再往后却发生完全不同的、出乎预料的影响,常常把最初的结果又消除了。"在这里恩格斯强调了在过去的历史中,人类过度的盲目和自信对自然界客观规律的无视已经造成了严重的生态环境问题,这些问题反过来又危及人类自身的生存。

随着社会发展、生活质量提高、科学技术进步,当代全球性"生态危机"表现越发严重:人类在地球上生活了三百多万年。在开始的岁月里,人口发展非常缓慢。公元初年,世界总人口只有 2.3 亿。1830 年全世界人口才达到第一个 10 亿。当时的年平均自然增长率不过 0.5%。到 1930 年,世界人口总数也只有 20 亿。真正的人口高速增长,出现于第二次世界大战之后。1950 年至 1987 年,世界人口平均增长率为 1.89%,1960 年为 30 亿,1974 年为 40 亿,1987 年达到 50 亿,1999 年达到 60 亿。第二、三、四、五、六个 10 亿分别用了 100 年、30 年、15 年、12 年、12 年。人口问题反映了人口数量与环境容量的矛盾。人口增加,必须要开发更多的土地、森林、草地和渔场,开发更多的水资源、能源和地下矿藏,从而加剧人类对生态系统的压力。然而,地球表面的生态资源是有限的,迄今为止还看不到大规模向太空移民的可靠前景。

中国是世界上人口最多的发展中国家。人口众多、环境承载能力较弱是中国现阶段的基本国情,短时间内难以改变。人口问题是中国在社会主义初级阶段长期面临的问题,是关系中国经济社会发展的关键性因素。中国同时面临着老年人口数量迅猛增长,劳动年龄人口总量保持增长,就业压力始终较大,流动迁移人口持续增加,出生人口性别比偏高等问题。

自然资源是自然界中能为人类所利用的物质和能量的总称。它是人类生产和生活资料的来源,是人类社会和经济发展的物质基础,也是构成人类生存环境的基本要素。按自然资源的物质属性,通常将其分为再生性资源和非再生性资源两类。前者是指人类开发利用后,在现阶段可更新、可循环、可再生的自然资源,如水资源、生物资源等,后者是指在现阶段不可更新、不可再生的资源,如煤、石油等矿物资源。"资源危机"主要表现在非再生性资源的枯竭、短缺、污染,可再生性资源的锐减、退化、濒危。其中,土壤资源、森林资源、生物资源、矿物资源等问题尤为突出。

我国人均资源量明显低于世界平均水平。在资源总量上,我国并不少,但由于人口众多,人均资源就显得很少。水资源不足世界人均水平的1/4,耕地为30%,森林为4%,草地为32%,许多矿产资源也不足世界人均水平的一半。自然资源的空间分布不均衡以及自然资源的缺口日趋增大,加上当前中国经济发展模式是资源依赖型,自然资源问题成为中国社会主义经济发展的主要阻碍因素。

所谓环境污染,是指由于人类的活动引入环境的物质和能量,造成危害人类及其他生物生存及生态系统稳定的现象。一般说来,可以根据污染物起作用的空间处所差别,把污染分为大气污染、水体污染和土壤污染;也可以根据造成环境污染的主要方面,将环境污染分为物理污染、化学污染和生物污染。目前,最具全球规模的环境污染主要表现为酸雨蔓延、臭氧层耗损和温室效应。

当前,中国环境污染主要表现在:大气污染、水环境污染、垃圾处理问题、土地荒漠化和沙灾问题、水土流失、旱灾和水灾问题、生物多样性问题等。

"人与自然和谐相处"是马克思的生态自然观给予我们的重要启示,也是我们对经济社会发展道路经过深刻反思后得出的科学认识,它既是和谐社会的基本特征之一,也是构建和谐社会的理论基础与逻辑起点。

人与自然的关系标志着人类文明与自然演化的相互影响及其结果,人类的生存与发展依赖于自然,同时,人类的生活和生产活动又会影响到自然的状态、结构、功能及其演化。所以,人与自然的关系不仅是人类生存与发展的基础性关系,社会的全面发展也必须在人与自然的协调与和谐中得以实现。社会主义和谐生态文明既强调以人为本的原则,又反对极端人类中心主义与极端生态中心主义;既将人的生存与发展作为价值观的核心,又不能把人类自身当作大自然的主宰,任意用人的需要来牺牲人与自然的和谐关系。公正理性地看,人类作为地球上唯一的道德主义,不仅应该考虑人际关系的道德问题,而且要从道德的角度考虑人与自然的关系问题;人类对自然的开放和利用不仅要考虑有利于满足自己的需要,而且要考虑有利于生态系统的稳定和其他物种的繁荣;不仅要立足当代的需要,还要考虑代际的公平。当前,面对经济全球化所带来的生态危机的挑战,更加需要倡导和建立与经济发展水平相适应的和谐生态文明,从根本上确立人与自然的和谐发展。

在2012年11月召开的党的十八大习近平总书记在中央政治局第一次集体学习的讲话中提到,党的十八大报告勾画了在新的历史条件下全面建成小康社会、加快推进社会主义现代化、夺取中国特色社会主义新胜利的宏伟蓝图,是我们党团结带领全国各族人民沿着中国特色社会主义道路继续前进、为全面建成小康社会而奋斗的政治宣言和行动纲领,为我们这一届中央领导集体的工作指明了方向。要牢牢抓好党执政兴国的第一要务,始终代表中国先进生产力的发展要求,坚持以经济建设为中心,在经济不断发展的基础上,协调推进政治建设、文化建设、社会建设、生态文明建设以及其他各方面建设。随着我国经济社会发展不断深入,生态文明建设地位和作用日益凸显。党的十八大把生态文明建设纳入中国特色社会主义事业总体布局,使生态文明建设的战略地位更加明确,有利于把生态文明建设融入经济建设、政治建设、文化建设、社会建设各方面和全过程。这是我们党对社会主义建设规律在实践和认识上不断深化的重要成果。

13.2　马克思主义与生态自然观

马克思的自然观蕴含着丰富的生态伦理思想,对解决当代生态环境问题具有重要现实价值。马克思的生态自然观确证了自然界永续存在的权利和价值,为当代生态伦理建设确立了基本价值原则,为当代生态文明建设提供了科学理论基础,同时也为最终解决当代生态问题指明了方向。

生态环境问题与人类的生存与发展紧密相连。在以往的自然观研究中,人们注重的是马克思实践自然观的人化特质。随着全球性生态问题的出现和不断加剧,从历史生存论的视阈重新审视和挖掘马克思自然观中的生态意蕴,为人类生态环境问题的解决寻找良策,成为理论界关注的焦点。马克思深邃的生态自然观在当今时代体现出重要的理论与实践价值,对于建设生态文明、解决生态问题具有重大的现实指导意义。

13.2.1　马克思的生态自然观确证了自然界永续存在的权利和价值

自然界的价值和权利何在? 这是生态学首先要回答的问题,也是生态文明建设必须明确的问题。马克思的生态自然观首先从发生学的角度回答:自然是人类的母体,人是自然界的产物,是自然界的组成部分,自然界先于人而存在,人对自然具有根本的依赖性。"我们连同我们的肉、血和头脑都属于自然界,存在于自然界之中的。"在马克思的自然观中,人与自然是不可分割的。一方面,人作为自然存在物,是自然界的一部分,人的理性再深邃,精神境界再高尚,能动性再巨大,都不能摆脱对自然环境的依赖和制约;另一方面,"人本身是自然界的产物,是在自己所处的环境中并且和这个环境一起发展起来的。"人类存在于自然界之中,人与自然的关系本质上应该是和谐共生、互惠互利的统一体。这就从基源上将自然的权利与人类社会产生、存在和发展有机统一起来,将自然的价值建立在人类社会生存发展的前提之上。

人与自然的不可分割性,既源于自然的优先地位,也源于自然的价值,即自然对人的有用性。在马克思看来,自然界的优先地位主要体现在两方面:一是自然界先于人类历史存在,是人类生活和社会历史运动的前提和基础;二是人类依靠自然界生活,自然界为人类社会的生存、享受和发展提供资料。因此,在人与自然的关系中,马克思和恩格斯始终肯定自然价值。在他们看来,人是在自然的基础上进行劳动创造的, 没有感性的外部,没有自然界,工人就什么也不能创造。自然界是人类劳动资料和生活资料的源泉,"自然界一方面在这样的意义上给劳动提供生活资料,即没有劳动加工的对象,劳动就不能存在;另一方面,自然界也在更狭隘的意义上提供生活资料,即提供工人本身的肉体生存所需要的资料。"当然,自然资源不是人类劳动的产品,但它是自然财富,它进入人类社会物质生产的过程,就成为社会的重要财富,是人类劳动借以创造经济价值的源泉。对此,恩格斯指出:"劳动加上自然界才是一切财富的源泉,自然界为劳动提供物料,劳动把物料转变为财富。"马克思进一步强调自然资源和劳动产品一样具有使用价值:"劳动是一切财富的源泉。自然界和劳动一样也是使用价值(而物质财富本来就是由使用价值构成的)的源泉,劳动本身不过是一种自然力的表现,即人的劳动力的表现。"在马克思看来,自然资源和劳动产品一样具有使用价值,劳动并不是使用价值的唯一源泉,自然资源也是使用价值的源泉,劳动并不是价值创造的唯一过程,自然本身也是价值的创造过程。因为,这种自然生产率(这里包括单纯采集、狩猎、捕鱼、畜牧等劳动),是一切剩余劳动的基础。"

对自然价值的"追问",实际上是从经济视阈对人类自我实践行为的反思。在传统的经济理论中,人们依据自然资源没有价值的观点,实行以损害资源和环境为代价发展经济的政策和对策,以损害自然价值的形式创造经济价值和文化价值。在把自然界当作索取原料和能量仓库的同时,把自然界当作随意排放废弃物的垃圾场,而不考虑对自然界的补偿和治理,结果导致自然价值的严重透支,环境污染、生态破坏和资源短缺等成为威胁人类生存的全球性问题。对此,有的经济学者归罪于马克思的劳动价值论,说自然不是劳动产品,因而没有价值。通过对马克思的生态自然观分析,我们就会发现这种观点的浅薄。可以说,确认自然价值,就是要在去除对自然价值遮蔽的同时,回归马克思主义的本真。在马克思的生态自然观中,自然存在的优先性、人与自然的不可分割性和自然价值的基础性,确证了自然界永续存在的权利和价值,也为生态文明建设奠定了坚实的理论基石。

13.2.2　马克思的生态自然观为当代生态伦理建设

确立了基本价值原则生态伦理是对传统工业文明伦理反思、批判和超越的产物。在传统的工业文明伦理中,自然仅仅是具有资源价值的"物";对于生态伦理来说,自然不仅仅具有资源聚集价值,而且还有生态保障、财富创造等价值。自然是人赖以生存的环境,人类是处于自然生态系统链条中的一个环节。生态伦理强调:大自然是整个人类所共有的家园,地球不属于某个国家或民族,也不仅仅属于当代人类,世世代代的人类群体必须共同承担起维护其生态平衡的任务。为了人类的永续存在和健康发展,生态伦理要求人类既要关注和追求人类自身生存和发展的权利,也要尊重自然界其他生物的生存和发展权利,还要在发展生产、提高人类物质文明和精神文明的同时更加合理、科学地对待自然,保护环境,从而更好地协调人与人、人与自然之间的关系,实现地球上生态环境的可持续发展。从生态伦理来看,人作为能动的主体,不应该仅仅把自然作为满足人类物质需要的对象和工具,以主宰者的心态对待自然、征服自然,而应该在利用自然、改造自然的同时,关照自然物的自身尺度,把人的尺度与物的尺度在实践中有机地统一起来,树立生态意识,关爱自然,追求并实现人与自然的动态和谐,从而使人与自然得以和谐共生与协同进化。

　　确立人与自然的和谐共生与协同进化的生态伦理原则,必须遵循马克思生态自然观对人类中心主义双重超越的内在逻辑。人类中心主义和非人类中心主义,是自古以来人类在人与自然关系上的两种对立的观点。人类中心主义以主客二分为基础,主张一切以人为中心,以人为尺度,其理论基础是人道主义的,其理论原则是功利主义的。非人类中心主义反对主客二分,认为人与自然万物是一个统一的整体,自然万物与人是完全平等的,其理论基础是自然主义的,其理论原则是超功利主义的。马克思则在历史生存论的基础上,将生态环境问题与人类理想社会的追求联系起来,强调"这种共产主义,作为完成了的自然主义,等于人道主义,而作为完成了的人道主义,等于自然主义;它是人与自然界之间、人与人之间的矛盾的真正解决。"在马克思看来,要真正解决人与自然、人与人之间的矛盾,以单纯的人道主义或单纯的自然主义作为理论基础,都是难以胜任的。

　　按照马克思主义的观点,无论西方生态伦理学派中的人类中心主义,还是非人类中心主义,都难以摆脱反自然的人道主义和非人道的自然主义的窠臼,也就无法承担建立科学生态伦理学的重任。马克思生态自然观对它们的超越之处,就在于它在三个核心层面把握了当代生态伦理学的真谛。第一,马克思的生态自然观从实践也即从人类能动的本性出发,为人类的实践和生态伦理立法:人类只有充分了解自己的能力以及可能给自然带来的正面与负面的影响,尊重自然,善待自然,爱护自然,遵循自然规律,按自然规律办事,才能实现人与自然的和谐共生、共同进化与和谐发展;而违背自然规律,破坏自然的生态平衡,必然遭受自然的报复。第二,从人"生存活动"出发,马克思的生态自然观为人类确立了超功利主义的新原则。功利性活动既是人类基本的生存方式,也是人类生存的基本前提。但动物的活动仅限于功利性的活动,即满足其自身生命需要的活动;而人类的活动则包括超功利性的活动,即人类能够超脱自身需要的狭隘束缚,从整个生态系统的利益出发,去促进人与自然的和谐共生和自然万物共存共荣。第三,从人作为"对象性的存在物"出发,马克思的生态自然观为人类树立了一种新的生态价值观:人是自然的一部分,人与自然的利益和命运休戚与共。人类要想持续发展就必须充分认识自然的价值,尊重和保护自然,与自然和谐相处。善待自然就是善待自己,就是善待子孙,生态系统的稳定繁荣、万物繁茂,是全人类的根本利益之所在。

13.2.3　马克思的生态自然观为当代生态文明建设提供了理论基础

　　生态文明是人类文明发展的必然结果,也是对旧的农业文明、工业文明的扬弃与超越。传统的工业文明,在主客二分思维方式的主导下,人与自然的关系被简化为二元对立,走了一条片面发展的工业化道路。这从一方面,推动着人类不断征服自然、改造自然,创造了辉煌的科学技术、伟大的思想理论、不朽的艺术成就和空前的社会财富;另一方面则导致人与自然的异化越来越严重,从而引发人类生存环境恶化的生态问题,使"人类好像在一夜之间突然发现自己正面临着史无前例的大量危机:人口危机、环境危机、粮食危机、能源危机……这场全球性危机程度之深、克服之难,对迄今为止指引人类社会进步的若干基本观念提出了挑战。"于是,在对工业文明的反思中,主张人与自然和谐共生、共存共荣的生态文明观应运而生。

　　生态文明观的核心是从"人统治自然"过渡到"人与自然的协调发展",这种文明形态的转变影响并推动了社会每个领域的完善和发展,生态文明已经成为社会发展的最强音。在政治制度方面,环境问题进入了政治结构、法律体系,生态政治领域已经成为社会的中心议题之一。在物质形态方面,它要求改造传统的物质生产领域,改变目前高消费、高收入、高能耗的生产方式,形成新的产业体系,如循环经济、绿色产业、生态产业。在社会生活领域,它要求改变不平等和充满生存斗争的社会关系,形成理性、平等、合作的社会关系;要求改变在人的物质欲望驱使下过度消费的生活方式,形成有助于丰富人的精神世界,促进人全面发展的适度消费方式和绿色环保意识。生态文明理念的提出,是从人与自然关系的崭新视角重塑当代人的文化价值观、生产方式和生活方式。这是一场涉及当代人类生产方式、生活方式和价值观念的革命。对于这场革命,当代西方生态伦理学中的人类中心主义和非人类中心主义,虽然对传统的工业文明伦理进行了深刻反思和批判,但都因其理论的片面性,无法摆脱传统自然观二律背反的羁绊。马克思的人与自然和谐共生的生态自然观,为当代人类生态文明建设奠定了坚实的理论基础。

在马克思人与自然和谐共生的辩证图景中,无论是人与自然不可分割的辩证统一思想、实践的人化自然观、人与自然的物质变换思想,还是资本主义制度的生态学批判思想和生态问题解决的制度变革思想等,无不是当代生态文明建设的理论源泉。当然,受到历史条件的制约,马克思没有看到在社会主义社会同样存在人与自然的对立、存在生态不和谐现象。对于这一问题的解决,我们不可能从经典作家那里找到现成的答案,只能反复实践、不断探索。但是,在生态文明建设中,我们必须铭记马克思的教导:人与自然是一个不可分割的统一整体,人与自然关系的实质是人与人自身生存环境的关系。在人与自然的关系中,人虽是自然界的万物之灵,但自然始终是人类最可亲、最可敬的母亲,人类在利用、改造自然的时候,必须理解自然、尊重自然、亲近自然和保护自然,而不能无视自然规律,把自然当成可以任意盘剥和利用的对象,否则人类的实践活动,因为违背自然规律,破坏生态平衡,必然会遭受自然的报复。这也正是当代生态问题给人类社会的警示。

13.2.4　马克思的生态自然观为当代生态问题的最终解决指明了方向

将环境问题与社会问题联系起来思考,是马克思生态自然观的显著特征。马克思认为,人类在一定的生产方式下从事改造自然的活动,必然影响、制约着人与自然关系的发展,即人们在生产中结成的相互关系及由此决定的生产目的、消费方式、技术模式对人与自然的关系产生着决定性的影响。但是,长期以来,人们没有充分认识这种制约和影响,特别是没能正确估计资本主义生产方式"对自然界的惯常行程的干涉所引起的比较远的影响"。这种忽视,使得生态问题不仅成为一种自然现实,而且成为一种社会现实。从根本上说,生态问题是社会问题,只有从解决社会问题入手,克服人与社会的异化现象,才能真正克服人与自然的疏离,从而实现人与自然的和解。因而,马克思、恩格斯从社会变革的视角提出了"两个和解"命题,强调"我们这个世纪面临的大变革,即人类同自然的和解以及人类本身的和解"。在他们看来,要实现人与自然的和解,解决人与自然之间的矛盾,解决现代社会的生态问题,实现生态文明,需要进行共产主义取代资本主义的制度革命,从根本上变革生产方式和消费方式乃至技术发展模式。这就为人类认识当代生态问题,并寻找解决的根本途径指明了方向。

在马克思、恩格斯的生活时代,资本主义社会的大工业生产已经造成了地力耗损、森林大片消失、气候改变、江河淤浅等日趋严峻的环境污染问题。如何在促进人类彻底解放过程中,实现人与自然和谐共生的"两个和解"呢? 马克思、恩格斯在对人类社会发展规律的探索中发现,一切社会变迁和政治变革的终极原因都存在于物质生产中,存在于包含地理环境的经济关系中。因此,人与人的所有对立都源于人的物质利益,根生于人与自然的矛盾。因此,他们认为要调节人与自然的关系,解决人与自然的对立,仅仅有认识是不够的,还"需要对我们的直到目前为止的生产方式,以及同这种生产方式一起对我们的现今的整个社会制度实行完全的变革"。马克思认为,造成现代社会环境恶化的根本原因是资本主义私有制,因此,要真正实现"两个和解",必须变革资本主义制度,实现共产主义。只有在未来的共产主义社会,社会化的人、联系起来的生产者,才能合理地调节他们和自然之间的物质交换,才能在最无愧于和最适合于他们人类本性的条件下进行这种物质交换。那时"人终于成为自己的社会结合的主人,从而也就成为自然界的主人,成为自身的主人——自由的人"。于是,人类的生存斗争停止了,人与自然的关系也就自然和解了。

当然,马克思、恩格斯所说的"两个和解"是指人与自然和人与人两种关系的理想化,它们只有在未来共产主义社会才能真正实现。在现阶段,通过社会主义革命来实现人类生态问题彻底解决的方式虽然不太现实,但是马克思生态自然观的内在逻辑告诉我们,在私有制的条件下彻底解决自然异化和生态问题是不可能的,因此,必须批判资本主义的技术应用和生产方式,否定资本主义制度。现实的社会主义,尽管由于生产力和科学技术的落后、经济政治体制上的缺陷,仍然存在人口增加、能源紧缺、耕地减少,植被破坏、气候变暖、水系污染等生态环境问题,但是中国共产党人在继承和发展马克思生态哲学思想而创造性地提出的科学发展观和建设生态文明的思想,就是要从根本上实现人类的生产方式的变革,逐步彻底解决中国乃至世界所面临的生态环境问题,保证人与自然关系的和谐共处,为人类社会的发展探索一条生产发展、生活富裕、生态良好的文明道路。

13.3　可持续发展与生态自然观

可持续发展是生态自然观的实践形式。

第一,可持续发展充分认识到了自然资源的有限性。自然资源的可持续利用是一切经济社会发展的基本前提,只有把资源开发利用的强度限制在其再生速率的限度内,才能维护地球的生命支撑体系,保持资源利用的持续性。中国是一个资源大国,但主要资源的人均占有量远低于世界平均水平,而且资源的空间分布很不均衡,致使南水北调,北煤南运成为不可改变的现实,极大地钳制了经济发展。另外,中国的现代化建设是在扩大开放,坚持自力更生的情况下展开的,除了引进少量的资金与技术以外,主要的建设资金和近乎全部的资源是靠自己积累、自己生产的,而且所有的工业污染物都必须自己处理,不可能向发达国家那样从殖民地大量掠夺,而把污染物质倾倒到发展中国家,或是把高污染的项目转移到发展中国家进行,实行资源掠夺和生态侵略。这就要求我们必须十分珍惜和合理地开发利用非常有限的自然资源,实现资源的可持续利用。

第二,可持续发展认识到了环境承受能力的有限性。近年来,蓬勃发展的工业化和城市化造成了严重的环境污染与生态破坏,大气质量、酸雨问题、水系污染和水土流失给本来就十分脆弱的生态环境雪上加霜,严重地影响了经济社会发展。我国还是一个人口大国,并且人口素质较低,它将给人力资源开发带来许多困难,反过来又将影响人口增长的有效控制,这必将给有限的耕地和脆弱的生态环境造成巨大的压力,给经济和社会发展带来沉重的负担。另外,许多先进的发达国家和地区利用自身优势进行不平等的贸易交换或生产转移,变相地掠夺落后的发展中国家和地区的资源,污染我们的环境,不难看出中国环境的承受能力正在经受着极大的挑战,根治环境污染,恢复大自然的生态平衡,就成了我们面临的最重要、最紧迫的任务。

第三,可持续发展充分考虑到了经济发展在量上的有限性。经济发展是一切发展的基础,它包括数量的增长与质量的提高,而且数量的增长是有限的,经济发展的质量的提高就成了我们的关注对象。随着世界经济国际化、集团化趋势的发展,我们面临着国际贸易保护主义和技术垄断的强大壁垒,在技术引进和产业结构调整与对外贸易等方面遇到种种阻力。同时,世界环境问题日趋复杂化、严重化,国际绿色产品市场的普及化,竞争的激烈化以及世界产业结构的调整,使我们这样一个在经济、科学发展水平上与少数发达国家存在巨大差距的人口大国,在治理环境污染方面承担比发达国家更多、更重的任务,因此,面对世界绿色市场的巨大冲击与压力,只有依靠科技进步提高的经济社会和生态效益,才是高质量的、可持续的。

人类是自然界发展到高级阶段的产物,自从人类从自然中分化出来,自然界才进入了人的对象领域。人类一方面要认识自然,受自然规律的支配;另一方面又要能动地支配自然、改造自然,力争做自然的主人,于是就形成了人和自然的矛盾关系。人与自然的关系经历了一个漫长的演化过程,既存在着尖锐的对立,又存在着一定的统一。当前,人与自然的矛盾性质和特点发生了时代性的变化,表现为人类生存环境意识的觉醒和人类对生活质量、目标的反省。人类的生存离不开环境。地球周围均匀的大气保护层,地球表面种类繁多的动植物存在,丰富的淡水和土壤资源,地球内部大量的矿产和水产资源,它们构成了人类生存的空间和条件,即大气圈、生物圈和各种自然资源。但是,长期以来,人类由于只是在非常有限的范围内利用各种自然资源,因而不同时代的人们,包括杰出的思想家,虽然有人也指出了人类活动对于周围自然环境的破坏性影响,但更多的是为人类征服改造自然的奇功而自豪。从人类的发展史看,经历了传统的农业文明和近代的工业文明。在生产力低下的情况下,农业主要是依靠农耕牧渔而发展,与自然的关系是天人合一的;工业化以来,从人类自身的生存出发,迅速发展生产力,人类改造自然的力量空前加大,它以高速掠夺自然资源为价值取向,创造了前所未有的财富,极大地推动了人类文明的发展。但是由此带来了极其严重的后果,如过度地消耗资源,向环境排放大量的污染物,无节制地人口膨胀,破坏了生态平衡和人类赖生存的地球环境,出现了全球变暖、臭氧层破坏,生物多样性的逐渐消失,沙漠化、表土流失、水资源短缺等一系列全球环境问题。这些情况的出现,更使人类亲自体会到了自身生存环境所面临的危机。我们耗尽大自然的所有宝贵资源的时候,自然界就会成为僵死的质料;我们在破坏了其他动植物存在的条件时,人类自身的存在也就成了问题。这一危机的最终结果可能是人类赖以生存的自然环境的完全破坏,即人类生存环境的丧失。

此外,人类对于生活质量和目标的追求也应当进行深刻的反思。人类物质生产和精神生产活动的根本目的是生活条件的改善和生活质量的提高。从远古时期至今,人类的生活条件和生活质量都有了很大的改善,衣食住行几方面都显示了人类力量的巨大,呈现为异常复杂、壮观的景象。在人们看来,生活条件的改善,就是人类最大限度地对自然资源的加工利用,即人类控制改造自然能力的增加;生活质量的提高,就是人类有最为丰富的食用物和便利的交通工具,即人类对大自然索取的增多。这些观念由于近代社会以来工业文明的崛起,被固定化为人类的坚定信念之一,并随着工业文明全球化而走向了整个世界。人们显然忽视了这样的事实,人类在加工利用各种自然资源时,只是按人的需要和意志改变了自然物内部结构和变化秩序,建造了一个属于人类理性的世界。然而,人类的这些改变自然物的活动,是包含着很多狭隘的、急功近利的动机的。人类在改造自然的时候,却把大量被认为无用的废弃物质抛回到了自然界,这些废弃物质包括有毒物质仍存在于人类生活周围的水中和空气中,严重地破坏了人们生存的环境。不仅如此,人类毫无顾忌地对自然事物的重构虽有利于人类自身,但往往剥夺了其他动植物的生活条件,造成了其他动植物的逐渐灭绝。丰富的动植物种类的存在,也是人类生存发展的基本条件。

因此,生活条件的改善必须包括人类赖以生存的自然条件的改善,生活质量的提高必须包括人类享受的环境舒适程度的提高。自然不仅是人类物质生产消费活动的对象,也是人类一切精神生活的源泉。我们都在致力于人类生活条件的改善和生活质量的提高,但我们必须保持理性的清醒,我们不能把世界变为只有人类的世界。唯有清醒的理智才能帮助人类克服日陷其深的困境,这是人与自然关系演化至今给人类提出的时代要求。针对人与自然关系的时代性变化,我们必须坚持可持续性发展的模式,在共同维护生命,维持生态平衡,促进生物圈稳定的前提下来实现自己的生存发展。

可持续发展的概念是在1980年《世界自然保护大纲》和1981年《建设一个可持续发展的社会》明确提出的。1987年,联合国环境与发展世界委员会的报告《我们共同的未来》对可持续性发展提出了明确的界定。20世纪90年代以来,又有一些补充和提出实现可持续发展应遵循的原则等。从广义上说,可持续发展可以定义为旨在促进人与人之间的和谐和人类与自然之间的和谐战略。可持续发展是这样一种发展模式,它既要满足当代人的需求,又要不损害后代人满足自身需求的能力。可持续性发展的本质是在发展经济的同时,追求人类与自然的和谐、共存和共荣,而不是单纯以经济增长为发展的目标。从人类与自然的关系来看,可持续发展这种模式要求人们树立现代生态自然观。它要求人们从传统的工业文明的发展方式转向新的生态文明的发展方式。传统工业文明的发展方式是建立在"人高于自然界,人是自然的主人,人要征服自然"的观点上。因此,随着科学技术的高度发展,强调在现代化过程中对自然的无节制的索取,错误地认为只有不断加强对自然资源和环境的开发利用,人类生活才能更加富裕和幸福。在这种观念的支配下,人类与自然的关系愈加紧张,结果造成了恶性循环,后果十分严重。这种发展方式本质上是反自然的,社会发展必然会出现不持续的问题。只有维护人与自然的协调关系,维护人与自然系统的平衡,才能真正使人类社会得以持续发展。如果从伦理的角度进行思考,需要明确人类对自然也负有道德责任。在人与自然的关系上,可持续发展要求人类有义务有责任尊重自然,人与自然界要和谐共存,和谐发展。人既不在自然界之上,也不在自然界之外。马克思早就指出:在实践上,人的普遍性正表现在把整个自然界首先作为人的直接的生活资料,其次作为人的生命活动的材料、对象和工具,变成人的无机的身体。自然界,就它本身不是人的身体而言,是人的无机身体。人靠自然界生活。这就是说,自然界是人为了不致死而必须与之不断交往的人的体。所谓人的肉体生活和精神生活同自然界相联系,也就等于说自然界同自身相联系,因为人是自然界的一部分。马克思的这段话明确地指出了人与自然整体性是人类存在的基本因素。人包括在自然界的整体之中,对于自然界的各种生物种群以及地球上各种不可再生资源的保护和重视,对于生态平衡和自然界整体性的充分重视等,都是可持续发展所要求的,也是现生态自然观所要求的。人类要想谋求与大自然的和谐,就必须坚持可持续发展模式,建立现代生态自然观的思想。

现代生态自然观有三个特征:第一,它强调了自然界的整体性。从生态学的意义上看,自然界就是一个有机联系的整体,在这个整体中,一切事物都是相互联系、相互作用而存在的。任何一种微小的局部变化都在整体中具有一定的意义,也可能引起整体的一系列相应的变化。在人与环境的这个生物圈中,每一物种所具有的特性都是对某一特殊环节适应的结果,没有任何一个物种能够单独生存和发展,它们只能在大的合作背景下,互相竞争和相互利用,在共同维护生命、维护系统存在、促进生物圈稳定的前提下来实现自己的生存进化。第二,它强调人活动的能动性和人的主导地位。人不是以自然形态存在,而是以能动的主体形态存在。在人类所涉及的一切自然领域,无不深深地刻有人活动的印记,以至今天的自然界更主要地以人工自然的形态展现在人类面前。人在与自然协调发展中处于主导地位的根本原因在于人的社会属性,由于人的本质在于社会性,因此,人可以借助社会力量,通过有组织的活动把自然置于自己的控制之下;人可以发展科学技术,借助科技成果为自己服务,人并不满足自然界表面恩赐,而是从人的需要出发改造自然。第三,它强调人和自然关系的和谐性。人在对自然的关系中,人的能动性只是其中一个方面,而且是一个有条件的方面。人的能动性只有当人按照自然界固有规律行动时才能显现出来。否则,人就必然遭到自然界的报复与惩罚。人与人之外的自然界构成了生态系统,人类是这一系统的中心,系统的物质与能量的交换靠人的实践活动来实现。人对自然有调节和改造作用,自然界具有满足人类发展中日益增长的物质、精神生活需要以及消除破坏和污染的自净功能。但是自然界的供应和承受是有限的,所以人的能动性受到自然规律的制约,这就要求人们更深刻、更普遍地认识自然规律,更自觉、更严格地按照自然界的客观规律办事,最大限度地减少盲目性和主观随意性。换句话说,尽管人类具有主体意识,具有改革自然的巨大能力,但是,人类对于自然的改造绝不能违反自然界的生态规律,超越对生命网络的普遍联系、协同一体的依赖。传统的人类中心论那种以征服自然、剥削自然,不惜以破坏生态环境为代价来谋求人类自身利益的价值观是完全错误的。现代中心论以人类的需要来衡量改造自然的合理性,主张完全从人类利益的角度来保护生态环境的价值观也是片面的。总之,我们必须坚持可持续性发展的模式与现代生态自然观的思想,把包括人在内的整个自然界看成是高度相关的有机统一体,充分肯定人与自然有着共同的利益和命运,倡导人类应该在促进生物圈的稳定与繁荣的基础上改造和利用自然。运用人类的智慧和创造力对整个地球的进化施加定向的影响,使其更有利于生态平衡。人类和自然是同等重要的,只有与自然界建立一种和谐关系,人类才会有更加美好的未来。

13.4 生态文明观与现代化建设

人和自然的关系是人类基本的生存关系,人类如何看待自己和对待自然,集中体现于自然观。自然观即人们关于自然界如何存在和演化的根本观点,它既是世界观的重要组成部分,又是人们认识和改造自然的方法论。在当今时代条件下展开的中国现代化进程,在处理人和自然的关系时,当然应以辩证唯物主义自然观为指导。生态自然观是20世纪在辩证唯物主义自然观的基础上,总结、概括现代科学技术新成就产生的,是马克思主义辩证唯物主义自然观的新发展。树立现代生态自然观,清醒面对全球生态环境问题及我国的生态环境压力,确保我国现代化进程中的生态安全,是我国现代化成败的关键。

13.4.1 生态自然观是人类对生态危机的哲学

反思和当代生态科学的哲学概括与生态失衡相联系的生态危机主要是指由于人类不合理的活动导致全球规模或局部区域的生态系统的结构和功能的损害及生命维持系统瓦解,从而威胁人类生存和发展的现象,其实质是人与自然关系的危机。人与自然的关系经历了一个漫长的演变过程,既存在着尖锐的对立,又存在着一定的统一。

从人类文明的历程来看,经历了传统的农业文明和近代的工业文明,在生产力低下的情况下,农业文明主要依靠农耕牧渔而发展,人与自然的关系是朴素的天人合一的关系;近代工业文明以来,人类从自身的生存和发展出发,依靠科学技术的发展,迅速发展生产力,人类征服和改造自然的力量空前加大,它以肆意掠夺自然资源为价值取向,创造了前所未有的财富,极大地推动了人类文明的发展。但是也由此造成了极其严重的生态环境后果,过渡地消耗自然资源,同时向环境排放大量污染物,加上无节制的人口膨胀,破坏了生态平衡和人类赖以生存的地理环境,由此带来了诸如人口膨胀、温室效应、土地荒漠化、生物多样性减少、厄尔尼诺现象、臭氧层空洞、工业酸雨现象、森林破坏、水资源问题等一系列全球性问题,这一危机的直接后果将是人类赖以生存的自然环境的完全破坏、人类生存条件的丧失。面对日益严重的生态环境问题,人类不得不进行深刻的反省。

恩格斯在总结了人类向自然索取的教训后精辟地指出:"我们不要过分陶醉于我们对自然界的胜利。对于每一次这样的胜利,自然界都报复了我们。"为了人类自身的长远的根本利益,必须理性地处理和解决人和自然的关系。现代生态自然观的思想正是这一反思的结果。当代的生态科学特别是人类生态学为生态自然观的建立提供了科学基础。生态学是生物学的主要分支,原本是一门研究动植物与其生活的环境相互关系的科学。20世纪中叶以来关注人类自身的环境问题,生态学扩展到人类生活和社会生活方面,把人类也列于生态系统中,研究人与环境的关系及其相互作用规律。现代生态科学的发展,特别是人类生态学的研究彰显了人在生态系统中的位置,具体而生动地体现了人与自然的关系,其整体的观念、循环的观念、平衡的观念、多样性的观念以及它所揭示的生态规律,构成了生态自然观的重要理念和科学依据。

生态自然观的基本思想可以概括为:第一,生态系统是生命系统。生态系统是生物系统和环境系统共同组成的自然整体,是以生命的维持、生长、发育和演化为主要内容的生命系统。在生态系统中生物是主体,生态系统的平衡、失衡和演化都是围绕生命物质进行的,生命的活力为生态系统本身所固有。第二,从生态学的意义上强调了自然界的整体性。生态系统就是各个相互关联的部分有机构成的生命之网,无论哪一个环节出现问题,都会对整个系统产生重大影响。在人与环境的生物圈中,每一物种所具有的特性都是对环境适应的结果,都不能单独生存和发展,只能在共同维护生命、维护系统存在、促进生物圈稳定的前提下通过相互竞争来实现自己的生存进化。第三,生态系统是自组织开放系统。生物系统和环境系统的相互关联、相互作用,由外来能量(如太阳能)的输入维持,外来能量的输入及其在系统内的流动、消耗、转化,形成生态系统复杂的反馈联系,使系统具有自我调节、保持平衡、自我恢复和自主演化的能力。第四,生态系统是动态平衡系统,生态平衡是稳定性与变化性相统一的平衡。生态系统是由不断的循环和转化构成的不断发展和演化的动态平衡过程,表现出稳定性和变化性的统一。所以,维护生态平衡也不只是单纯的消极适应和简单回归自然,而是遵循生态规律,自觉地积极保护,因为生态系统在人为的有益影响下,可以建立新的平衡,达到更合理的结构、更高的效能和更好的生态效益。

可见,生态自然观强调:首先,从生态学意义上看,自然界是一个有机联系的整体,在这个整体中,一切事物都是相互联系、相互作用而存在的,任何局部变化都在整体中具有一定的意义,都可能引起整体一系列相应的变化,人的活动也不例外,也会引起生态系统的涨落。其次,在主张人的活动的能动性和人的主体地位的同时,一方面强调人与自然的对象性关系是能动性和受动性的统一,即人作为自然存在物,而且作为有生命的自然存在物,一方面具有自然力、生命力,是能动的存在物;这些力量作为天赋和才能、作为欲望存在于人身上;另一方面,人作为自然的、肉体的、对象的存在物,和动植物一样,是受动的、受制约的和受限制的存在物。同时强调人改造自然是人的内在尺度与自然外在尺度的统一,即必须使人的活动既符合作为人的内在尺度的体现人的本质力量的主体需要(目的性),又符合作为人的活动外在尺度的客观自然规律(合规律性),实现两个尺度的统一。再次,它主张人和自然关系的和谐性。在人与自然的关系中,人的能动性只是一个有条件的方面,即只有当人按照自然规律行动时才能显现出来。人对自然界有调节和改造作用,自然界具有满足人类需要的功能。人既是自然的消费者,又是自然的调控者和协同进化者,人和自然通过相互之间的适应性选择和制约,在人类创造自己历史的同时,维护生态系统的健全平衡,不断提高生态系统维持生命的能力。

13.4.2　我国现代化进程中的生态环境压力

与发达国家相比,我国的现代化起步较晚,并且一开始就要面对全球性生态环境问题。改革开放以后,我国加快了现代化建设的步伐,生态环境压力更显突出。总的来看,我国生态环境脆弱,庞大数量的人口对生态环境又造成了重大压力,加上传统的以牺牲环境求发展的发展模式,对生态环境造成了很大破坏。具体来说,在以下几个方面表现得尤为突出:一是水土流失和荒漠化。我国已成为世界上水土流失最严重的国家,水土流失面积近国土面积的40%,在面积上已达饱和状态;同时,我国也是世界上受荒漠化危害最严重的国家之一,荒漠化土地面积占国土面积1/4以上,且有加速扩大的趋势。据专家估计,我国每年由于荒漠化造成的经济损失近2 000亿元人民币。二是大气污染和酸雨。我国大气污染严重,城市尤其突出,1998年全球空气污染最严重的10个大城市中,中国占8个,全球空气污染最严重的前50个大城市中,中国占31个;酸雨区域面积约占国土面积的40%,每年约

270 万 hm^2 农田受到污染,造成的经济损失约占国民生产总值的 2% 。三是水体污染和淡水资源枯竭。大量工业废水和生活污水未经处理直接排入江河湖泽,致使水环境严重污染,统计表明,目前我国 75% 的城市河段不适于做饮用水源,50% 的城市地下水受到污染,全国近 1.7 亿人的饮用水受到不同程度的污染;同时,我国的淡水资源十分有限,人均占有量不到世界人均占有量的 1/4,全国已有 300 多个城市缺水,每年因缺水而造成的经济损失达 100 多亿元,这还不包括边远、贫困地区的农村。随着中国经济的高速发展,水资源紧缺的形势将更为严峻。四是人口膨胀和自然资源紧张。现在中国人口占全世界总人口的 1/5,尽管采取了计划生育的国策,但由于人口演化的缓慢性和时滞性,我国内地人口仍在增长,由此带来的生态和环境压力到本世纪中叶才能得到缓解;庞大的人口基数使我国自然资源更加紧张,如人均煤炭矿山可采储量相当于世界平均值的 1/2,人均可采资源量仅为世界平均水平的 18.3%,等等。除此之外,我国还面临由于环境恶化带来的生命健康问题、外来物种入侵等生态压力。

可见,我国目前面临的生态压力是多方面的,甚至是全方位的,尽管我们从 20 世纪 80 年代开始重视生态环境问题,国内环境保护政策方面有很多行动和进展,取得了良好的效果,但并没有从根本上遏制生态环境恶化的势头,仍存在大量问题。总的来看,中国生态环境演化的趋势是,总体仍在恶化,局部有所改善,要达到生态系统的良性循环还任重道远。

13.4.3　用生态自然观引领可持续发展

树立"天人和谐"的现代生态自然观,确保我国现代化进程中的生态安全,推进可持续发展。我们必须用长远的眼光,从战略的高度来认识和处理我们所面对的生态环境问题,既不能视而不见,也不能无所作为。

首先,从认识上树立生态自然观,在人和自然的关系问题上,必须确立这样的理念:其一,生态系统是一个由相互依赖的各部分组成的共同体,人的角色从大地共同体的征服者改变成共同体的普通成员与公民;其二,在认识和改造自然的实践过程中,人不能以纯粹自我规定的活动来实现其主观愿望,不能对人所具有的能动性滥加发挥;其三,要支配自然,就必须服从自然;其四,人类对自然资源无限度的滥用,尤其是工业社会对自然的污染,使大自然应接不暇,生态系统的自我调节机制难以恢复正常状态;其五,生态系统在人为的有益作用下,可建立新的平衡,达到更合理的结构。

其次,在行动上,以马克思主义科学世界观和方法论为指导,综合运用现代科学技术手段,确保我国现代化进程中的生态安全。生态安全既关系我国现代化建设的成败,也是国家安全和社会稳定的重要组成部分。生态安全已经引起国际社会的普遍的高度关注。中国作为环境大国,生态环境问题已经给现代化建设带来严重影响。因此,我们既要重视生态安全问题,又要采取积极有效的措施。借鉴别国的先进经验,结合我国的具体情况,在以下方面要大力作为:一要健全法律制度,推动环保法制化进程,在环境保护方面,真正做到有法必依、执法必严、违法必究;二要逐步推广使用清洁能源和清洁生产,降低对不可再生资源的消耗,延长产品的使用周期;三要转变传统的以高投入、高消耗为手段的,以浪费资源、牺牲环境为代价的经济发展模式,发展高新技术产业,走可持续发展之路;四要转变传统的盲目追求物质享受、甚至以高档消费品来炫耀其富有的消费理念,提倡务实、健康的消费方式;五要开发生物技术,研究基因资源,以降低对生物的需求和对自然资源的消耗,保护生物多样性,提高生态系统的稳定性。

再次,用"天人和谐"的现代生态自然观引领可持续发展,建设社会主义和谐社会。可持续发展从人类长远利益出发,追求发展的可持续性。根据联合国环境与发展世界委员会的报告,"可持续发展"可理解为旨在促进人与人之间的和谐及人类与自然之间的和谐,作为一种发展模式,它既要满足当代人的需求,又要不损害后代人满足自身需求的能力,主张建立在保护地球自然系统基础上的持续经济发展。可持续发展既是全球性的行动纲领,也是我国现代化建设和经济社会发展的必由之路。在我国改革发展和中国特色社会主义事业进入关键时期,党的十六届四中全会提出和阐述了"构建社会主义和谐社会"的科学论断,并把它作为加强党的执政能力建设的重要战略任务提到全党面前。社会主义和谐社会指全体人民处于各尽其能、各得其所、人与人及人与自然和谐相处的状态。和谐社会不仅仅是社会内部的人际关系。

和谐一个维度,没有人和自然关系的和谐,就不会有长久的人际和谐,从一定意义上讲,"天人和谐"是人际和谐的中介和载体。可见,确立生态自然观,正确处理人和自然的关系,也是建设和谐社会的题中应有之义。

13.5 本章小结

生态自然观是系统自然观在人类生态领域的具体体现,是辩证唯物主义自然观的现代形式之一。当代全球性生态危机是系统的辩证的生态自然观确立的现实根源;而现代生态自然观的实践行为为缓解生态危机提供了重要的哲学依据。当前,面临生态危机的严重威胁,我们必须重新审视人与自然的关系,从理论的层面寻找解决生态危机的可实施的良策。

马克思的自然观蕴含着丰富的生态伦理思想,对解决当代生态环境问题具有重要现实价值。马克思的生态自然观确证了自然界永续存在的权利和价值,为当代生态伦理建设确立了基本价值原则,为当代生态文明建设提供了科学理论基础,同时也为最终解决当代生态问题指明了方向。我国已进入现代化建设的关键时期,正加快社会主义现代化建设的步伐,但在现代化进程中正面临生态环境问题的考验,怎样应对、何去何从,智者见智、仁者见仁。树立"天人和谐"的现代生态自然观,正确处理人和自然的关系,是确保我国现代化进程中的生态安全、推进可持续发展的哲学前提,也是建设和谐社会的题中应有之义。

【案例】

俄罗斯生态自然观的发展历程

俄罗斯地处欧亚大陆,是世界资源大国,其自然资源总价值约 300 万亿美元,居世界之首。在俄罗斯文化中,自古就以祖国的地大物博为荣,崇尚自然,热爱自然,推崇不事雕琢的自然美,从桂冠诗人茹科夫斯基到"俄罗斯诗歌的太阳"普希金,从俄国萨福的阿赫玛托娃到乡村行吟诗人叶赛宁的自然爱情诗,概莫能外。在对自然的理解上,俄罗斯的自然观里面天然的就有顺应自然,从整体性、普遍主义角度来理解世界,注重人与自然的和谐统一的方面。这与人类自然观的发展是相契合的,考察东西方语境,会发现"自然"一词最初主要就是在本性的意义上使用的,即"自然"是自我运动的,是生长着的事物的自我生成,因此没有什么比生命的诞生、成长更自然的了。俄罗斯思想里有深沉的大地母亲崇拜情结,别尔嘉耶夫在《俄罗斯思想》里曾经形象地说,俄罗斯人深信辽阔、深邃、巨大的俄罗斯大地,总能解救俄罗斯,帮他们摆脱困境。俄罗斯人总是过分依赖俄罗斯大地,把大地看作母亲,寻求前者的庇护,几乎把大地母亲和圣母混为一谈。然而,当彼得大帝的改革极大地促进了资本主义工业文明在俄罗斯的发展的同时,也导致了俄罗斯文化受到西方文化的巨大冲击,进而产生了西欧派和斯拉夫派的严重分歧。斯拉夫派认为,俄国自古即拥有优秀的文化和传统,完全可以根据自身特点,走迥异于西欧的发展道路。在他们的眼里,彼得一世的西化改革给俄罗斯民族造成了一场灾难,破坏了俄罗斯田园般的发展前景。在其后的俄罗斯哲学史上,19世纪末20世纪初白银时代的众多哲学家共同的主题之一就是批判工业文明,在看待人与自然的关系中“信奉人类中心论,认为人高于一切,重于一切。”思想家们在对工业文明对自然造成破坏的批判中高度关注人的命运,并希望找到人类的未来和出路。这种思想与马克思的影响不无关系。环境现状其生态自然观的最初表达在马思生态哲学思想中已有体现,马克思在其资本主义批判中,早已深刻地认识到资本主义文明的反人类本质,即“把人本身……看作毫无价值的牺牲品”,资本主义使自然要素也成为获取利润的手段,因而也使自然界异化了,资本主义造成了“完全违反自然的荒芜,日益腐败的自然界”。但俄罗斯学者这一时期的思想带有浓厚的宗教色彩,主要是一种末世论思想。“在传统神学的语言中,‘末世论’是关于宇宙最终景况的理论……它告诉人们,这个现存的世界,自然的和历史的世界,我们生活在其中并实施我们计划的世界不是唯一的世界;这个世界是暂时的、转瞬即逝的,面对永恒,它最终是空虚和不真实的。”这与俄罗斯思想中的宗教性紧密相关,古代罗斯人本来信奉多神教,公元988年,基辅罗斯大公弗拉基米尔接受了基督教中的希腊正教,在近千年的时间里,东正教一直是俄罗斯的国教。东正教对人类的终极关怀,在俄罗斯人身上产生了一种特殊的使命感,即俄罗斯民族是带有神性的民族,认为俄罗斯是天生所赋的、具有拯救斯拉夫世界乃至拯救人类的伟大使命的民族,这是一种强烈的普济主义情结。如其中的“弥赛亚”说,也就是救世主说,主张“俄罗斯人即人类,俄罗斯精神即宇宙精神”,只有俄罗斯能拯救世界。当代俄罗斯学者在反思人与自然关系时,很多观点是对马克思和白银时代哲学家们思想的继承。

列宁领导的十月革命胜利后,苏联进入高速发展时期。苏联哲学于20世纪30年代诞生,其体系的主要内容是关于世界的客观性、必然性、可知性的理解,注重对自然界客观规律的认识,但忽视人的地位,“征服自然”被排在了首位,“这时,国家对新工程的唯一要求是高速和高指标,只要求新工程迅速投产和开工”,“随着‘社会主义工业化’的迅速推进,资源的滥用和环境的恶化也在愈益的严重,从事‘社会主义工业化’的人们只想到从大自然中获得资源,却没想到大自然会报复会惩罚”,没有认识到人在自然中的正确位置。第二次世界大战之后,苏联在国际关系中采取了一系列的大国沙文主义战略,这种战略实际上是以救世主义为根源的泛斯拉夫主义的延续。国家科学技术优先发展的是军事技术方面,国民经济结构严重失衡,民用科技薄弱,缺乏可持续发展的动力,以致在最新技术革命中付出沉重代价。此后,苏联改革时期苏联学者对苏联哲学进行了积极的反思,1987年4月,《哲学问题》杂志社举行“哲学与生活”讨论会,与会学者普遍批评苏联哲学中缺少关于人的理论,认为“人道主义问题是马克思主义的活的灵魂”。因此,哲学研究所所长拉宾在发言中提出之后的首要任务就是:“我们的全部哲学都要把人视为社会进步的最终目的,视为最高的价值和一切事物的尺度,也就是说,要使哲学人道化。”这实际上代表着哲学研究的人道主义转向和经济发展的战略转型，即更多地关注人本身。

这种转向在苏联解体后更加明显，在对于自然图景的认识方面，注重研究作为认识的主体的人，关注人生存的世界，人与自然的关系被重新思考，建立了现代科学世界图景的崭新思想。与以往不同，脱离开人的本体论研究被摒弃了，认为自然界是有生命的复杂的相互作用着的生态系统的概念被纳入科学的世界图景，这幅图景是历史的、人化的，其核心是人与自然界的相互作用的观念。对于自然界的新理解成为解决当代全球性生态危机问题的思想基础，它不仅促进了生态学的发展，而且促进了宇宙哲学、生物伦理学、女性自然哲学等学科的新发展。如 2000 年 10 月 16 日至 17 日在俄罗斯科学院北奥塞梯哲学和法学研究基地召开的关于哲学和科学相互关系和相互作用的会议上，自然科学哲学小组讨论了生物伦理学问题，博加特廖娃在会议综述中指出，这次会议"关注特别突出的后经典时期世界图景的形成语境问题"。2000 年，俄罗斯人文大学出版了安德烈耶夫娜的《女性自然》，该书开始把女性自然作为哲学问题来研究。该书关注的焦点是"在欧洲哲学史中从经典的研究客体向在现代女权主义哲学中非经典的'女性自然'概念的转变过程"，分析了"在女权主义哲学的结构主义解释中的女性自然的非推论的基础"。这是国际女性自然主义哲学在俄罗斯哲学界的反馈。而女性主义思潮的兴起是与工业社会的文化矛盾直接相关的。由于工业时代的"技治主义"的统治，工具理性使人文关怀失落，用马尔库赛的说法就是"罗格斯代替了爱欲"。而女性主义从女性的独特体验出发，寻求人性的复归，表现了对工业文明的不满和反叛，这与俄罗斯思想中的大地母亲情结不谋而合，是当代新人文主义的一种特殊表现形式，它在俄罗斯受到青睐，显然是对俄罗斯长久的传统专制体制的反弹。与白银时代思想家的自然观相比较，这种新自然观同样批判工业文明，但较少宗教色彩；同样关注人的道德观念对人类的命运的影响，但已不是单纯的说教，而是建立在现代自然科学（尤其是协同学、系统论）发展的基础上；还是从人类中心主义出发，只是从"低级的'人类权利中心论'上升到高级的'人类利益中心论'。其本质与'可持续发展理论'是相一致的。"在这样的生态自然观基础上，俄罗斯制定了与可持续发展战略相适应的自然资源保护政策。

资料引自：新闻网

思考题

1. 生态自然观的内涵包括什么？
2. 阐述马克思主义与生态自然观的关系。
3. 生态自然观的思想对可持续发展有何指导意义？
4. 怎样运用生态自然观理念进行现代化建设？
5. 案例中的俄罗斯生态自然观发展历程给了你什么启示？

推荐读物

1. 生态学马克思主义的自然观研究. 李世书. 中央编译出版社,2010.
2. 中国当代生态学研究可持续发展生态学卷. 李文华. 科学出版社,2013.

参考文献

[1]肖玲.从人工自然观到生态自然观[J].南京社会科学,1997,12:20-24.

[2]赵玲.自然观的现代形态——自组织生态自然观[J].吉林大学社会科学学报,2001(2):13-18.

[3]解保军.马克思自然观的生态哲学意蕴:"红"与"绿"结合的理论先声[M].哈尔滨:黑龙江人民出版社,2002.

[4]王国聘.探索自然的复杂性——现代生态自然观从平衡,混沌再到复杂的理论嬗变[J].江苏社会科学,2001(5):95-99.

[5]贾军,张芳喜,沈娟.生态自然观与当代全球性生态危机反思[J].系统科学学报,2008,16(1):78-81.

[6]李倩.论生态自然观与可持续发展[J].中华女子学院山东分院学报,2006(1):18.

[7]黄斌.马克思生态自然观的当代价值[J].理论探索,2010:9.

[8]陈芬.在自然界实现人道主义——试论马克思恩格斯的生态自然观[J].马克思主义研究,2003(3):12-17.

[9]解保军.知识经济与"绿色生态自然观"的确立[J].学习与探索,2001(3):4.

[10]吕世荣.马克思自然观的当代价值[J].河南大学学报:社会科学版,2004(2):15.

第14章 西方环境伦理学主要观点

【本章提要】

本章主要从人类中心主义和非人类中心主义两个角度阐述了西方环境伦理的主要观点,其中非人类中心主义则分别在动物权利论、自然价值论、生物中心主义三方面进行系统阐述。

14.1 人类中心主义

14.1.1 人类中心主义的基本含义

在漫长的历史进程中,人类中心主义理论伴随着人类的发展而不断完善。人类中心主义可追溯到古希腊哲学家普罗泰戈拉,是他最早阐述了人类中心主义的含义,即只有人才是万物是否存在的决定者。他的著作中提出:"人是万物的尺度,是存在的事物存在的尺度,也是不存在的事物不存在的尺度。"中世纪基督教教义中的创世说进而深化了这种观念,基督教认为地球是宇宙的中心,上帝照他自己的样子所创造出来一切地球上生活的人,并被派他们派遣替上帝来掌管世上万物。上帝创造万物时,其他生物是成批创造,而唯独单独创造了亚当并且赋予人以理性的灵魂,这是其他生物没有的。其他生物的存在完全是为了人类的利益、需求和娱乐。所以,人类中心主义观念认为人比自然中其他生物更有优势。而据《韦伯斯特第二次新编国际词典》的解释,人类中心主义包括三个方面的含义:第一,人是宇宙的中心;第二,人是一切事物的尺度;第三,根据人类价值和经验解释或认知世界。英国学者佩珀把人类中心主义看成一种世界观:其一,它把人置于所有造物的中心;其二,它把人视为所有价值的源泉(是人把价值赋予了大自然的其他部分),因为价值概念本身就是人创造的。美国环境伦理学家阿姆斯特朗和玻兹勒则提出另一种观念——哲学观念,他断言,只有人类才适用于伦理原则,人的需要和利益是第一位的,甚至是唯一有价值的;人类对非人类实体的关怀仅限于那些对人有价值的部分。

目前所有关于人类中心主义的内涵的共同点都是认为人为宇宙中心。虽然说一切以人类的利益和价值为出发点,以人的角度去评价和安排整个世界,但这并不是一成不变的,而是随着人类的实践和认知的深入而不断发展。人类现在必须正视现存的生态危机考验,尤其是在当今环境问题日益严峻的压迫的情况下,因此,我们应该对它赋予一些新的含义:它的实质内容并非是追求人的利益和欲望的非理性的满足,而应是以"人类的整体、永续的健康发展"为中心,以"有利于人类整体的可持续发展"为尺度来衡量自然,来认识和改造自然。

14.1.2　人类中心主义的生态伦理观

1. 生态学意义上的人类中心主义

传统人类中心主义在宇宙中和在生物学意义上,对于人的中心地位强调得过于片面,这大大阻碍了我们正确处理人与自然的关系。如果我们的生产、生活实践一直依赖于传统人类中心主义的观点的话,那么后果就是一方面可能加剧环境问题和生态危机,另一方面严重的话很有可能导致人类的灭亡。现如今步入 21 世纪了,高科技的飞速发展和人们思想观念的深入认识,这种传统意义上的人类中心主义必然走向末路,但是千万不要认为这就是人类中心主义这种理论的消失,而是随着人们高认知水平的提升,人类在继承和发扬这种主义的合理性的同时,对认识问题的看法和观念正在潜移默化地发生转变。我们认为现代人类中心主义是始于生态学意义上的人类中心主义以取代宇宙学或者说生物学意义上的人类中心的,并且要建立在一个合理因素的基础上的,那就是要吸收非人类中心主义。

2. 人类中心主义与生态危机

近年来,当代生态环境问题的日益恶化,人类中心主义给生态带来的恶果是无法用价值来衡量的,所以,有这样一种理论应运而生——现代的生态伦理学,这肯定不是产生这些危机的根源。因为它就是在这种乱世中才孕育出的一种理论,就是在目前生态环境日益恶化的情况下,要作为乱世的"英雄"来根治生态环境、协调人与自然关系的一种高尚的理论。生活在当代就不难论证这一问题,可以看到每隔一段时间我们都会发动全球性环境、生态保护运动等一系列活动。我们批判近代人类中心主义,因为我们不想停留在这一阶段,我们要的是超越,现在谈及它与当前生态危机有着某种关系,就是想向前再向前迈出一步。

14.1.3　人类中心主义的基本理论

人类中心主义的几种理论有:

(1)苏联的"人类中心主义"。这种观点是由布什联科首次提出的。布什联科认为人类中心主义在历史上分为"中世纪以前的人类中心主义"和"现代的人类中心主义",不同历史阶段其含义也各有不同。在中世纪,"人类中心主义"被视为一种世界观,其被定义为:"人类在宇宙中是唯一的,处于中心地位。"

(2)美国植物学家莫迪的人类中心主义。莫迪在他的著名论文——《人类中心主义》中提出了他对现代人类中心主义的三种看法:

第一,人类的利益高于一切。物种必以自身利益为存在的目的,它们不会为了其他物种的利益而存在。

第二,人具有特殊的文化、知识积累以及创造能力,可以清晰地认识到对自然的间接责任。人作为最高级的动物能借助文化获得最多的自然知识,并通过社会化的学习过程把文化知识传递给下一代,下一代在日益扩展的知识基础上增加知识。因此,人类能清晰地认识到生态恶化大大阻碍了人类的利益和价值的实现,使人类主动地反思他自己的行为,履行对自然的责任。

第三,完善人类中心主义,有必要揭示非人类生存物的内在价值。人类中心主义通常赋予有利于人类的自然事物以价值,利用自然事物作为工具来实现人类的目的。莫迪说过:"自然界对人类有特殊的工具性价值,因此应赋予非人类生物以内在价值。"人类依赖非人类是在其他生物有内在值的前提下。由于当代生态危机严重威胁人类生存和社会发展,人类开始重新考虑自己在自然界中的地位。莫迪认为,人类不能离开自然环境独自生存,也不能脱离自身的利益而存在,进而主张保护自然环境的利益也尤为重要。

(3)诺顿的人类中心主义。诺顿是根据人类的需要来提出其观点。诺顿定义两种人类需要的心理意向为感性的意愿和理性的意愿。感性的意愿是指个人的希望或需要至少能通过列举自身的经验表达出来的心理定向活动,这种单一的、直线式的意愿是把人的直接需要作为价值的导向,并不考虑随后发生的后果;理性的意愿是指个人的希望和需要应该经过小心的审议以后表达出来的活动。

以上学者对人类中心主义内涵的基本概述可以看出,他们都坚持人类中心的统治地位,布什联科的倾向更强烈一些,而墨迪和诺顿则弱一些,他们不仅承认人类中心的统治地位,还主张保护人类生存离不开的自然界的利益。

14.2　非人类中心主义

14.2.1　动物权利论

1.动物拥有权力

英格理德·纽科克所说,“当提到疼痛,欢乐,爱,孤独的时候,一只猪与一只老鼠和小孩的感受并没有什么不同,每个动物都珍爱它们的生命,会与危险抗争,无论是否基于种族,性别,性倾向还是物种,这样的偏见在道德上都是不能被接受的。”

(1)从动物解放论到动物权利论。

和边沁一样,在辛格看来,感受痛苦和享受快乐的愉快的能力是拥有利益的充分条件,也是获得道德关怀的充分条件。如果动物也拥有感受苦乐的能力,那么它们也就有资格获得我们道德的关怀。辛格从功利主义的角度对待动物的道德地位所做的辩护虽说是值得称赞的,但还不能令人们满意,因为有以下观点:

第一,动物解放论的两个理论支柱——平等原则和功利原则,它们之间存在着内在的逻辑上的不一致性,同等的关心,尊重每一个动物的利益是应该的;相反,有时为了求得最大的功利总量,还不得不区别地对待不同动物福利。

第二,尽可能地让痛苦的总量少于快乐的总量的功利原则,在这样做时,功利原则看中的是容器中的液体,而不是容器本身。

第三,不应该把对动物的道德地位的辩护建立在功利主义的基础上。

(2)动物权利——现代性的合法话语。

权力最基本的要求是利益、自由。其基本功能是为权力拥有者的基本礼仪或者是福利提供保护。在众多关于人类的道德生活的解释和规范体系中,权力的话语只是启蒙运动中许多的道德生活的解释和规范,然而权力话语有它自己独特的优势,但是也会有一定的局限性。

有许多学者都批评动物权理论的人们,说他们怎样,但是这不代表着就否认人对动物的伦理义务,他们否认的只是认为动物权力的话语能够为动物提供最恰当的伦理依据的观点的这样一个论点和论据,还有他们也否认了认为权力话语是最完美、最时尚的道德伦理的整个自由主义的伦理体系。从这些种种的角度来观看，我们围绕着这一主题来讨论，无非就是从动物的自由主义和共同主义还有女性主义的争论的扩充来讨论的。

2. 几个争论中的动物伦理问题

（1）打猎是正确的道德做法么。

美国著名生态伦理保护学者艾尔多·利奥波德在著作《沙都年纪》中谈到了野生生物的三点文化价值，其中最重要的一点就是"狩猎道德"的价值。他提出"当某种体验凸显被统称为狩猎道德的伦理约束时，那也是一种价值。"也就是说，"狩猎道德"在某种程度上体现了猎人与猎物之间的一种公平的原则。同时，他还指出了"狩猎道德"的特殊点就在于猎人在打猎时是否自觉遵守了"狩猎道德"还是全凭着自己的良心而主动遵守准则则可以提升猎人的自尊，反应了人类对于其他生命物种的态度以及是否尊重世界上的其他生命物种，而这种态度又很大地决定了其他物种的命运。

外国著名学者海明威一生都特别喜爱狩猎运动，写了很多狩猎题材的作品，简单地讲，海明威的狩猎道德观念经历了从畏惧、物尽其用到"阳刚的运动精神和健康的公平竞争"，再到功利主义和矛盾的资源保护意识的发展过程。透视其狩猎原则，从中我们可以看出海明威对生态环境尤其是其他生命物种的关怀程度。

随着物种的日益减少和濒危物种的日益增多，消遣或者运动型的打猎行为已经越来越遭到人们的非议。从动物保护伦理的角度来看，与打猎给动物所带来的痛苦相比，打猎给打猎者所带来的心里的满足确实是成反比的。这是一种非常残忍的满足，因为这种残忍的满足就必须要有生命的死亡。对于生命来说，打猎曾经是必要的。但是，由于饲养业的人出现，人类的猎杀早就变得没有必要了。打猎却变成了致命的游戏，现在在打猎的人们都配备齐全，有先进的越野车、大威力的步枪、现代通信设施，这种打猎已经丧失了原有的功能："谋生或者是自卫"。现代的打猎者是为取乐而杀生，是为了炫耀，为了满足虚荣心，或者是为了赢得喝彩以掩饰内心的自卑感。

环境伦理的一个基本信念是，人的基本需要虽然优先于动物的基本需要，但是动物的基本要求优先于人的非基本要求。因此，与满足生存无关的打猎行为是不值得提倡的，捕猎濒危动物的行为是绝对错误的，就像海明威那样，应该保护好我们地球上所有的有生命的物种。

（2）关于动物实验的伦理争论。

人们经常把动物用于马戏表演，用于打猎，用于动物园观赏。但是，动物同人类一样，有着基本的生存需要和高层次的心里需要，反对任何形式的动物实验。

实验动物的五项基本福利：

①免受饥饿的自由；

②生活舒适的自由；

③免受痛苦、伤害的疾病；

④免受恐惧和不安的自由；

⑤免受身体不适的自由。

赞成动物实验的人认为，反对动物实验的这种伦理只是一时形态上的热情和政治上的抱怨。他们承认，如果能够改善糟糕的饮食，扭转环境的恶化，纠正不健康的习惯，毋庸置疑，人类在总体上将享有比现在好得多的健康状态。但是，这一事实并不能证明我们因此就可以放弃利用动物研究新药和新的治疗方法的努力。

（3）动物园能否获得伦理的辩护。

自 19 世纪以来，人类对动物的保护意识越来越强，于是大大小小的动物园开始在世界的各个角落兴建起来。这在很大程度上让许多濒临灭绝的动物得到了保护，同时也让世人大开了眼界。但是动物园发展到今天，其存在的问题也是不容忽视的。

3.素食主义及其伦理基础

素食主义是一种饮食的文化，实践这种饮食文化的人称为素食主义者，这些人不食用来自动物身上各部分所制成的食物，包括动物油、动物胶。

素食表现出了回归自然、回归健康和保护地球生态环境的返璞归真的文化理念。吃素，除了能获取天然纯净的均衡营养外，还能额外地体验到摆脱都市的喧嚣和欲望困扰的感受。素食主义在科学领域（尤其是营养学领域）已经取得了巨大的支持，素食被认为是对抗很多慢性病的重要途径。

而素食主义哲学推动的代表人物是美国著名哲学家彼得·辛格，他也是世界上"最有影响的伦理学家"。彼得·辛格的核心工作是动物伦理，素食主义则是动物伦理的一种必然结果。

彼得·辛格的思想可以分为三个层级：第一个层级是"减少痛苦论"。素食可以减少我们给动物造成的痛苦，辛格把素食与人们对待动物利益的道德良知联系起来。为了满足肉食需要，人类就得养殖食用动物。大规模养殖食用动物而不对其造成很大的痛苦，实际上是不可能的。工业饲养不仅条件太差，而且还会有各种工业化手法来刺激它的生长。中国很多养殖工厂都用激素来催肥动物。所以，"素食者将结束非人类动物遭受屠杀和痛苦，同时规避了工业化养殖的毒害。"

第二个层级是"保护环境论"。粮食种植和畜牧业相比，占用资源少。畜牧业同气候变化、水体污染、土地退化、生物多样性减少密切相关。据联合国粮食及农业组织在 2006 年 11 月提交的报告显示，畜牧业（主要是牛、鸡、猪）是环境问题的重要推手，它制造了至少 18% 的全球温室气体排放量。如果素食主义能成为全球性潮流，能取代一半的畜牧业，那么不仅能大幅度降低温室气体排放，同时还能提供更多的粮食。

辛格说，饲养禽畜不仅消耗了大量的水资源，还极易造成水污染；养殖动物要与森林争地，为了扩建牧场，人们毁坏了森林。像美国这样"肉食性国家"要用好几倍的粮食来生产肉类。如果能够逐渐降低肉类生产，那么将生产更多的粮食。从太阳能转换来说，粮食是一级的，最直接的，畜牧是建立在粮食上的二级使用，它相当于造成了能量的损耗。

辛格的第三个层级是"素食愉悦论"。很多科学家已经证明了大量摄取植物蛋白是优于动物蛋白的。素食者一般长寿且健康。更重要的是，素食使人与食物以及大自然产生一种新型关系，用辛格的话说，"由于没有肉来麻木我们的口味，我们体验到直接从地里采摘的新鲜蔬菜的愉悦，这是一种跟大自然更为亲近的关系。"

关于素食的伦理争论说明了饮食习惯的问题不仅仅是一个生物学问题，它也同时是一个文化性的问题。虽然说现在我们没有那么大的号召力，我们没有办法要求所有的人都不吃肉，但是我们要倡导：①不能浪费食物；②逐渐增加植物性食品的数量；③尽量不吃肉或者少吃肉，除非特殊情况；④少杀害野生动物，绝不吃濒临动物。

4. 动物福利

动物福利一般指动物(尤其是受人类控制的)不应受到不必要的痛苦,即使是供人用作食物、工作工具、友伴或研究需要。这个立场是建立于人类所做的行为需要有相当的道德情操,而并非像一些动物权益者将动物的地位提升至与人类相同,并在政治及哲学方面追寻更大的权益。

随着人道待遇原则在西方的道德文化中逐步扩展,动物福利的理念渐渐被人们所接受,并且逐步落实为具体的动物福利法。动物权力伦理与动物福利伦理的关系较为复杂,它们一般都是反对暴力对待动物的。但是根据动物权力论,动物和人都享有同等的道德地位,动物享有的基本权力不能为了人的利益而被践踏。激进的动物权利论者一般都反对动物福利理论。在他们看来,动物福利理论虽然要求人们以人道的方式对待动物,但这种理论只是对"剥削动物的制度"所做的一种修补。

较为温和的动物权利论者则认为,动物福利措施是实现动物权力的必由之路,只有通过逐步改善动物的福利,动物的权力才能最终得到实现。有很多人都把动物福利法理解为对动物权力的保护,但是在他们看来,动物福利法被认为是"认识到一切受人支配的生灵都有某些抽象的权力,并且对这些权力加以保护"。大多数动物保护主义者都认为,把动物权利与动物福利区分开来是"肤浅的"。只要人们的目标是减少动物所遭受的痛苦,哲学观点上的分歧就没有多大的意义了。

14.2.2 自然价值论

1. 自然资源价值基本概念

根据哲学"价值"概念的界定,自然资源的价值应是指:人类与自然相互影响的关系中,对于人类和自然资源这个统一的整体的共生、共存、共发展具有的积极意义、作用和相互效果。其内涵为:首先人与自然应该是属于同一整体之中,在作用上是整合一致的;其次,该概念还反映了相互性,人和自然资源之间是相互作用和影响的,而不是单一的征服与被征服以及利用和被利用的关系;再次,该概念还反映了价值更主要的本质是功能、效用和能力的恢复、替代以及再生的可持续性。

2. 自然资源价值理论

(1)自然资源传统劳动价值论。

从马克思劳动价值论的角度来解释自然资源价值,认为马克思劳动价值论是解决自然资源价值问题的坚实理论基础和重要理论依据,自然资源价值论是在新的历史条件下深化对劳动和劳动价值论认识的重要途径,具有重要意义。

马克思的自然资源价值思想主要体现在《资本论》中,马克思的劳动价值论依然是当今诠释自然资源价值坚实的理论依据。在马克思的劳动价值论中:"价值是凝结在商品中的无差别的一般人类劳动,即人类脑力与体力的耗费。价值是商品所特有的社会属性。"价值概念有两方面含义,其一,价值是商品经济所特有的范畴,用来反映人们互换劳动的社会关系,商品之所以要体现价值,不在于它是具有使用价值的物,而在于它是用来交换的。在非商品经济条件下的劳动产品是没有价值的。其二,价值的实体是抽象劳动的凝结。自然物之所以成为可供人用以交换并为他人消费的商品,根本原因在于人对其物质形态的改变,人是通过自身的劳动实现这种改变的。劳动是一切价值的创造者。只有劳动才赋予已发现的自然产物以一种经济学意义上的价值。当劳动产品进入交换成为商品时,生产这种商品的劳动才能表现为价值,劳动是价值的唯一源泉这一论断是劳动价值论的核心观点。所以,这里所谈的自然资源的"价值",不是哲学意义上的价值概念,它仅指政治经济学意义上商品的价值。离开商品,就不是马克思在《资本论》中所论述的价值概念。离开商品和商品经济谈论价值毫无意义。正如恩格斯所说:"经济'学所知道的唯一的价值就是商品的价值。"

对自然资源有无价值的问题,马克思虽然没有专门地、系统地加以论述,但在《资本论》中多处谈到。马克思一方面认为自然资源没有价值,因为自然资源是先天形成的天然的自然物,不是劳动产品,有些自然资源是不能被人为生产和创造出来的。瀑布的推动力,那是自然界现有的东西,……瀑布是一个自然的生产要素,在它的生产上没有任何劳动曾经参加进去。瀑布和土地一样,也和一切自然力一样,没有价值,因为它不代表任何在其中物质化的劳动。但是马克思另一方面又认为自然资源是有价值的,"煤有价值,必须支付一个等价物作为报酬,它是有所费用的。"因为煤是"劳动的产物"。金和银有价值,因为"金和银,一从地中心出来,就同时是一切人类劳动的直接体化物"。可见,马克思对自然资源有无价值的问题并不是一概而论,而是具体问题具体分析。

自然资源的价值主要由以下几方面决定。第一,在自然资源的生产和再生产过程中伴随着人类劳动的大量投入,使整个现存的自然资源都表现为直接生产和再生产的劳动产品,它们参与流通与交换,因而具有价值。第二,劳动创造的价值是由社会必要劳动时间决定或衡量的。尽管自然资源的再生产有其自身独特的规律性,但是自然资源价值量的大小仍然是由在自然资源再生产过程中人们所投入的社会必要劳动时间决定的。第三,自然资源具有不同程度的自然力作用,能为人们所利用,以节约劳动、增加财富。第四,自然资源的价格是其价值的货币表现,并反映自然资源的供求关系,供求规律决定着自然资源价格变化趋势。因此,作为人类劳动与自然生产结合的产物,自然资源也是使用价值与价值的矛盾统一体;自然资源的价值和一般商品价值是完全同质的,只是两者在量的规定及表现形式等方面存在差别。自然资源既有价值,也有交换价值,还有资产属性。这种解释不但不违背马克思的劳动价值论,而且完全符合马克思劳动价值论的一般原理和实质。

以自然资源价值论为理论基础的自然资源资产化管理就是将自然资源作为生产资料构成的资产来进行管理。自然资源资产化管理的基本要求表现为:第一,确保国家自然资源所有者权益,使国有自然资源的所有权在经济上能得到充分的体现;第二,强调国有自然资源在再生产过程中实现自我积累和保值增值;第三,规范国有自然资源产权的流动,实现自然资源配置和利用的合理化。

(2)自然资源功能价值理论。

①自然资源的功能、效用和能力。

自然资源的功能是指自然资源具有的满足人类某种需要的功能状态。任一自然资源对人类都具有特定的或多方面的功能。比如水资源能够为人类所认识、利用,提供饮用、渔业、航运、抗旱、灌溉、工业、发电、景观等各项功能。这些功能能为人类产生一种或多种效用。人类根据自身的特点及能力,对资源施以开发利用,使这些功能满足了人类某方面或多方面的需要,也就在过程中实现了功能价值。自然资源的功能越强、越多,满足人类需要的可能性就越大,即具有较高的功能价值;反之,则具有较低价值。

②功能价值理论。

所谓功能价值理论,就是根据自然资源的质量和功能的变化来研究自然资源的变化规律,进而确定自然资源的理论。

③功能的减退与价值损失。

自然资源在被开发利用过程中,其物理的、化学的、生物的、性质都可能发生变化,即遭到不同程度的污染和折损,资源的质量因此下降,功能因之减退。这实质上是资源的价值降低,即资源作为资源在功能方面的损失。

(3)自然资源的效用价值论。

效用价值论是从物品满足人的欲望能力或人对物品效用的主观心理评价角度来解释价值及其形成过程的经济理论。运用效用价值理论很容易得出自然资源具有价值的结论。内在的使用价值、物质性效用和外在的有限性或稀缺性,构成了赋予自然资源价格的充分且必要的条件,亦即形成了可以对自然资源进行定价的原理和准则。但效用价值理论将商品的价值混同于使用价值或物品的效用,抹杀了商品价值范畴所固有的社会历史性质,同时,效用价值论存在着效用本身难以确定、效用论的价值观无法解决长远或代际资源利用等问题。

西方经济学的效用价值论是自然资源价值理论的基础。效用价值论认为人的欲望及满足是一切经济活动的出发点也是包括价值论在内的一切经济分析的出发点。效用是物品满足人的欲望的能力。价值则是人对物品满足自己欲望的能力的一种主观评价。另外,只有与人的欲望相比稀缺的物品才会引起人们的重视才是有价值的。因此,效用价值论的核心观点是,效用是价值的源泉,稀缺性是价值的前提,而边际效用递减规律是一般的规律价值,由边际效用决定。

根据效用价值论的观点,自然资源显然具有能够满足人的欲望的能力,其数量的有限对人类需要的无限性是稀缺的,于是自然资源有价值成为不可避免的事了,而资源的合理配置及资源的价格也自然成为西方经济学关注的焦点。

一般而言自然资源可分为两类:一类是可再生资源,即那些可以用自然力来保持或增加储藏量的自然资源,例如,土地、江河湖泊等,只要合理利用,不使其过量消耗,都可以不断地通过循环或繁殖,无穷尽地存续下去;另一类是不可再生资源,即那些没有自我繁殖能力的资源,如石油、煤炭等。

(4)自然资源补偿价值理论。

①补偿价值理论。

补偿价值是社会再生产过程顺利实现的必不可少的条件。马克思的再生产理论认为,社会再生产过程中的耗费不仅需要得到价值补偿,而且需要得到使用价值的补偿,即以各种各样的物质形态进行补偿。

由于历史的局限,经典的价值理论完全没有注意到经济活动与自然环境之间不断相互影响的事实。真实的情况是现代经济寄生于生物圈,它依赖生物圈提供资源,同时也将不可避免地将产生的废物还给生物圈。在这里,社会经济的再生产与自然资源的再生产相互关联、相互影响,社会生产力由经济生产力和自然生产力相互交织转化而构成,整个生产过程既要受经济规律的作用,也要受那些不以人的意志为转移的自然规律的约束。因此,自然生产力无疑地加入了经济产品的价值形成过程。

在考虑自然资源的因素后,参与经济生产过程的生产要素从原先的资本、劳动增加为自然资源、资本、劳动。世界银行的专家们将进入生产过程的自然资源称为自然资本。自然资本的价值的补偿有三种情况:一是限制资源的取用量,由自然生产力在时间的作用下得到恢复更新;二是面对因经济增长而引起的日益严重的资源环境危机,在全社会的范围内借助经济力量进行大规模的投资,以此来保护乃至改善资源状况;三是运用行政、法律、道德的力量,在制度上进行革命,同时树立人与自然协调进化的伦理观念,对地球的有机属性抱以感激和尊重,不断地探索自然规律,并从中学习大自然的智慧。

②足量经济补偿。

自然资源主要是指自然界合成的,在一定条件可以利用的自然要素,是构成生产活动的不可替换的生产基础,是现实生产的重要部分。自然资源的生态效应具有商品属性,让渡其使用价值应该得到经济补偿。经济补偿是通过一定的政策、法律经济手段实行自然资源利用外部性的内部化,让其消费者支付相应费用,生产、提供者获得相应报酬,通过制度设计和制度创新解决好消费中的"搭便车"现象,激励公共产品的足额提供,激励人们从事生态环境保护投资并使资本增值。

建立补偿机制是维持生态可持续发展的要求,自然资源不仅影响区域内的支柱产业的选择和发展,对区域的发展具有支撑作用,同时资源的丰度、区位等也制约着区域的发展。

14.2.3　生物中心主义

1. 生物中心主义的基本概念

随着人类对大自然地认识,越来越多的人了解到生物中心主义的重要性,它把道德关怀的范围从人扩展到人之外的动物,主张以生命个体或整体性的存在物为中心来看待世界的价值,使人们敬畏每一个生命,敬畏大自然,体现出了一种兼容并蓄的环境伦理。

生物中心论认为,生物系统的健康本身具有价值,人类对它负有直接的义务;生命个体、物种、生物过程作为生物系统的组成部分和存在形式,具有非(人类的)工具价值,人类对它们同样负有道德义务。利奥波德是生物中心论的开创者。他的大地伦理学在环境伦理学史上占有重要的地位。生物中心论基本上是一种整体主义环境伦理。他接受了坦斯利等人的"生物系统"观念,把自然界描述成一个由太阳能流动过程中的生命和无生命物组成的"高级有机结构"或"金字塔":土壤位于底部,其上依次是植物层、昆虫层、鸟和啮齿动物层,最顶端是各种食肉动物;物种按其食物构成分别列于不同的层或营养级,上一级靠下一级提供食物,形成复杂的食物链,结构的功能运转取决于各个不同部分的协作与竞争。

生物中心主义是一种敬畏生命、尊重大自然的思想观点。那么自然地生物中心主义世界观主要由四个信念组成:一、人是地球生物共同体的成员;二、自然界是一个相互依赖的系统;三、有机体是生命的目的中心;四、人并非天生就比其他生物优越。生物中心论者确信生物学必定对人类理解和评价自然起主导作用,而生物学是一门年轻的科学,21世纪将是生物学的世纪,它用一种更简单的观念把科学的基础统一起来,生物中心主义的结论是建立在主流科学基础之上的,并且是某些最伟大的科学思想的合理扩展。

谈到生物中心,那么就会想到自然。自然是崇高的、深邃的、完整的。在投向自然的天真而又专注的目光中,人看到了一切,并使自己没入其中。因而,人与自然的和谐就其内容来讲,是诗意的、形而上学的;就其实现方式来讲,则是直观的、沉思的。

人与自然的关系历经了一个长期而又充满艰辛的历程,从早期原始人对自然的敬畏发展到农业文明时代人对自然小心的利用,到了工业文明时期人却与自然彻底地走向对立,现在人类仿佛再走一个圆圈,回到了原始时代。生物中心主义认为过去的伦理学只关注人与人之间的关系是不完整的,必须把人之外的一切生物也纳入道德关怀的范围。

2. 生物中心主义的生态伦理观

今天,我们所面临的生存处境已经不仅仅是沙尘暴,还有大气污染、水体污染、森林滥伐和植被减少、土壤侵蚀、荒漠化和沙漠化、温室效应以及物种灭绝加速和生物多样性减少等一系列生态环境恶化,从一定意义上说,生态危机已经不再是一个简单的技术问题,而是一个全球范围普遍性的社会问题,是一个涉及人类精神、道德和文化如何向前发展的根源性问题。它日益突显了现代化拓展过程中的全球风险,而由生态危机引发的一系列问题已经开始逐渐渗透到社会生活的政治、经济和文化领域,并可预见其对未来社会变革的重要影响。

如果对 20 世纪西方伦理学的变化和发展作为一个整体鸟瞰,不难发现生态伦理学在其中的独特理论地位,它通过确证一种有别于传统伦理精神的价值合理性,即生态伦理精神的价值合理性,试图达到对人类伦理道德观念的重构,以此为解决问题提供行之有效的途径和方案。

生物中心主义包括史怀泽"敬畏生命的伦理学"、泰勒"生物平等主义伦理学"以及辛格"动物解放的伦理学",它们的基本观念是把人以及人之外的其他生命个体纳入道德关怀对象的范围之内。这三个流派无论是理论形态、背景,还是关注的问题以及建构方法都是各具特点。史怀泽的尊重生命的伦理思想和泰勒尊重自然伦理思想从两个不同的视角阐述了生物中心主义的基本精神,他认为伦理学应是无界限的,生命是无高低贵贱之分的,生命在他的观念中不仅仅指的是人类的生命,还包括自然界的其他物种,像动物、植物等。泰勒继承和发展了史怀泽的环境伦理学的思想,进一步丰富了自己的生态思想。动物解放论将对人类自身持有关怀之心到对自然界的其他动物生命持有关怀之心的思想转变,使道德关怀的范围得到了很大程度的扩展。这样,伦理学已经不再是传统意义上的伦理学。但是,对于一些环境伦理学家而言,只是关心有感知能力的动物还是不够的,没有感知能力的自然界的其他物种也同样应成为道德关怀的对象。从理论形态上看,这三类生态伦理学关心的对象仅限于生命个体,只重视生命个体的权利和价值,是一种从个体生命角度出发的伦理关怀,而对生物共同体所具有的实体属性却视而不见,而且也没有看到人对生物种群及生态系统的道德责任。

生态整体主义以生态学思想为理论范式,利用生态学的基本原理把自然界的有机体、有机体及其环境之间的相互关系、生态过程和生态系统整体都预设为道德主体。其目的是通过道德主体范围的拓宽,对环境问题做出伦理解答。生态整体主义的主要代表包括以下三个流派:利奥波德的大地伦理学、奈斯的深层生态学和罗尔斯顿的自然价值论伦理学。从理论形态上看,同前面三类生态伦理学相比,生态整体主义认为不仅生命个体具有道德主体的地位,而且生态系统作为一个整体也是一个道德主体,所以人类应把自己伦理关怀的范围从个体生命延伸到整体生态系统,应对整个生态系统负有道德义务和责任。生态系统作为一个整体是其他有机个体得以生存和发展的条件,在其中无论是有机物,还是无机物都处于相互依存、内在关联之中,生态系统本身固有的整体性、过程性、相关性使其具有不依靠人为判据的内在价值,所以自然本身就是一个价值主体、伦理主体。而如何评价荒野自然以及评价的方式和方法是其关注的核心问题,也是最能体现其整体主义特征的问题。为此,三个流派立足于生态整体论,运用生态整体论所包含的三种模式进行了解答,从而转变了人们对待自然的态度建立了一种生态的、整体的观念,是一种从生态整体角度出发的伦理关怀。

在生态伦理学中,道德情感体验具有独特的、内在的本体论意义,它是人类的一种内在需求。因为它不仅是人的一种心理活动,更是人的一种实践创造活动。正是通过这种情感体验,使人类明确了在自然中应把自己置于何处,并且能使自己对自然也产生认同感。在生态伦理学中,这种体验的本体论意义就在于它促使我们真正以自然理解自然,意识到自然内在的、独立于人的价值性。从而使我们意识到不应只把伦理关系限定在人际关系上,而应把其他自然存在物也纳入伦理关系之中。正如史怀泽所说:"过去的伦理学是不完整的,因为它认为伦理只涉及人对人的行为。"实际上,伦理与人对所有存在于他的范围之内的生命的行为有关。只有当人认为所有生命,包括人的生命和一切生物的生命都是神圣的时候,他才是伦理的。

生物中心主义立足传统伦理学理论,以生命个体的权益作为自己关注和研究的重点,而生态伦理学立足于生态学,以生态整体作为自己研究的重点,试图把伦理关怀的范围由生命个体拓展到整个自然系统。所以,生态伦理学对自然的态度经过了一个由实体的观念到生态的观念的过程。

3. 生物中心主义的基本流派

(1) 敬畏生命。

阿尔贝特·史怀泽是法国著名医生、哲学家和神学家,20 世纪人道精神划时代伟人、一位著名学者以及人道主义者。史怀泽于 1875 年 1 月 14 日诞生于德国肯萨斯伯格,他的父亲路易斯在当地一个教堂担任牧师。

史怀泽一生反对任何暴力与侵略,他极力倡导尊重生命的理念。史怀泽深信渴望生存、害怕毁灭和痛苦,是人类的一种本能,也是每一个生命体都具有的本能。作为一个有思想能力的人,我们应该尊重其他生命,因为它们像我们自己一样,强烈地冀求着自由而快乐的生活。因此,无论是身体或心灵,任何对生命的破坏、干扰和毁灭都是坏的;而任何对生命的帮助、拯救及有益生命成长和发展的都是好的。在实践生活中,史怀泽认为每一个人在伤害到生命时,都必须自己判断这是否是基于生活的必须而不可避免的。他特别举了一个例子:一个农人可以为了生活在牧场上割一千棵草给他的牛吃,但在他回家的路上,就应该小心翼翼,不要再踩坏路边的花草或者砍掉路边的花枝。史怀泽相信宇宙间所有的生命是结合在一起的,当我们致力于帮助别的生命时,我们有限的生命可体验与宇宙间无数的生命合而为一的美妙感觉。

敬畏生命的概念是史怀泽于 1915 年提出的,也就是体会生命的尊严和可贵并珍视生命,在生命之前保持谦恭和敬畏之意。我们必须将"生的意志"当作神圣的东西予以肯定和尊重,并且应当深惧对生命的破坏和压迫。这一伦理思想可以从以下几方面来理解。

第一,敬畏生命的内涵。敬畏含有一种神秘主义的宗教意味,而生命不仅指人类生命而且指自然界中每一个生物个体的生命,我们与自然中的生命密切相关,人不再能仅仅只为自己活着,我们意识到任何生命都有价值,我们和它们不可分割。出于这种认识,产生了我们与宇宙的亲和关系。因此,敬畏生命不仅适用于精神的生命,而且也适用于自然的生命,人越是敬畏自然的生命,也就越敬畏精神的生命,保护、促进、完善所有的生命是敬畏生命伦理的支点。

第二,敬畏生命伦理思想的基础。敬畏生命伦理学是以生命神圣、生命平等为基础的理论,真正伦理的人认为,一切生命都是神圣的,包括那些从人的立场来看显得低级的生命也是如此,只是在具体情况和必然性的强制下,他才会做出区别。敬畏生命的伦理不存在高级的与低级的生命之分,任何生命都具有同等的价值,人们在价值观上必须平等对待一切生命,敬畏生命的伦理学具有深厚的思想文化基础。敬畏生命的世界观源于对世界文化危机的反思,是对欧洲文化不完整和衰弱的补救。史怀泽认为,西方的危机不是战争造成的,而是由于西方文化所造成的,即对物质的重视远远超过对精神的重视。然而,物质的发展却带来了普遍的异化现象,生活条件的改善并没有使人们走向更加自由,在对物质的追求过程中,人类运用自己的智慧与自然做斗争,甚至与人类自身做斗争。斗争形式的终极化就是发动大规模的战争,乃至世界大战。人类已拥有强大的物质力量和外在的力量,却十分缺乏精神的和内在的力量,只有当我们能培养起对生命的敬畏时,才能产生和我们的物质力量相称的精神力量。因此,从这个层面上讲,史怀泽不认为物质成就是文化,而只有承认它在个人和总体完善上发挥作用时才成为文化。同时,它也是以伦理学的发展的必然趋势为基础的,道德体系必须进一步扩大,将一切非人类生命纳入到共同的自然大家庭中,敬畏生命伦理思想是道德扩展的必然要求。

第三,敬畏生命伦理思想的实质。史怀泽指出以往的概念只涉及人与人之间道德关系的伦理学是不完整的,史怀泽曾说过:"到目前为止的所有伦理学的最大缺陷,就是它们相信,它们只需处理人与人之间的关系。"在他看来,一个人,只有当他把植物和动物的生命看得与人的生命同样神圣的时候,他才是有道德的,才是具备伦理的。敬畏生命的伦理将道德从人扩展到一切非人生命,史怀泽于1923年写到:有道德的人"不打碎阳光下的冰晶,不摘树上的绿叶,不折断花枝,走路时小心谨慎以免踩死昆虫。"这是爱的原则的体现,也是一场伦理学革命。如果只承认爱人的伦理,人们就可能无视这一事实:由于承认爱的原则,伦理就不可规则化。但是,如果把爱的原则扩展到一切动物,就会承认伦理的范围是无限的。从而,人们就会认识到,伦理就其全部本质而言是无限的,它使我们承担起无限的责任和义务。

第四,敬畏生命伦理思想的原则。史怀泽指出:"善的本质是保存生命、促进生命,使生命达到其最高度的发展。恶的本质是:毁灭生命、损害生命,阻碍生命的发展。"按照史怀泽的观点分析:在世界之中,除了人还有其他生命个体,我们也必须与之休戚与共,这样我们才是道德的,也才会在敬畏生命中升华我们的生命。对生命的漠不关心,会使人丧失同享生命幸福的能力。相反,共同体验周围的幸福是生命给予人们的唯一幸福,在与其他生命体的相处中,有一条伦理底线,那就是:"只有在不可避免的必然条件下,我们才可以给其他动物带来死亡和痛苦,只有保存和促进生命的最普遍和绝对的合目的性,即敬畏生命所关注的合目的性才是伦理的。任何其他的必然性或合目的性都不是伦理,而只是或多或少的必然的必然性,或者是或多或少是合目的性。"

敬畏生命不仅是一种道德的情感表达,更意味着要转化为一种道德行为。它是通过生命的深化认识,达到强化道德情感,最终激发演变成道德行动。正如史怀泽所言:"世界不仅是过程,而且也是生命。对于我们所接触的世界生命,我们不仅应该承受它,更应该对它有所作为。由于对生命的奉献,我就实现了一种充满意义的、以世界为目标的行为。"

敬畏生命伦理学持内在目的论的立场,它把社会和一切可能的进步的最终目的都落实在个人的内在补充完善上,它克服了人生(我应当做什么样的人)与伦理(我应当做什么)的互补关系。从思想史上考察来看,18 世纪的启蒙运动从理性主义的立场提出了完善个人、社会和人类的理想。但是,到了世纪之交,以理性为基础的文化理想很快显得过时并为多种多样的现实主义所压倒。因此,文化也就走向了无文化、无人道的低迷时期。要克服这种轻视思想的时代特点,就必须从敬畏生命开始。

按照史怀泽的观点,敬畏生命把人与世界的自然关系上升到精神层面。一方面,人确实和其他生命体一样,接受命运;另一方面,人要内在地摆脱外在的命运,通过自己的努力去促进和提升其接触的任何生命。实际上,敬畏生命完整地包括了顺从命运、肯定世界和人生、伦理三个密切相关的部分,是全面的、完整的伦理学,这恰恰是对以往的伦理学的超越。但是,动物的道德身份与人类是对等的吗? 它们的道德权利与义务是同等的吗? 这种以基督教博爱为背景的伦理观是否可作为道德扩展的基础呢? 史怀泽对道德扩展的推理存在欠缺并且含有一定的神秘主义,从而掩盖其思想的光芒,因而在道德实践中也难免陷入困境。

(2)尊敬大自然。

①泰勒的生物中心主义。

泰勒是美国哲学家,1986 年,泰勒在《尊重自然界:一种生态伦理的理论》一书中继承并发扬了史怀泽的生态伦理思想,他认为自然界除了人类和动物之外还有花草树木等植物,它们都是美丽并富有生命价值的,为了维护这永恒的美丽,许多环境伦理学家决心把道德关怀的范围拓展到自然界,为美丽的生命撑起一张道德的保护伞从而免受灭顶之灾,这是泰勒生物中心主义的基本精神。关于生命的美丽,泰勒有专门的一段话进行了描述:"生命的进化是一个残酷的过程,但开花却为进化的过程加上了一门艺术的辉煌,因为丛林中的花在使开花植物适应环境而更好地生存的同时,也彰显了生命的进化是如何朝向一种生动的美,特别是在高等植物那里,生命的美丽更是达到了极致,植物开花奇迹般地将功能与美结合起来,似乎要对生命的美做一个特别的印记。"正是因为自然是如此的美丽,以泰勒为代表的伦理学家们才决定将道德扩展到有美丽生命存在的自然界。

泰勒说:"我所捍卫的核心信念是:行动的正当和道德品格之善,依赖于它们表达或体现的一种终极道德态度,那便是尊重大自然。"

这种世界观包含的信念是:人类是地球生命共同体和其他一切生命平等的成员;包括人类在内的所有物种都是互相依赖的系统的部分;所有的生物都按各自的方式追求自身利益;人类并不比其他物种优越。

泰勒尊重自然的态度就是要求将地球生态系统的动物、植物看作是拥有固有价值的实体,生物有固有价值被认为是尊重自然的基本的前提假设。在泰勒尊重自然的伦理学内有两个重要的概念:存在物的好和固有价值。泰勒认为,如果一个实体有自身的好,那么它就具有内在价值,而泰勒在论证后所得到的结论就是,所有有生命的个体都是有其自身的好的实体存在物,因而都是具有固有价值的。人类应对一切生物承担道德责任,要求我们树立"生物中心的世界观",这种世界观要求我们"尊重大自然",一旦树立了这样的世界观,我们就能理解一切生物都有其固有的价值,并且所有的物种都有生长、发展、要求营养和繁殖这样一些目的,所以每个生物都是这样的目的性活动的中心。植物自身虽没有对自己目的的自觉,但不影响其有目的,只要我们有一点生物学知识,我们就可以理解生物有其自身利。生物自身的善或利益是客观的,即不依赖于任何人的观点或意见。

泰勒提出了在生物中心主义伦理的基础上要把尊重自然作为一种终极的道德态度,并在实践中通过一系列的道德规范和准则表现出来,泰勒把道德的主体边界拓展到了自然界,在伦理内容和伦理实践上更容易被人们认同和接受,从而也使生物中心主义伦理学成为一个完整的理论体系。

当我们陷入人类价值和权利与人类以外的生物的好发生冲突的道德两难时,我们应该如何行为?泰勒在最后一章提出五条优先原则:自我防御原则、对称原则、最小伤害原则、分配正义原则和补偿正义原则,这使我们与其他生命的对抗局面转化为相互和解的局面,使我们与生命共同体的其他成员平等地共享地球上的资源,使人类文化与野生动植物的自然存在共同生存发展。但分配正义的原则在实际行为中往往难以完满实现,因此我们需要补偿正义的原则来补充,当我们的行为对无害的生物造成伤害时,某种形式的补偿必须被给出。泰勒还描述了一种理想的世界秩序:"人们能追寻他们自己的个人利益和生活方式,同时允许生物共同体实现它们的存在而不受到干扰。对这些共同体的个体成员的伤害只能来自进化自然选择和环境的自然变化,而非人类的行为伤害。"

总之,泰勒在《尊重自然界:一种生态伦理的理论》一书中进一步发展和完善了史怀泽的生物伦理,把尊重自然作为一种终极的道德态度,并在实践中通过一系列的道德规范和准则表现出来。同时,泰勒把道德的主体边界进一步拓展到了自然界,在伦理内容和伦理实践上更容易被人们认同和接受,从而也使生物中心主义伦理学成为一个完整的理论体系。

综上所述,西方在生物中心主义伦理学的研究方面起步较早,其研究也较系统全面,从理论来看其主要关注的是这样一些问题:一、史怀泽认为:只有敬畏生命,将人与所有生物之间的关系视为道德关系的伦理学才是真正的伦理学,史怀泽首次论述了其敬畏生命的生物中心主义的伦理学,从此,生物中心主义理论开始正式登上历史舞台。二、彼得·辛格提出:应该以是否感受到痛苦的能力作为标准,将非人类的动物纳入到道德共同体中,并以动物感受痛苦能力的不同给予其不同的道德地位,辛格将道德共同体的主体边界拓展到了动物,要求人类平等地对待动物和减少动物的痛苦,这就是辛格的感觉论——生物中心主义伦理学。

②泰勒在《尊重自然界:一种生态伦理的理论》一书中继承和发扬了史怀泽的伦理学观点。

主要内容如下:

a. 人只是地球生命共同体中的一个成员。

人和动物都源于一个共同的生物演化过程,都面对着相同的自然环境。人和动物存在着密不可分的联系。在地球生命共同体中,人和动物均是平等的成员,自然对于人和动物来说是共享的资源,而且在地球生物演化史上,人是晚来者,在人以前动物们就已建立了一种相互适应、相互依赖的共存关系。在地球生命共同体中,人的存在需要依赖动物及其他生物,相反,动物和其他生物的存在却不需要依赖人。因而,人的存在有可能给动物和其他生物带来危害,而人的消亡却不会给动物和其他生物带来什么不良的后果。

　　b. 自然界是一个相互依赖的系统。

　　人类与动物一样,都是自然界这个相互依赖的系统中的有机组成要素。作为系统的一个要素,其存在不仅依赖于系统的环境,而且依赖于系统的整体和系统中其他要素的存在。环境的变化,系统整体的变化以及系统中其他要素的变化,都会影响到这个要素的存在,这些因素的任何变化都可能导致人间悲剧。因此,尊重大自然,维护生命共同体,保护动物的权益,等于在保护人类自己。

　　c. 人并非天生比动物优越。

　　我们不应当伤害那些动物,不危及动物的生命存在和生命有机体的存在,让大自然自行控制和管理自然中发生的一切。生物中心主义体系从世界观和伦理学的层面较为系统地阐释了人与动物和谐关系的道德意义,并给出了人们处理与动物关系的操作性原则,从而构成了环境伦理学的一个基本的理论部分。从实践的方面讲,它为人们如何看待动物的生命存在,如何看待人与动物逐渐的相互性提出了新的思路。

　　d. 有机体是生命的目的中心。

　　生命有机体的内在功能和外在活动,都是定向于一定目标的,这个目标是实现自己的存在与发展。在整个生命周期内,有机体有不断地保护自己存在的趋向,并能够成功地履行那些趋于目标的生物操作,所以生物有机体可以繁衍其自身并不断地适应变化着的环境。任何生命有机体都在直接面向实现自己的善,使这些善成为其活动目的的中心。对于它们来说,其活动结果的好坏能够通过参照自己的生存健康与福利,依据他们自己的方式去评价。我们能够真正获得一种站在其他生命的角度看待问题的能力,并能根据其他生命的好对世界做出评判。

【案例】

全球各地关于保护动物的法规

　　尽管没有立法赋予动物权利,但法律对动物提供了保障。刑法对虐待动物进行惩罚;其他诸如在城市和农场饲养动物、动物的国际贸易以及动物免疫,都有专门的法规加以规范。这些法规使动物免受不必要的身体伤害,并对可以使用的动物种类加以界定。在英美法系国家,人们死后可以为动物设立专门的慈善基金,以使动物的生活得到保障。这些基金设立人的行为和愿望受到法律保护。

　　在英国,为争取国会对动物的更多立法保障,举行过多次运动。这些法案一旦通过,将在法律上明确动物饲养者照料义务,如果他们没有充分照料好自己的宠物,将被视为有罪。这样就起到了赋予动物福利权利的效果。(英国)皇家防止虐待动物协会协助起草了这份法律草案。

　　1992 年,瑞士法律通过认定动物为"人",而非"物";2002 年,德国将动物保护的条款写入宪法,德国议会上院投票决定将"和其他动物"的字样加入宪法中国家为后代保护自然生命基础的条款中。

　　在以色列,法律禁止在中小学上动物解剖课以及在马戏团进行驯兽表演。

　　不少国家和地区均设有保护动物的组织,例如香港的爱护动物协会。

资料引自:百度百科

思考题

1. 什么是人类中心主义？
2. 动物权利论是谁提出的？
3. 自然价值论的主要内容是什么？
4. 如何理解生物中心主义？
5. 生物中心主义有哪些流派？

推荐读物

1. 生物中心主义.（美）罗伯特·兰札,（美）鲍勃·伯曼.重庆出版社,2012.
2. 动物的权利：与社会进步的关系.（英）Henry Salt.外语教学与研究出版社,2013.

参考文献

[1]辛格.实践伦理学[M],刘莘,译.北京:东方出版社,2005.

[2]辛格.一个世界[M].应奇,杨立峰,译.北京:东方出版社,2005.

[3]雷根,科亨.动物权利论争[M].杨通进,江娅,译.北京:国政大学出版社,2005.

[4]雷根.打开牢笼:面对动物权利的挑战[M].莽萍,马天杰,译.北京:中国政法大学
　　出版社,2005.

[5]弗兰西恩.动物权利导论[M].张守东,刘耳,译.北京:中国政法大学出版社,2005.